**kosmos Naturführer**

# Der Kosmos-Waldführer

Franckh-Kosmos

Die Reihenfolge der Arten innerhalb der einzelnen Kapitel entspricht ihrer Verwandtschaft. Große und unübersichtliche Gruppen wie die Blütenpflanzen oder Bäume und Sträucher haben wir zusätzlich untergliedert.

Eva Dreyer/Wolfgang Dreyer

# Der Kosmos-Waldführer

Ökologie, Gefährdung, Schutz

Umschlag von Kaselow-Design, München, unter Verwendung einer Aufnahme von Reinhard-Tierfoto. Das Bild zeigt einen Dachs (*Meles meles*).

Das Bild auf S. 1 zeigt die Wald-Schlüsselblume (*Primula elatior*).

Das Bild auf den Seiten 2 und 3 zeigt Fruchtstände des Aronstabes (*Arum maculatum*).

CIP-Titelaufnahme
der Deutschen Bibliothek

Der **Kosmos-Waldführer** :
Ökologie, Gefährdung, Schutz ;
[über 500 Pflanzen und Tiere] /
Eva Dreyer ; Wolfgang Dreyer.
– Stuttgart : Frankh-Kosmos, 1990
(Kosmos-Naturführer)
ISBN 3-440-05981-2
NE: Dreyer, Eva [Mitverf.]

575 Farbfotos von D. Aichele (71), A. Bärtels (4), W. Bajohr (5), G. Baumgart (2), H. Bellmann (45), H. Blaschke (2), S. Bollenbach (1), J. Diedrich (7), C. H. Diffené (3), W. Dreyer (2), O. Eichhorn (1), E. Elfner/T. Angermayer (1), H. Fürst (6), E. Garnweidner (6), H. Heidemann (2), B. Kahl (1), A. Klees (4), I. P. Koefoet (7), R. König (105), B. P. Kremer (1), H. Kretschmer (10), H. E. Laux (21), W. Layer (3), A. Limbrunner (57), H. Limbrunner (1), T. Marktanner (10), D. Nill (1), H. Pfletschinger/T. Angermayer (35), M. Pforr (3), E. Pott (1), H. Presser (1), P. Pretscher (4), W. Rauh (1), Reinhard-Tierfoto (31), H. Reinhard/T. Angermayer (1), A. Riedmiller (5), J. Rodenkirchen (5), F. Sauer (20), W. Schacht (1), O. Scharbert (3), H. Schrempp (21), P. Schütt (2), A. Schulze (2), G. Synatzschke (3), J. Vogt (1), G. Wendl (5), K. F. Wolfstetter (1), K. Wothe (15), W. Zepf (17), P. Zeininger (17), L. Zier (1) sowie 2 Farbgraphiken von T. Haussmann-Damm und 1 SW-Graphik von D. Olimart.
Nachsatz von M. Golte-Bechtle.


ISBN 3-440-05981-2
Lektorat: Rainer Gerstle
Herstellung: Lilo Pabel
Reproduktion: G. Schmid, Stuttgart
Druck und Buchbinder:
Neue Stalling, Oldenburg

# Der Kosmos-Waldführer



## Bestimmungsteil

# Sind wir auf dem Holzweg?

In Mitteleuropa häufen sich die Meldungen über sterbende Wälder. Die Belastung der Atmosphäre mit Schwefeldioxid und anderen Schadstoffen steigt weiter an. Als Folge von Tschernobyl sind Waldpilze zum größten Teil noch verstrahlt und ohne gesundheitliche Risiken nicht genießbar. Der Artenschwund an Pflanzen und Tieren in den Lebensräumen, die wir Menschen mitbewohnen und gestalten, bedarf jährlich neuer Auflagen einer Roten Liste, dem Sterberegister biologischer Vielfalt. Orkane, mögliche Vorboten eines Klimawandels, häufen sich und brechen 1990 tiefe Schneisen in die Wirtschaftswälder vom grünen Reißbrett. Überdimensionale Gebläse pusten Kalk in die Wälder, um sauren Regen zu puffern. Wissenschaftler erhalten große Budgets, um die Auswirkungen des Ozons auf Bäume zu testen. Ungewohnte Begriffe wie Photooxidantien und Ökosystem werden zum sprachlichen Allgemeingut.
Die verheerende Lage der Wälder ist hausgemacht – verursacht von uns Menschen in der irrigen Annahme, Ökonomie sei ohne die ökologischen Grundgesetze machbar. Dabei existieren keine ökonomischeren Marktsysteme als die in einem naturnahen Wald. Hier gibt es perfekte Strategien für Ressourcenwirtschaft, Werbung, Kapitaleinsatz oder Innovation.
Hier gibt es Vorbilder für Steuerungsfaktoren wie Konkurrenz, Wettbewerb und Gewinn. Und für höchst ökonomischen Umgang mit dem Haushalt.
Die relativ junge analytische Wissenschaft der Ökologie benutzt nicht zufällig die gleichen Vokabeln wie die Volkswirtschaft. Ökologie ist die Lehre der von lebendigen Organismen in Jahrmillionen erprobten Ökonomie.
Warum also jetzt noch ein Waldführer aus ökologischer Perspektive? Weil wir glauben, daß aus dem Sehen, Staunen und Erleben Kräfte frei werden zum Verstehen und Handeln.
Wieviel Zeit wir zum Handeln haben, wissen wir nicht.

Dr. Eva Dreyer
Dr. Wolfgang Dreyer

# Zum Umgang mit diesem Buch

Kaum ein anderer Lebensraum Mitteleuropas ist geeigneter, die Vielfalt von Pflanzen und Tieren kennenzulernen als der Wald. Kaum ein anderer Biotop zeigt die vielgestaltigen Wechselbeziehungen der Partner in einer Lebensgemeinschaft deutlicher als ein naturnaher Buchenwald. Und nirgendwo sonst lassen sich ökologische Regeln anschaulicher verstehen als dort, wo lebendiges Grün und Moderholz nebeneinander vorkommen.

Dieses Buch will motivieren, mit offenen Augen zu sehen und den Lebensraum Wald zu verstehen.

Man schützt nur das, was man kennt, ist eine gängige Erfahrung. Dieses Buch versucht, Pflanzen und Tiere dem Leser näherzubringen. Es will über die Lebensgeschichten der Organismen berichten und ihre Rolle im Naturhaushalt offenlegen.

Aktives Erleben schließt das Einsammeln und Töten aus. Dieser Waldführer ist deshalb ein „Bilderbuch" für den Gebrauch vor Ort.

**Besuchen wir einen Buchenwald im Mai:** Am Waldrand stehen weißblühende Blütenpflanzen. Ihr Blütenkelch zeigt 5 Kronblätter. **Mit dem Farbschlüssel des Vorsatzes und den vier einfachen Blütensymbolen,** die das Aussehen der Blüten beschreiben, gelangt man zur Seite 93 und findet dort die Wald-Sternmiere abgebildet. Unter dem Bild finden sich noch einmal Angaben zur Bestimmung, zum Vorkommen und zur Lebensweise. (Die wichtigsten botanischen Fachausdrücke sind im hinteren Vorsatz bildlich erklärt.) Stünde man vor den duftenden Blüten des Mädesüß mit seinen ebenfalls 5 Kronblättern, würde schon einmaliges Umblättern der Seite 93 und ein Bildvergleich die Bestimmung ermöglichen.

Damit eine Bestimmung der häufigsten Waldpflanzen und Tiere leichtfällt, haben wir sie in möglichst viele Gruppen untergliedert, die jeder auf Anhieb kennt, wie z.B. Bäume und Sträucher. Die Sträucher, durch einen vielgliedrigen Stamm grob gekennzeichnet, sind nicht immer klar von den Bäumen zu trennen. Man müßte dann in beiden „Schubladen" kurz blättern, bevor man fündig wird.

Auch Schnecken, Spinnen, Schmetterlinge, Käfer, Hautflügler und Ameisen werden unschwer auf den ersten Blick als solche zu erkennen sein. Ein bißchen Blättern in den jeweiligen Bildkapiteln wird die gesuchte Art schnell auffinden lassen. Nicht jeder kennt sich in der bunten Insektenwelt aus. Wer weiß schon, daß sich hinter den Wucherungen an einem Blatt Insekten verstecken? Deshalb haben wir neben der systematischen Einordnung der Tiere nach Schnecken, Spinnen, Schmetterlingen, Käfern, Lurchen, Vögeln oder Säugetieren den **Gallen** ein extra Kapitel gewidmet. Und auch die Laubstreu, in der in einem Wald die wichtigen Lebensprozesse der Abfallbeseitigung unter gleichzeitiger Wiederverwertung ablaufen, bekam ein gesondertes Kapitel (**Bodenleben**). Es ermöglicht, einmal im Herbst in der Laubstreu auf Entdeckungsreise zu gehen. Mit dem Buch in der Hand lassen sich die meisten Tiere der Bodenschicht schon nach kurzem Suchen finden und bestimmen. Damit es nicht bei der bloßen Namensnennung einer Pflanze oder eines Tieres bleibt, stehen vor dem Bestimmungskapitel Texte, die über die ökologische Rolle der Organismen im Waldökosystem berichten. Bei den Säugetieren wird beispielsweise klar, wieviel Wald ein Hirsch braucht. Im Kapitel über Käfer erfährt man etwas über die ökologischen Berufe dieser Sechsbeiner. Da die Insekten auch im Wald die größte Tiergruppe stellen, haben wir den wichtigsten Ordnungen eigene Kapitel gewidmet. Es sind die **Käfer, Schmetterlinge, Hautflügler und** die dazugehörigen **Ameisen.**

Unser Anliegen ist es, die Leser für den Wald in seinen verschiedensten Formen zu interessieren. Das Kapitel **Waldtypen** stellt sie vor. Vom feuchten Auenwald über den Buchenwald bis hin zum Bergwald mit seiner wichtigen Schutzfunktion. Alle Waldtypen enthalten ein bestimmtes Inventar an Pflanzen und Tieren. Im Kapitel **Ökologie** wird dargelegt, wie diese miteinander und voneinander leben. Im Wald bauen sich komplexe Nahrungsnetze auf, die auf den Seiten 34/35 modellhaft dargestellt sind. Jede Pflanze und jedes Tier hat in der Natur eine Planstelle, die es mit seinem „Beruf" ausfüllt. Wie die Vögel eines Fichtenwaldes die verfügbare Nahrung planstellenmäßig unter sich aufteilen, zeigt das Schema auf Seite 31.

Natürlich darf auch das traurigste Kapitel des Waldes nicht fehlen:

das **Waldsterben.** Welche Gründe diese vom Menschen erzeugte Katastrophe hat und woran man die Schäden erkennt, wird aufgezeigt.

Eine Lebensform des Waldes wird der Naturfreund jedoch vermisssen, die **Hutpilze.** Wir haben bis auf zwei exemplarische Ausnahmen im Kapitel Bodenleben darauf verzichtet, die Fülle der Pilzarten mit in diesen Führer aufzunehmen. Es gibt eine Reihe guter Bestimmungsbücher auf dem Markt. Natürlich haben wir die zentrale ökologische Rolle der Pilze für den Wald beschrieben. Angaben über die Mykorrhiza stehen im Kapitel **Bäume und Sträucher** und im Kapitel **Waldsterben**. Die Rolle der Pilze im Recyclingprozeß behandeln wir im Kapitel **Bodenleben.**

Den **Wald** muß man **erleben**, um ihn zu verstehen. Nur, wenn jeder ihn auf seine individuelle Art erleben will, bleiben den Pflanzen und Tieren dieses Lebensraumes wenig Raum und Ruhe. Der Wald in seiner ganzen Vielfalt läßt sich auch von den Wald- und Forstwegen aus erleben. Entlang der als Wanderwege markierten Spazierpfade sind die Waldblumen oft üppiger entwickelt, da sie mehr Licht von oben erhalten. Ein kleiner Geheimtip sind auch die Waldränder. Die Randzonen von Biotopen sind meist um ein Vielfaches reicher an Blütenpflanzen, Käfern oder Schmetterlingen als die Innenzonen. Das hängt einmal mit der größeren Strukturvielfalt durch mehr Baum- und Straucharten zusammen, zum anderen kommt der „edge"-Effekt hinzu. Mit diesem Fachbegriff kennzeichnen Ökologen die Vielzahl der Austauschprozesse, die an Rändern von Biotopen auftreten. Beispielsweise wandern nachts eine Reihe von Laufkäfern in die benachbarten Lebensräume, um dort auf Jagd zu gehen. Auf den besonnten Brombeerranken des Randes vollführen oft Hunderte von Langhornmotten (Kleinschmetterlinge) ihre Balztänze, obwohl sie eigentlich im Wald leben.

Kurz gesagt: Am Waldrand ist mehr los. Natürlich muß man als Naturfreund die Naturschutzgesetze beachten. Der Naturfreund pflückt heute auch keine Blumen mehr und fängt keine Schmetterlinge. Natur erleben heißt **Beobachten**. Alte Hasen wissen längst, daß man viel mehr sieht, wenn man sich in gedeckter Kleidung ruhig hinsetzt und das Waldleben auf sich zukommen läßt. Mit diesem Buch zur Seite.

Viele Menschen besuchen mit ihren Kindern ein Museum, um Tiere zu sehen. Das beste Museum ist jedoch die Natur selbst. Hier ein paar Anregungen zum gemeinsamen Walderlebnis mit Kindern:

**Im Herbst Gallen sammeln** und deren Bewohner herauszüchten. Anleitung auf Seite 178.

**Wer kennt die Bäume an ihrem Gesicht?** (Rindenquiz), Tafeln dazu auf den Seiten 174 und 175. Mit verbundenen Augen wiederholen.

**Wie schnell sind Ameisen?** Einige Schälchen mit wenig Honig werden in der Nähe eines Ameisenhaufens in unterschiedlicher Entfernung aufgestellt. Wie lange dauert es, bis sie gefunden werden?

**Reagieren Insekten auf Blau oder Gelb?** Am Waldrand farbige Pappkreise (Durchmesser 10 cm) auslegen und hauchdünn mit Honig bestreichen. Welche Insekten fliegen an (S. 225) und auf welchen „Blütenattrappen" landen sie häufiger?

**Wer lebt unter toter Rinde?** Die Rinde toter Bäume wird vorsichtig abgehoben, die Tiere zur Beobachtung in ein Marmeladenglas laufen lassen und bestimmen. Danach freilassen und Rinden wieder zurücklegen (S. 188–196).

**Wer frißt im Buchenblatt?** Mitte Mai Buchenblätter gegen das Licht halten und Larven beobachten (Buchenspringrüssler S. 42).

**Wieviel Wasser saugt ein Moospolster auf?** Trockenes Weißmoos auf einer Briefwaage wiegen, danach in Wasser legen und wieder wiegen.

**Flugversuche mit Samen:** Im Herbst Samen von Ahorn oder Fichten (aus dem Zapfen schütteln) hochwerfen und Flugbahn erklären.

**Wer schreibt unter Rinde?** Im Nadelwald Rindenstücke toter Bäume sammeln und „Schriftbilder" vergleichen (z. B. S. 253).

**Der Blütenkalender.** Ab April im zweiwöchigen Turnus einen bestimmten Waldweg abwandern und die blühenden Kräuter und Bäume registrieren. Eine kleine Schautafel eventuell mit Fotos der Blüten bekleben. Thema besonders gut für Grundschulklassen geeignet.

**Ein Forstamt besuchen.** Förster sind aller Erfahrung nach bereit, von ihrer Arbeit zu berichten. Vielfach gibt es Schulwälder und Wildparks mit einem pädagogischen Dienst.

**Waldbäume selbst ziehen.** In Blumentöpfen Bucheckern, Eicheln oder Fichtensamen in die Erde bringen und das Wachstum der Keimlinge verfolgen (S. 159). Wenig geeignet sind Früchte von Weißdorn oder Schlehe, da sie meist erst nach einer Passage durch den Vogeldarm keimen.

**Kleinschmetterlinge erleben.** Im März einen Weißdornzweig in eine Vase auf helles Papier stellen. In den austreibenden Blattknospen fressen nach kurzer Zeit kleine grüne Raupen von Kleinschmetterlingen (S. 201). Sie machen sich durch kleine Kotkrümel auf dem Papier bemerkbar. Nach der Beobachtung den Zweig für die Meisen in den Garten stecken. Sie suchen sich die Raupen.

**Blattporträts.** Blätter und Gräser sammeln, in der Dunkelkammer (Schule) diese auf Fotopapier legen, mit einer Glasplatte beschweren und je nach Empfindlichkeit des Papiers kurz belichten. Es entstehen erstaunliche Porträts der Umrisse und Blattnerven.

**Waldbodenaquarium.** In einem Glasaquarium ein Stückchen Waldboden und Totholz einbringen. Aquarium zudecken und feucht halten. Bester Zeitpunkt: Frühjahr. Es entfaltet sich reiches Pflanzen- und Tierleben von selbst.

Nächste Doppelseite: Buchenwald im Frühling. Hier leben über 7000 Tierarten.

Lebensraum Wald

Im bayerischen Steigerwald stehen in einem Waldabschnitt mit dem schönen Namen „Kleinengelein" bemerkenswerte Bäume. Auf einer Fläche von rund fünf Hektar leben noch Rotbuchen mit dem erstaunlichen Alter von 300 und teilweise 210 Jahren. Von Untersteinbach kommend führt ein Wanderweg nach Norden und berührt nach 2 Kilometern diesen wohl ältesten Buchenbestand Deutschlands. Leider riß ein Orkan 1990 ein Drittel der Baumriesen um, aber noch immer ist die Kulisse eindrucksvoll. Vor den mächtigen Buchen verschwimmt dem Betrachter das Zeitgefühl. Bäume leben in anderen Zeiträumen als Tiere und Menschen. Eichen stekken nach einem halben Jahrtausend noch voller Leben, und Linden können sogar 1900 Jahre alt werden. In den Weißen Bergen Kaliforniens stehen Borstenfichten, die 4600 Jahre alt sind. Man muß sich das in Ruhe überlegen. Ein Baum lebt als Individuum bereits solange, wie die gesamte Menschheitsgeschichte durch Aufzeichnungen belegt ist. Angesichts dieser Lebensspanne einer Baumart verwundert es nicht, daß die Geschichte des Waldes wesentlich länger ist als die der Menschen.

In Mitteleuropa endete die letzte Eiszeit vor rund 12000 Jahren. Die Gletscher zogen sich nach Norden und in die Gipfellagen der Alpen zurück. Der Frostboden taute auf, winterharte Bäume und Sträucher wie Birke und Hasel besiedelten den Raum bis an die Gletscherzungen. Vor etwa 8000 Jahren wurde das Klima noch milder. Von Süden rückten wärmeliebende Baumarten wie Ulmen, Eschen, Linden und Eichen nach. Erst vor rund 2000 Jahren begann der Siegeszug der Buche: sie löste die bis dahin alles beherrschenden Eichenmischwälder ab.

Nur die Hochlagen der Gebirge blieben Tannen und Fichten vorbehalten, die Sandflächen den Kiefern. Die gemeinsame Geschichte von Wald und Menschen begann in Mitteleuropa rund 3000 vor Christus. Die ersten Europäer waren zunächst noch als Jäger und Sammler in den Wäldern unterwegs und beeinflußten sie kaum. Aber mit der Entwicklung des Ackerbaus in der Jungsteinzeit wurden einige Waldteile gerodet. Der großflächige Niedergang der Wälder begann im Mittelalter. Die Waldbestände wurden zur Salzsiederei und zur Glasherstellung regelrecht verheizt.

Die Erkenntnis, den Wald nicht grenzenlos ausbeuten zu können, setzte sich erst im 19. Jahrhundert durch. Bald folgten die Ansätze zu einer systematischen Forstwirtschaft. Im Jahr 1980 schreckte die Öffentlichkeit durch die ersten Berichte von sterbenden Wäldern auf. Die Freisetzung ungeheurer Schadstoffmengen an Schwefeldioxid und anderen Stoffen setzt den Wäldern derzeit zu wie keine andere Ursache in der langen Waldgeschichte jemals zuvor.

Mit der Entwicklung der wissenschaftlichen Ökologie begann man den Wald erst richtig zu begreifen. Der Wald – in welcher Ausprägung auch immer – ist ein komplexes Gefüge aus verschiedenen Lebensgemeinschaften von Pflanzen, Tieren und Mikroorganismen, die alle miteinander verknüpft sind. Diese Lebensgemeinschaften (Biozönosen) bilden zusammen mit ihren Lebensräumen (Biotopen) ein Ökosystem. Die wichtigen Arten und ihre Rolle im Naturhaushalt, sowie die unzähligen Wechselbeziehungen im wesentlichen vorzustellen, ist Anliegen dieses Buches.

**Was kennzeichnet den Wald?**

Der Wald ist mehr als eine Ansammlung von Bäumen mit Zwischenräumen. Ab einer gewissen Anzahl von Bäumen schafft sich der Wald ein eigenes Klima und einen eigenen

Boden, in dem die pflanzlichen „Abfälle" abgebaut werden. Im Wald ist die Luftfeuchte höher als im umgebenden Freiland, der Wald ist also feuchter und unterliegt geringeren Temperaturschwankungen. Es sind also die Wechselwirkungen zwischen den Bäumen und den Standortfaktoren des Bodens sowie dem Standortklima, die den Wald zum „Wald" machen. Die Bäume greifen mit ihrer Photosynthese in den Gashaushalt der Erde ein. Als Ergebnis dieser erstaunlichen Synthese von Zuckerstoffen aus Kohlendioxid und Wasser wird der Sauerstoff frei, von dem Tier und Mensch abhängen. Zwar verbrauchen die Bäume einen Teil des produzierten Sauerstoffs wieder selbst – auch sie müssen atmen. Aber den übrigen Teil stellen sie ihrer Umwelt zur Verfügung. Neben den Tieren verbrauchen vor allem die Mikroorganismen des Bodens viel Sauerstoff, wenn sie Laub und morsches Holz zersetzen. Bei ihrer wichtigen Arbeit produzieren sie in großen Mengen Kohlendioxid, das die Bäume wieder verwerten. Der Energiekreislauf schließt sich.

**Wozu brauchen wir den Wald?**

Alle Wälder zusammengenommen nehmen rund 39% der Bundesrepublik ein. Sie gestalten damit das landschaftliche Bild vieler Gegenden und werden von einer großen Zahl von Forstdienststellen betreut. Wozu? In erster Linie sind unsere Wälder Wirtschaftsforste zur **Produktion nachwachsender Rohstoffe**, dem Holz. Hunderttausende von Arbeitsplätzen hängen direkt vom Wald oder der Verarbeitung der Rohstoffe ab. Aber neben der wichtigen wirtschaftlichen Komponente haben Wälder eine noch viel wichtigere Funktion, die sich nicht in Geldwerten äußert. Sie liefern einen Teil der Luft zum Atmen. Eine einzige, ausgewachsene Buche produziert an einem Tag ungefähr 7000 Liter **Sauerstoff**, so viel, wie 50 Menschen brauchen. Ein Buchenwald ist die grüne Lunge unserer Städte und Dörfer.

Lange Jahrzehnte war die Bilanz von Sauerstoff und Kohlendioxid in der Atmosphäre ausgeglichen. Die Pflanzen entnahmen nur soviel Kohlendioxid, wie die Mikroorganismen produzierten und Mensch und Tier freisetzten. Erst durch die großindustrielle Produktion, die Verbrennung von Erdöl und Kohle in den Heizungen und durch die Autoabgase wurde das Gleichgewicht gestört. Der Anteil des Kohlendioxids in der Atmosphäre steigt beängstigend. Wenn die Freisetzung des Kohlendioxids nicht weltweit drastisch verringert wird, wird sich unser Klima verändern mit vielen unabsehbaren Folgen. Wenn auch noch die Wälder als riesige Kohlendioxidverbraucher sterben, gefährden wir unsere wichtigste Lebensgrundlage auf der Erde, den Sauerstoff.

Wälder schlucken fast alles, ihre Wirkung als **Immissionsfilter** ist eine nicht zu unterschätzende Funktion: Im vielschichtigen Kronenraum aus Millionen Blättern wird der Wind gebremst, er lädt seine Staubpartikel ab. Beim nächsten Regen werden diese in den Boden gewaschen und tragen dort zur Humusbildung bei, solange sie nicht mit Schwermetallen beladen sind. Ein Hektar Rotbuchenwald bindet auf diese Weise in einem Jahr etwa 50 Tonnen Staub. Eine einzige Buche filtert in kurzer Zeit soviel Staubpartikel aus der Luft, daß sich auf den Blättern eine Staubschicht aus mehreren Zentimetern bilden würde. Einer solchen gewaltigen Dauerbelastung kann ein Baum auf die Dauer nicht gewachsen sein. Zwar regenerieren sich die Laubbäume von Jahr zu Jahr, da sie ihre Blätter abwerfen. Für Nadelbäume mit ihren mehrjährigen Nadelgenerationen muß eine solch gewaltige Staubmenge langfristig noch viel schädlicher sein. Selbst wenn der Regen die empfindlichen „Lungen" der Bäume mit ihren Spaltöffnungen von Zeit zu Zeit reinigt, bleibt die Staubbelastung für die Bäume erhalten. Fortan haben sie mit ihnen an den Wurzeln zu kämpfen. Manche Stäube enthalten chemische Verbindungen, die bei Wasserkontakt aggressive Säuren bilden und die Wurzelpilze schädigen. Wieweit die Belastbarkeit der Bäume für die Gas- und Staubfracht in unserer Luft reicht, weiß niemand. Wir müssen davon ausgehen, daß die Grenzen der ertragbaren Belastung regional schon weit überschritten sind. Die traurigen Gerippe von Baumleichen im Erzgebirge beweisen es.

Ohne Wälder gäbe es in vielen Gegenden kein **Trinkwasser.** Nach einem kräftigen Regen speichern Wälder das Wasser. Bodenmoose können mit Zwischenräumen zwischen den Blättchen und eigenen Speicherzellen das Zehnfache ihres Volumens von dem kostbaren Naß festhalten. Der feinverzweigte Wurzelraum schafft eine so stark entwikkelte große Oberfläche, daß auch große Wassermengen gleichsam geschluckt werden. Dieses Wasser des Wurzelhorizontes versorgt ganze Regionen. Im Inneren der Böden gibt es nicht nur ein Auf und Ab des Wassers, sondern auch waagrechte unterirdische Ströme, die aus Wäldern gespeist werden. Nur in waldfreien Gebieten fließt das Wasser sofort ab und füllt nicht nach und nach die Reservoire wieder auf. Einen Teil des gespeicherten Niederschlagswassers verdunstet der Wald. An wenigen warmen Tagen setzt ein Hektar Buchenwald fast 30 Kubikmeter Wasser um und schafft sich die Klimabedingungen für seinen Fortbestand.

Das Klima und der stufige Aufbau der Wälder und sein Nischenreichtum, gesteuert durch fein abgestimmte Licht- und Nährstoffbedingungen, lassen Wälder zu einem **artenreichen Lebensraum für Pflanzen und Tiere** werden. Allein in den Buchenwäldern Mitteleuropas leben etwa 20% der gesamten landbewohnenden Flora und 20% der Fauna unserer Breiten. Hier wachsen 4000 Pflanzenarten. Davon sind 130 Bakterien, 160 Algen und 3000 Pilze. Hinzu kommen 280 Flechten, 190 Moose, 15 Farne und 200 Samenpflanzen. Im Gegensatz zu den Sommerwäldern Amerikas mit ihrem Baumreichtum an 800 Arten leben in Mitteleuropa jedoch nur 51 Baumarten, aus denen die Wälder zusammengesetzt sind.

Bei den in unseren Wäldern lebenden 7000 Tierarten dominieren mit 5200 Arten die Insekten. Die übrigen Tiergruppen sind unterschiedlich häufig vertreten: Mehr als 350 Einzeller, zu denen viele noch unentdeckte Arten treten dürften, und mehr als 380 Würmer, für die das gleiche wie für die Einzeller gilt. In den Wäldern leben 70 Landschnekken und 560 Arten von räuberisch lebenden Spinnentieren. Einige Bärtierchen-Arten leben zusätzlich in den Wasservorräten der Moospolster. Zu den abbauenden Organismen zählen 26 Asseln und 60 Tausend- und Hundertfüßer. Die Gruppe der Landwirbeltiere ist mit 109 Arten vertreten. Beim Vergleich der unterschiedlichen Artenzahlen fallen drei Gruppen auf. Die Pflanzen sind vor allem mit Pilzen häufig vertreten, bei den Tieren dominieren Insekten und Spinnentiere. Das ist leicht zu verstehen, wenn man weiß, daß 99% des gesamten Lebendmaterials (Biomasse) in einem Wald aus Stämmen, also Holz besteht. Pilze können die Zellulose aufschließen und in ihre Bestandteile zerlegen. Sie führen die Stoffe in die Lebenskreisläufe zurück – ohne Recycling kein Wald. Die gesamten Tiere stellen nur 1% der Biomasse.

Im lichten Laubwald ist der Boden von dichtem Pflanzenwuchs bedeckt.

Welche Rolle spielen sie? Daß es ohne die Tiere nicht geht, zeigen einige Beispiele: Schmetterlinge wie die Kieferneule oder der Eichenwickler, die mit ihren Raupen oft ganze Bäume kahlfressen, spielen beim Stoffumsatz zwar keine Rolle, sorgen mit dieser harten Prüfung für den Baum aber für eine ständige Auslese. Sie überprüfen gewissermaßen ständig dessen Vitalität.
Andere Insekten öffnen das Blatt für die abbauenden Pilze und Mikroorganismen, wieder andere beginnen das Mahlwerk des Abbaus bereits im Holz, und die Totengräber beispielsweise bringen die Tierleichen schnell unter die Erde zurück in den Stoffkreislauf. Vogelarten wie der Eichelhäher oder die Wacholderdrossel sorgen als Früchtefresser für die Verbreitung der Baumsamen und leisten Botendienste bei der Erschließung neuer Lebensräume. Pilzmücken übernehmen nach neuesten Erkenntnissen den Sporentransport der Hutpilze und sorgen an allen Stellen des Waldes für neue Myzelgründungen. Für viele Insektenarten bedeutet der Wald nur Sitzplatz, Winterversteck und Ort zum Reifen, obwohl sie eigentlich außerhalb wohnen. Man schätzt, daß es auf einem Hektar Wald viele Millionen solcher vagabundierender Insekten gibt.
Der Wald als **vernetzendes Element verschiedener Lebensräume?**
Der Bussard brütet im Wald, die Mäuse fängt er auf freier Fläche. Der Dachs verschläft den Tag in seinem unterirdischen Versteck und sucht nachts regenwurmreiche Wiesen auf. Der im Wald lebende Kaisermantel tankt auf den Blüten des Waldrandes energiereichen Nektar, den er zum Fliegen braucht. Die Hummeln legen am Waldrand ihre Erd- und Baumnester an und streifen auf den Sammelflügen weit in der offenen Landschaft umher.
Der Wald vernetzt mit seinen Tieren die umliegenden Lebensräume. Deshalb sind Waldränder so artenreich. An ihnen verdichtet sich das Leben.

# Waldtypen

Würden wir ab sofort die Natur sich selbst überlassen und würden alle menschlichen Einflüsse unterbleiben, entstünde nach mehreren Übergangsstufen schließlich von ganz allein ein geschlossener Laub-Mischwald. Nur Moore, Küstendünen, Felsen und die höchsten Berggipfel blieben waldfrei. Mitteleuropa liegt im Bereich der „mitteleuropäischen Laubwaldzone", ein Gebiet in den Klimazonen der Erde, in dem sich Laubbäume und die sie begleitenden Pflanzen und Tiere am besten entfalten können. Allerdings würden die Wälder je nach Lage, Feuchtigkeit und Böden unterschiedlich aussehen. Die heutige Situation zeigt uns noch fast alle Waldtypen, die sich nach Beendigung menschlicher Einflüsse einstellen würden. Allerdings nicht mehr in der ursprünglichen flächigen Ausdehnung. Mittlerweile haben Forst- und Landwirtschaft die natürlichen Waldformen verändert.

Auf dem Gebiet der Bundesrepublik lassen sich heute noch etwa 12 verschiedene Waldgesellschaften feststellen, die sich meist nur an einigen pflanzensoziologischen Merkmalen unterscheiden. Für dieses Buch haben wir 7 Waldtypen ausgewählt, die eigentlich die grundlegenden Waldtypen sind. Von Ihnen existieren eine Reihe von Varianten. Die wichtigsten Waldtypen sind der Buchenwald, der Eichen-Hainbuchenwald, der Auenwald, der wärmeliebende Eichenmischwald, der Kiefernwald und der Fichten-Tannenwald. Eine Übergangsform aus mehreren Grundtypen stellt der Bergwald dar, der gesondert vorgestellt wird. Als Wald an der Grenze möglichen Lebens erfährt er in den Alpen je nach Höhenlage eine spezielle Ausprägung und Bedeutung.

Der **Buchenwald** ist in Mitteleuropa eine weit verbreitete Waldform mit mehreren unterschiedlichen Ausprägungen. Im Südwesten Deutschlands stehen artenreiche Kalkbuchenwälder. Typisch für diese Waldform sind neben den Buchen die Sommerlinde und grasreicher Unterwuchs aus der Waldzwenke und großen Wurmfarnbeständen. Nach Norden hin werden die Buchenwälder artenärmer. An sonnigen Hängen Südwestdeutschlands sind die Kalkbuchenwälder meist sehr trokken. Dort wachsen dann trockenresistente Gräser und Seggen, vielfach auch seltene Orchideen. Die landschaftsbeherrschende Waldform des mitteleuropäischen Tief- und Berglandes sind die Hallenwälder des Moder-Buchenwaldes. Man bezeichnet ihn nach den großen Beständen der Weißen Hainsimse (*Luzula luzuloides*) auch als Hainsimsen-Buchenwald. Im Hügel- und Bergland findet man eine weitere Ausformung, den Perlgras-Buchenwald. Seine artenreiche Krautschicht weist viele typische Pflanzen auf wie Waldmeister, Goldnessel, Lungenkraut, Sanikel oder Bingelkraut. Im Schwarzwald und im Bayerischen Wald tritt in Hochlagen der Tannen-Buchenwald auf.

Auf den besseren Böden der Ebenen und der Hügelländer hat außerhalb der Buchengebiete der **Eichen-Hainbuchen-Mischwald** sein Verbreitungsgebiet. Hauptholzarten sind die Stieleiche, die Hainbuche und die Rotbuche. Daneben treten in diesen Mischwäldern Vogelkirsche, Hasel, Weißdorn, Schlehe, Schneeball und Hartriegel auf. An typischen krautigen Pflanzen leben hier das Waldlabkraut, die Große Sternmiere, das Maiglöckchen und die Goldnessel. Dieser Waldtypus kommt besonders häufig in Norddeutschland vor. Auf der sandigen und somit wenig fruchtbaren Geest wachsen in den Buchen-Eichenwäldern auch noch

Vorige Doppelseite: Artenreicher Mischwald.

Intakter Buchenwald mit Naturverjüngung.

Birken und Zitterpappeln als bodenständige Baumarten. Die Strauch- und Krautvegetation besteht hier ausnahmslos aus säureliebenden Arten. Die reinste Form des Eichen-Hainbuchenwaldes ohne Rotbuche findet man heute nur noch im österreichischen Weinviertel, im Oberelsaß und Böhmen.

Im Eichen-Hainbuchenwald stehen oft verschiedene Altersklassen, da die Eiche mit ihrer langen Lebensdauer von 400–800 Jahren mehrfach die Verjüngung der Hainbuche und Buche erlebt.

In wärmeren und im Sommer trokkenen Gebieten treten die **wärmeliebenden Eichenmischwälder** auf. Zu den Baumarten der Eichen-Buchenwälder kommen hier noch wärmeliebende Baumarten wie die Flaumeiche und die Elsbeere hinzu. Typische Sträucher sind der Liguster, die Berberitze, Wolliger Schneeball, Weißdorn und Schlehe. Bei den krautigen Pflanzen leben hier der Blutrote Storchschnabel, das Nickende Leimkraut, die Schwalbenwurz und die Schwarze Platterbse. Dieser Waldtyp ist bei uns nur inselartig vorhanden. Flaumeichenwälder gibt es noch im Elsaß, in Böhmen und Mähren oder im südöstlichen Österreich. Bei uns gibt es Reste im Mainzer Becken, im Kaiserstuhlgebiet und an den Hängen des Mittelrheins und seiner Nebenflüsse.

Die feuchten oder nassen Uferzonen an Bächen und Flüssen sowie ihre Überschwemmungsgebiete werden von feuchteliebenden Wäldern, den **Auenwäldern**, begleitet. Diese Feuchtwälder zeigen mehrere Varianten, die vom Untergrund

abhängen. Charakterbäume sind die Esche, die Ulme und die Pappel. Als Eschen-Ulmen-Auenwald ist er sehr artenreich. Eine sehr typische Ausprägung findet man am Oberrhein im Taubergießen. Als charakteristische Krautpflanzen begleiten ihn die Einbeere, der Lerchensporn, Aronstab, Nelkenwurz, Scharbockskraut, Rote Lichtnelke oder das Moschuskraut. Auf Flachmooren entwickelt sich der Erlenbruch, ein zunehmend selten werdender Feuchtwaldtyp. Es gibt ihn noch mit den typischen Schwarzerlenbeständen, vermischt mit Moorbirke und Vogelbeere, vor allem in Nord- und Nordwestdeutschland. Hier stehen die Gelbe Schwertlilie, Sumpfschachtelhalm und Bittersüßer Nachtschatten; Ohrweide, Schwarze Johannisbeere sind die charakteristischen Sträucher. Das Verschwinden vieler Feuchtwälder hat einen großen Teil

Der naturnahe Eichen-Hainbuchenwald ist locker aufgebaut und gibt vielen lichtbedürftigen Pflanzen Lebensraum.

des Artenschwundes mit sich gebracht. Besonders die Libellen, Schmetterlinge, Amphibien und Vögel sind von der rapiden Abnahme der Weichholzauen bedroht.
Die nährstoffarmen und trockenen Sandböden der Oberrheinebene, der Mark Brandenburg und vor allem des Nürnberger Reichswaldes sind natürliche **Kiefernwaldgebiete.** Charakterbaum ist die Waldkiefer. Nicht selten bilden auf besonders kargen Stellen Flechten allein die Bodenschicht. An nährstoffreicheren Stellen entwickelt sich eine Krautschicht aus Besenheide, Preiselbeere, Heidelbeere und zahlreichen Moosen. An sehr feuchten

Die Auenwälder gehören zu den gefährdetsten Lebensräumen.

Stellen taucht die Moorbirke auf, das Pfeifengras kommt hinzu sowie verschiedene Torfmoose. Kiefernwälder sind im Sommer sehr waldbrandgefährdet.
Natürliche Fichtenwälder sind das Kennzeichen der östlichen Mittelgebirge ab etwa 700 Meter Höhe und der höheren Alpenregionen. Die Tanne, die selten größere Reinbestände stellt, steigt im Schwarzwald bis zur Baumgrenze auf, in den Alpen steht sie als Einzelbaum in den Buchen- und Fichtenwäldern. Alle übrigen Nadelwälder sind als Nadelforste künstlich aufgebaut worden, oft an Standorten, die den Laubarten „gehören". Diese monotonen Fichtenkulturen haben mittlerweile zwei Drittel Waldanteil. Charakterbäume **natürlicher Nadelwälder** sind Fichte, Weißtanne, Vogelbeere und seltener die Kiefer.
Die **Bergwälder** an sich sind kein eigener Waldtyp in Mitteleuropa. Die lebensfeindlichen Bedingungen der Höhe mit starker Sonneneinstrahlung und damit hohen Anteilen an ultraviolettem Licht sowie der Einfluß von Schnee und Eis stellen an die Wälder hier jedoch hohe Anforderungen, die auf die Wuchsform Einfluß nehmen. In der Nähe der Baumgrenze sind in den Alpen die Lärche und die Zirbelkiefer die charakteristischen Baumarten. Bei den hier herrschenden Temperaturen sind Rot- und Hainbuche sowie Tanne und Eiche nicht mehr konkurrenzfähig. Noch darüber bilden die Krummholzkiefer, die Grünerle und die Alpenrose den Knieholzgürtel

an der oberen Waldgrenze. Die untere Grenze der Verbreitung der Zirbelkiefer liegt bei 1200 Metern. Nach oben steigt sie wie die Lärche bis an die Baumgrenze. Unter den Bedingungen der Höhe verkrüppelt sie oft und zeigt nicht ihre normale Pyramidenform. Die Zirbelkiefer soll über 1000 Jahre alt werden. Zirbenholz ist feinfaserig, hellgelb und splittert nicht. Es hat einen würzigen, lang anhaltenden Geruch. Es läßt sich gut verarbeiten und wird deshalb von den Südtiroler Holzschnitzern gerne verwendet. Viele berühmte Heiligenfiguren des Grödnertales sind aus Zirbenholz.

Die Lärche gilt in Bergwäldern als wichtiger Pionier. Ihre im Herbst abfallenden Nadeln verbessern schon nach kurzer Zeit den Boden, so daß Tanne und Zirbelkiefer sich ansiedeln können. Von allen einheimischen Nadelhölzern liefert die Lärche das härteste und witterungsbeständigste Holz. Deshalb wird sie mittlerweile auch außerhalb der Bergwälder angepflanzt. Oft verträgt sie aber belastete Luft nicht und wächst schlecht.

Die wärmeliebenden Flaumeichenwälder kommen in Deutschland nur noch an den Hängen des Mittelrheins und seine Nebenflüsse vor (oben).

Natürliche Kiefernwälder stehen auf nährstoffarmen Sandböden (rechts oben).

Natürliche Fichtenwälder gibt es nur in den höheren Lagen der Mittelgebirge und in den Alpen. Die meisten Fichtenplantagen sind angepflanzt (rechts unten).

**Bergwälder sind Schutzwälder**

In den Alpen fallen etwa 50% mehr Niederschläge, meist als Schnee. Für viele Bewohner von Bergtälern sind Lawinen und Steinschuttmuren die größte Bedrohung ihrer Wohngebiete. Die beste Absicherung gegen Lawinen und Erdrutsche im Hochgebirge ist der Wald. Ein erheblicher Teil des Schnees bleibt in den Baumkronen hängen und verdunstet hier. Der Rest rutscht ab und bildet in den Wäldern eine recht stabile Schichtung. Die Stämme der Bäume wirken wie unregelmäßig verteilte Pfähle und stützen die Schneelasten selbst an Steilhängen ab. Je geschlossener die Wälder sind und je höher sie an die Waldgrenze heranreichen, desto besser schützen sie. So sind Bergwälder eigentlich die Schutzwälder für die Talbewohner. Die rasche Entwicklung des Skitourismus hat die Geschlossenheit der Bergwälder zerstört. Überall entstanden breite Schneisen, die nahe der Fallinie als Pisten dienen und mittlerweile zu Naturkatastrophen durch Lawinen und Erdrutschen geführt haben. Die Rückkehr zu einem gestaffelten Bannwald ist schwierig, da bei der Kälte in alpinen Höhen die Bäume sehr langsam wachsen. Im bayerischen Alpenraum wurden deshalb 70% der Bergwälder zu Schutzwäldern erklärt. So sieht es das 1974 festgeschriebene Waldgesetz vor. Doch zählte man in den Bayerischen Alpen schon über 1000 „Lawinenstriche", das sind Schneisen, die Lawinen im Laufe der Zeit in die Wälder gerissen haben.

**Der Wirtschaftswald**

Die natürlichen Wälder sind heute nur noch zu einem Bruchteil vorhanden oder werden in Nationalparks und Reservaten bewußt wieder durch „Verwildern" geschaffen. Die rund sieben Millionen Hektar Waldfläche der Bundesrepublik sind Wirtschaftswald. Der Waldbau ist eine nachhaltige Nutzung von Wäldern. Beim Waldbau geht es darum, mehr Holz schneller und billiger zu produzieren, als es ein „Urwald" kann. Da alle Baumarten unterschiedlich schnell wachsen und unterschiedlich lichtbedürftig sind, wird ein Wirtschaftswald standortgerechte Baumarten fördern, aber auch durch Steuerung seines Lichtanteils „formen". Die Kunst des Waldbaus besteht darin, einen Kompromiß zu finden zwischen dem lebensstarken, sturmfesten großkronigen Baum, der aber ästig und damit wertmindernd wächst, und dem eingeengt stehenden kleinkronigen, aber „astreinen" Baum.

**Wie naturnah kann ein Nutzwald sein?**

Alle Lebensräume verändern sich nach festen Gesetzmäßigkeiten. Eine Lichtung wird zunächst von Pionierarten besetzt. Später keimen Waldbäume, wachsen sehr schnell und verdrängen die Pioniere vom Licht. Nach einiger Zeit verlangsamt sich das Wachstum, bleibt schließlich stehen. Der Wald steht im Klimaxstadium, in seinem ökologischen Gleichgewicht. In diesem Stadium ist er nicht mehr produktiv. Ein Förster ist aber gezwungen, einen Wirtschaftswald immer in der produktiven, schnellwachsenden Phase zu halten. Leider brauchen viele Tierarten gerade das Klimaxstadium mit hohen Anteilen von Moderholz. Darin liegt der Konflikt zwischen Naturschutz und Ökonomie.

Im Gebirge schützt der Bergwald vor Lawinen und Steinschlag.

**Der Schichtenbau des Waldes**

Ein Wald besteht nicht nur aus Bäumen. Und diese wiederum nicht nur aus Wurzel, Stamm und Laub- oder Nadeldach. Ein naturnaher Wald ist in verschiedene Etagen geschichtet. Je vielfältiger der Schichtenbau gestaltet ist, desto vielfältiger ist auch sein Pflanzen- und Tierleben. Die oberste Schicht wird vom **Kronendach** gebildet.

Hier sind Millionen Blätter dem Licht zugewandt, hier läuft die pflanzliche Produktion ab. Etwa zwei Drittel sind Sonnenblätter, ein Drittel ist beschattet. In manchen Wäldern bildet sich zusätzlich eine etwas tiefer liegende Kronenschicht aus, die aus niedrigeren Baumarten besteht. Meist sind das Traubenkirschen und Ebereschen oder nachwachsende Laubbäume. Diese Zwischenschicht ist für viele Vogelarten bedeutsam, deren Nester hier in der Kronenschicht besser vor Wind und Sonne geschützt sind. Den Raum von einem bis vier Meter Höhe über dem Waldboden nehmen die Sträucher des Waldes ein. In dieser **Strauchschicht** stehen oft Heckenkirsche, Elsbeere, Vogelkirsche, Weißdorn oder Stechpalme. Wie die Aufzählung zeigt, sind es Sträucher, deren Früchte und Samen von Tieren verbreitet werden. Schon ihre Blüten werden von Insekten bestäubt. Sicher kein Zufall, sondern Anpassung an den Windmangel in diesem Lebensbereich. Viele Bewohner dieser Schicht blühen während der Laubentfaltung, nur der Hartriegel kann als typische Schattenpflanze mit dem wenigen Licht auskommen. Einige Spezialisten winden sich an anderen Sträuchern und Bäumen zum Licht: z.B. die Waldrebe und der Efeu.

In Nadelwäldern ist die Strauchschicht meist nur bodennah entwickelt und wird von Heidel- und Preiselbeere oder von der Besenheide und Ginstern gebildet. In der Strauchschicht leben viele Schmetterlingsarten, deren Raupen auf verschiedene Straucharten spezialisiert sind. In mitteleuropäischen Wäldern können sich bis zu 2000 Schmetterlingsarten entwickeln. Die meisten sind allerdings Nachtfalter, die tagsüber kaum auffallen. Hier leben viele Blattkäfer, wie etwa der Schneeballkäfer oder die Larven von Blattwespen an Himbeere oder Weißdorn.

Dicht über dem Boden entfaltet sich in den Wäldern eine reiche **Krautschicht.** Hierhin gelangt besonders wenig Licht. Die Bewohner haben deshalb verschiedene Strategien entwickelt, um mit dieser Mangelsituation fertigzuwerden. Die Frühblüher können mit Speicherorganen im Boden schon im kalten Frühjahr ihre Sprosse entfalten und blühen, solange das Laubdach noch nicht das Licht versperrt. Salomonsiegel, Sauerklee und Springkraut haben sehr dünnwandige Blätter. Diese erleichtern die Wasserabgabe. Beim Übergang in die Schattenzone drosseln sie ihre Atmung und erhalten so auch bei wenig Licht noch einen Stoffwechselgewinn. In der Dunkelzone des Waldes leben auch Halbschmarotzer wie der Waldwachtelweizen und der Augentrost. Diese Pflanzen sitzen mit ihren Wurzeln anderen Pflanzen auf den Füßen (Wurzeln), um ihnen das Wasser zu entziehen. Die Sommerwurz ist sogar ein Vollparasit. Mit ihren Saugwurzeln bohrt sie andere Pflanzen an und entnimmt ihnen die Nährstoffe. Besonders viele Pflanzen der Krautschicht benutzen Insekten zum Transport ihrer Samen. Im Eichenwald sind 80 Pflanzenarten Ameisenpflanzen. Deren Samen tragen nahrhafte Anhängsel, die Eleiosomen, die Ameisen mit ihrem ölhaltigen Inhalt anlocken und zum Transport der Samen verleiten. Viele Pflanzen der Krautschicht haben Klettfrüchte, die

Schichtenaufbau des Mischwaldes
Schwarz: Laub- und Moosschicht
Dunkelgrau: Krautschicht
Mittelgrau: Strauchschicht
Hellgrau: Kronenschicht
Graphik: T. Haussmann-Damm

im Tierfell hängenbleiben, oder Schleuderfrüchte, die bei Berührung die Samen meterweit verschießen, wie etwa das Springkraut.
Die Laub- oder Bodenschicht birgt schließlich die wichtigsten Organismen eines Laubwaldes, die Reduzenten. Wie ein riesiges Mahlwerk aus hintereinandergeschalteten Mahlsteinen arbeiten hier viele Tierarten daran, den Laubberg zu zerkleinern, aufzuschließen und die gespeicherten Stoffe in den Stoffkreislauf zurückzubefördern. Den größten und wichtigsten Anteil an dieser Aufgabe haben die Bakterien und Pilze. Damit es immer feucht bleibt, halten Moose zwischen Stengel und Blättchen und manchmal auch in speziellen Zellen große Mengen Wasser fest. Hier leben Wassertiere wie in einem Aquarium: Die mikroskopisch kleinen Bärtierchen und Rädertiere.

Nächste Doppelseite: Zu den wichtigsten Organismen eines Waldes gehören die Reduzenten (Bakterien und Pilze). Sie schließen das Totholz auf und führen Mineralien in den Stoffkreislauf zurück.

# Ökologie

Alle Lebewesen wie Pflanzen, Tiere und die Mikroorganismen stehen untereinander und mit ihrem Lebensraum in Beziehung. Sie bilden zusammen mit ihrer Umwelt ein **Ökosystem.** Alle Mitglieder brauchen einander. Weder können Tiere ohne Pflanzen, noch Pflanzen ohne die Tiere auskommen. Wie hängt das zusammen? Die Leistung der Photosynthese aller Pflanzen auf der Erde würde in kurzer Zeit deren gesamten Vorrat an Kohlendioxid verbrauchen. Der Nachschub des Kohlendioxids entsteht durch Vulkanismus, Verbrennung gespeicherter Energie, z.B. von fossilen Brennstoffen, und durch die Atmung der Tiere. Dazu trägt auch der Stoffverbrauch der Zersetzer organischen Materials (Destruenten) ebenso bei wie die Atmung (Respiration) der Pflanzen. Bei der Veratmung eines Zuckermoleküls werden 6 Moleküle Sauerstoff verbraucht, und es entstehen 6 Moleküle Kohlendioxid und 6 Moleküle Wasser.

Ein funktionierendes **Ökosystem** muß also Organismen enthalten, die Energie produzieren und speichern; man nennt sie die **Produzenten.** Das sind in erster Linie die grünen Pflanzen. Zu diesen müssen die **Primärkonsumenten** treten. Das sind vor allem die pflanzenfressenden Tiere, aber auch Mikroorganismen und Pilze. Weitere Mitglieder eines Ökosystems sind die **Konsumenten höheren Grades** wie Räuber, Raubparasiten und die Aasfresser. Schließlich muß ein Ökosystem **Destruenten** besitzen, die das organische Material wieder in seine Einzelteile zerlegen und in den Kreislauf zur Wiederverwendung zurückführen. Jedes Ökosystem besitzt natürlich ein anderes Inventar an Lebensformen, die den einzelnen Stufen angehören.

Ein entscheidendes Kennzeichen von Ökosystemen ist der **Energiefluß:** Unsere Erde empfängt von der Sonne Strahlungsenergie. Diese Energie erwärmt Landmassen, Meere, erzeugt Luftströmungen und setzt die Photosynthese der Pflanzen in Gang. Allerdings ist der Anteil an Sonnenenergie, der von den Pflanzen aufgenommen wird, verschwindend klein. Nur 0,4% der einstrahlenden Energie werden verwendet. Von den organischen Verbindungen, die Pflanzen bei der Photosynthese aufbauen, geht die Hälfte durch Eigenbedarf der Pflanzen verloren. Die andere Hälfte steht den Pflanzenfressern zur Verfügung. Nur relativ wenig Energie wird in tierisches Gewebe umgewandelt, der Rest geht als Wärme verloren. Die Energiemenge, die von einer Verbraucherstufe zur nächsten weitergegeben wird, vermindert sich also mit jedem Glied einer Nahrungskette. Für die Räuber bleibt am Ende sehr wenig übrig. Das hat Auswirkungen auf die Häufigkeit der Organismen.

Stellt man die Zahlen der Organismen dar, die auf den einzelnen Nahrungsebenen leben, entsteht eine **Nahrungspyramide.** Die Produzenten sind immer am häufigsten vertreten, die Konsumenten der Pflanzen schon weniger. Die Spitzenplätze der Nahrungspyramide werden nur noch von wenigen „Toppredatoren“, wie beispielsweise dem Luchs, dem Seeadler, dem Uhu oder dem Wolf, eingenommen. Wenn es in Ökosystemen nur vier Nahrungsebenen gibt, wie ist es dann möglich, daß allein rund eine Million (derzeit bekannte) Insektenarten auf der Erde leben? Woher kommt die Artenvielfalt, wenn alle entweder Pflanzenfresser, Räuber oder Destruenten sind?

**Lebensformen des Waldes**

Das Geheimnis der Vielfalt eines Waldes liegt in seiner Vielfalt an Planstellen. Besonders deutlich wird das am Beispiel der Nahrungs-

Ökologische Nahrungsnischen einer Fichte. Zeichnung: D. Olimart

nischen eines mitteleuropäischen Nadelwalds. Für die an der Fichte lebenden Vogelarten ergibt sich eine Aufteilung ihrer Aktionsräume und ihrer Ernährungsgrundlagen: Der Fichtenkreuzschnabel ist ein auf die Ausbeutung von Zapfen spezialisierter Samenfresser. Seine sich überkreuzenden Schnabelhälften schlitzen die Samenschuppen auf und erschließen dem Vogel die versteckten Samen. Der Buntspecht meißelt die Larven von Bockkäfern aus dem Splintholz. Der Kleiber benutzt seinen Schnabel wie eine Pinzette und sammelt Insekten aus den Rindenritzen. Die feinste Insektenpinzette besitzt der Gartenbaumläufer: Dünn und leicht gebogen, dringt der Schnabel in kleinste Rindenspalten und bringt Rindenläuse und Ohrwürmer ans Licht.

Doch nicht nur die unterschiedliche Schnabelform ermöglicht es, verschiedene „Jobs" zu tun. Berufsentscheidend kann auch das Gewicht sein: Das Sommergoldhähnchen kann als Leichtgewicht von nur 5 Gramm in den äußersten Zweigen Insekten fangen. Der deutlich schwereren Kohlmeise bleiben diese Bereiche verschlossen, sie sammelt die dickeren Zweige ab. Der Fliegenschnäpper benutzt Zweige nur als Ausguck und Sitzplatz. Er „schnappt" die fliegenden Insekten in der Luft. Der Ziegenmelker fliegt in Mückenschwärme hinein und benutzt seinen weit aufsperrbaren Schnabel als Kescher. Auch die am Boden nach Schnecken und Würmern suchende Drossel gehört in den Stellenplan des Nadelwalds. Vielfalt wird also durch unterschiedliche Planstellen ermöglicht.

Dieses Laubblatt ist von Springschwänzen und Hornmilben weitgehend abgebaut.

**Die Dynamik des Waldes**

In einem Waldökosystem laufen so viele Lebensvorgänge gleichzeitig ab, daß es schwer ist, sie zu durchschauen. Ökologische Grundmuster zu beschreiben, heißt zu vereinfachen. So sind Begriffe wie Nahrungspyramide, Nahrungskette oder ökologische Nische Gedankenmodelle, die helfen sollen, komplizierte Zusammenhänge „modellhaft" darzustellen. Wie schwer es ist, richtige Aussagen über das Funktionieren des Waldes zu machen, zeigen Beispiele.

In einem Normaljahr beträgt die Anzahl der blattfressenden Schmetterlinge 200 000 bis 1 000 000 Individuen pro Hektar (100 x 100 m). In manchen Jahren – man spricht dann von Massenwechseln – kann die Zahl auf mehrere Millionen steigen. In einem Alteichenbestand wurden während einer Massenvermehrung etwa 2–4 Millionen Raupen des Schwammspinners geschätzt. Der Wald war fast völlig kahlgefressen. Es kam zu einem wahren Kotregen, der in einer Menge von 400–1000 kg pro Hektar auf den Boden rieselte. Diese Keimzellen für Bakterien beeinflußten das gesamte Bodenleben. Doch die Eichen trieben dank ihrer Reservestoffe neu aus. Nach einigen Jahren war vom Kahlfraß nichts mehr zu spüren. Ein Ökosystem kann solche Verluste oft verkraften. Trotzdem können kurz hintereinander auftretende Massenwechsel zum Absterben der Bäume führen. Der Wald verändert dadurch sein Gesicht, es entstehen neue Waldstrukturen. Trotz solcher großen Veränderungen ist das ökologische Gleichgewicht nicht gestört. Es ist nur dank seiner Dynamik vorübergehend zu einer Seite hin ausgependelt. Was bestimmt nun, wie stabil ein Gleichgewicht trotz solcher Pendelbewegungen ist?

Von **ökologischer Stabilität** sprechen Biologen, wenn sie die Fähigkeit eines Ökosystems beschreiben, nach einer Störung wieder in den Gleichgewichtszustand zurückzupendeln. Welche Faktoren bestimmen diese Fähigkeit? Die Antwort ist ebenso wie die Natur selbst vielfältig. Für den vom Schwammspinner heimgesuchten Eichenwald ist einmal die Vitalität der Bäume ein wichtiger Faktor der Selbstheilung. Von belasteter Luft geschwächte Bäume sind anfälliger für Massenwechsel von Insekten. Zum anderen spielt die Zahl der Mitbewohner des Eichenwaldes eine Rolle. Sind genügend Räuber und Raubparasiten vorhanden, die bei einer Massenvermehrung einer Art diese zahlenmäßig dämpfen? Entscheidend sind auch die Klimafaktoren. Ein kalter Winter kann Insekten im Winterlager treffen und sie dezimieren. Ein feuchtwarmer Winter kann Pilzerkrankungen fördern, die Insekten während der Überwinterung ebenso töten können.

Es gibt also viele ineinandergreifende Faktoren, die ein biologisches Gleichgewicht beeinflussen. Vereinfacht läßt sich aber sagen, daß Waldökosysteme, die ein reiches Planstelleninventar besitzen, weniger anfällig sind. Ein großes Stellenangebot sorgt für eine große Artenvielfalt an Pflanzen und Tieren. Diese Mannigfaltigkeit, oft auch als Diversität bezeichnet –, kann man sich als bunten Teppich mit vielen Farben vorstellen. Fällt eine Farbe (sprich Pflanzen- oder Tierart) aus, ist der Teppich immer noch bunt. Bei einer Fläche aus nur wenigen Farben verändert das Ausfallen einer einzigen Farbe das gesamte Bild. Artenreiche (bunte) Ökosysteme sind meist stabiler und vertragen Pendelbewegungen leichter als verarmte, einseitige Lebensräume.

**Das Beziehungsgefüge**

In allen Lebensgemeinschaften entstehen durch die unterschiedlichen „Berufe" der Tiere Nahrungsbeziehungen: Die Raupe des Kiefernspanners befrißt die Nadeln. Beim Abspinnen in den Boden zur Verpuppung wird sie von einem Laufkäfer gefressen. Dieser fällt der Singdrossel zum Opfer, die kurze Zeit später vom Habicht geschlagen wird. Dieses erdachte Szenario stellt eine **Nahrungskette** dar, wie sie in einem Wald ablaufen kann, aber nicht muß. Der vielverwendete Begriff der Nahrungskette spiegelt die wahren Vorgänge in der Natur nur sehr grob wider. Tatsächlich verlaufen die Nahrungsbeziehungen in einem Ökosystem netzartig. Der Laufkäfer beispielsweise verläßt nachts den Wald und fängt auf angrenzenden Feldern Regenwürmer. Mit dieser Nahrungsbeziehung vernetzt der Käfer verschiedene Lebensräume. Auch der Fuchs verspeist die Regenwürmer des Feldes und überrascht am Morgen im Wald eine Gelbhalsmaus, die gerade Puppen des Kiefernspanners ausgräbt. Es existieren also weniger Nahrungsketten in der Natur, sondern vielmehr kompliziert verknüpfte **Nahrungsnetze.** Es ist sehr anschaulich, die Freßbeziehungen eines Waldes darzustellen (Seite 34/35) und die einzelnen Pfeile der Wechselwirkungen zu verfolgen. Man muß sich nur klar darüber sein, daß die Zeit bei einer derartigen Darstellung ausgespart bleibt. Alle Beziehungen finden nur selten gleichzeitig statt.

Nächste Doppelseite: Schema eines Nahrungsnetzes im Wald
In den Nahrungsbeziehungen zwischen Pflanzen und Tieren sind die Jungtiere, Raupen und auch Aas eingeschlossen.
Die blauen Linien zeigen die Nahrungsbeziehungen der Pflanzenfresser (Konsumenten 1. Ordnung). Die roten Linien zeigen die Nahrungsbeziehungen der Räuber und Raubparasiten auf (Konsumenten 2. Ordnung). Die schwarzen Linien zeigen die Wechselbeziehungen der abbauenden Organismen (Destruenten).
Graphik: T. Haussmann-Damm

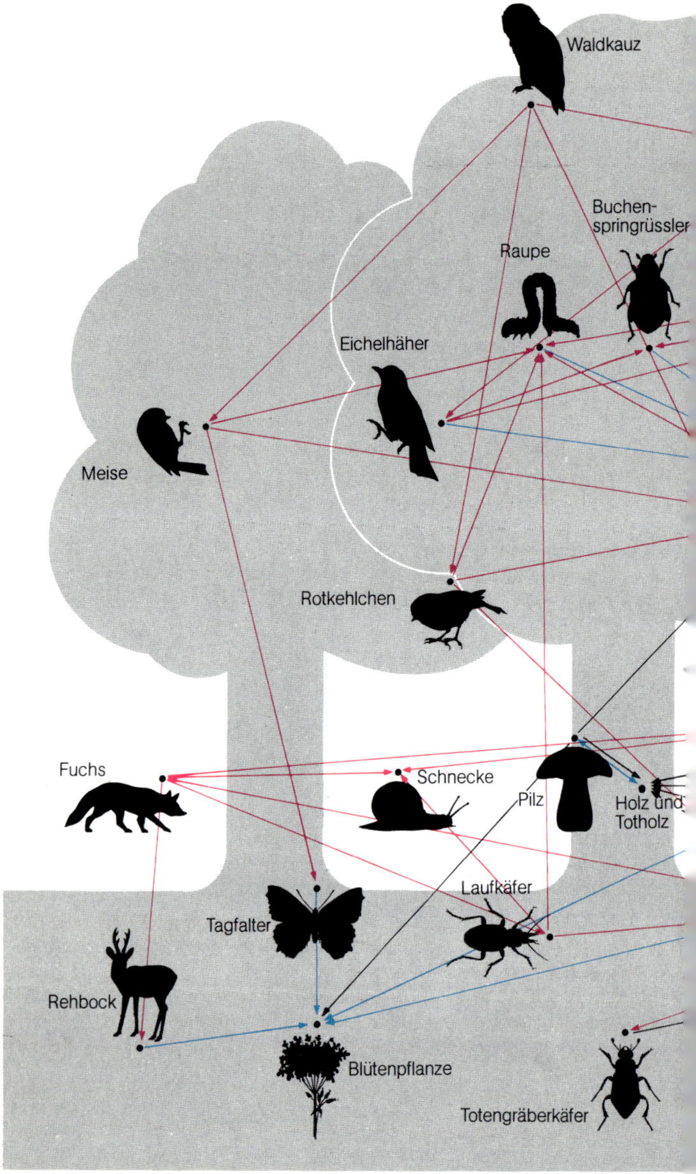
Waldkauz
Buchen-
springrüssler
Raupe
Eichelhäher
Meise
Rotkehlchen
Fuchs
Schnecke
Pilz
Holz und
Totholz
Laufkäfer
Tagfalter
Rehbock
Blütenpflanze
Totengräberkäfer

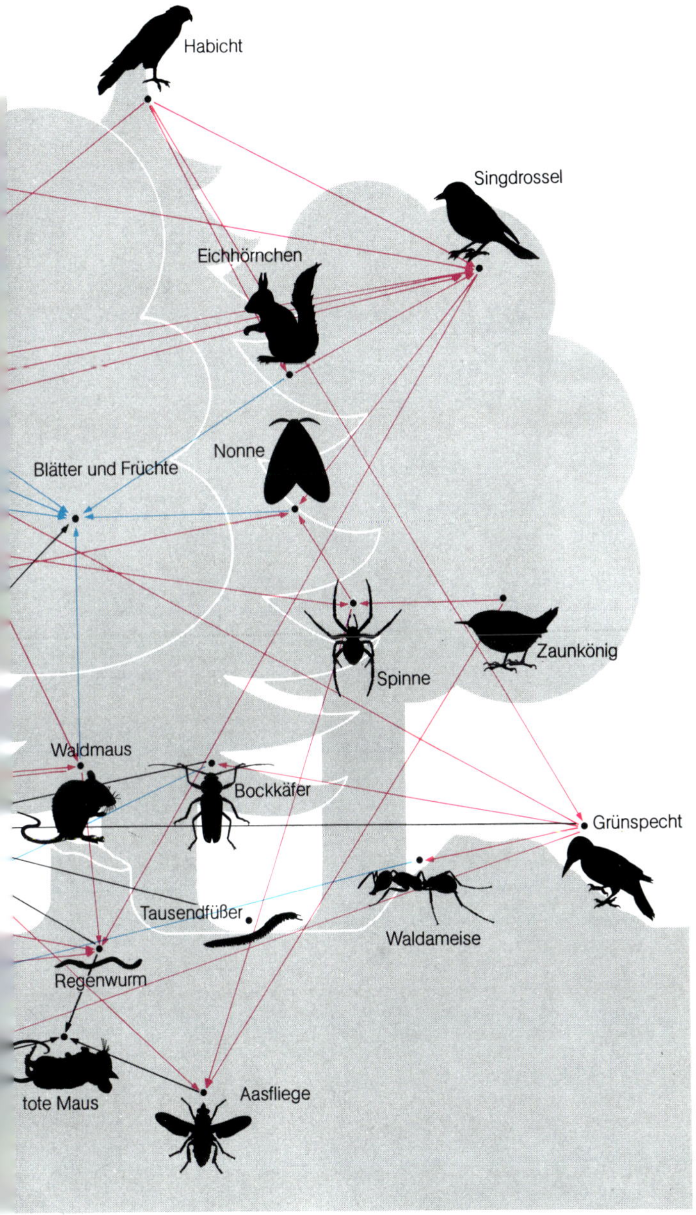
Habicht
Singdrossel
Eichhörnchen
Nonne
Blätter und Früchte
Spinne
Zaunkönig
Waldmaus
Bockkäfer
Grünspecht
Tausendfüßer
Waldameise
Regenwurm
tote Maus
Aasfliege

# Waldschäden

Im Herbst 1980 beobachtete man in den Höhenlagen des Bayerischen Waldes erstmals dramatische Schäden an der Fichte. Zunächst glaubte man an die Erkrankung nur einer Baumart und sprach vom „Fichtensterben". Doch nach wenigen Jahren zeigte es sich, daß weltweit ein großflächiges Waldsterben eingesetzt hatte. Nach der ersten in der Bundesrepublik einheitlichen Schadenserhebung von 1984 stand fest, daß bereits die Hälfte unserer Wälder sichtbar vom Waldsterben betroffen war. Die Tanne zeigte fast auf der ganzen Fläche ihrer Verbreitung Schadsymptome. Rund 60% der Kiefer und über die Hälfte der Fichtenflächen waren krank. Auch die für robust gehaltene Buche wies eine Reihe von Krankheitssymptomen auf, die sich schnell verschlimmerten und 1984 schon bei weit über der Hälfte der Buchen auftraten. Selbst die Eiche verzeichnet mittlerweile über 40% Schäden.

Die aktuellen Waldschadensberichte werden seitdem jährlich erstellt und sind bei den zuständigen Ministerien oder beim Umweltbundesamt in Berlin anforderbar. Eine umfassende quantitative Darstellung der regional oft unterschiedlich gravierenden Waldschäden läßt sich in Buchform nicht aktuell genug darstellen. Es wird deshalb hier darauf verzichtet.

Unabhängig vom aktuellen Ausmaß der Waldschäden wurde aber deutlich, daß Waldsterben keine Folge eines falschen Waldbaus ist. Es ist weder mit ungenügender Nährstoffzufuhr und naturfernem Waldbau, noch mit falscher Wirtschaftsführung zu erklären. Die naturnahen Mischwälder sind heute ebenso geschädigt wie die naturfernen Fichten-Monokulturen.

**Die Krankheitssymptome**

Waldschäden im Anfangsstadium zu erkennen ist nicht leicht. Die Schadbilder sind nicht einheitlich und schwanken je nach Alter und Höhenlage der Bäume. Einzelbäume sind leichter zu beurteilen als geschlossene Bestände, da man die Kronen schlecht einsehen kann. Die einzelnen Baumarten zeigen unterschiedliche Symptome. Es ist deshalb notwendig, die Veränderungen durch das Waldsterben von Art zu Art zu beschreiben:

Bei der gesunden **Fichte** sitzen die Nadeln auf stielartigen Polstern und verbleiben 6–10 Jahre am Baum, bevor sie abfallen. Die Nadeln sitzen um den gesamten Jahrestrieb herum verteilt und sehen im Querschnitt rautenförmig aus. Bei Erkrankung werden die älteren Nadeljahrgänge vorzeitig abgeworfen. Das führt bei Altfichten zu einer Verlichtung der Krone. Sie wirken, von unten gegen den hellen Hintergrund des Himmels gesehen, lückig und löchrig. Auch an jüngeren Zweigabschnitten wird die Benadelung lückig. Im fortgeschrittenen Stadium treten unnatürlich kurze Nadeln auf, das Bild der durchsichtigen Kronen verstärkt sich. Diese machen einen regelrecht zerzausten Eindruck, die unteren Äste sind oft kahl, der Totholzanteil des Baumes steigt. Beim näheren Hinsehen läßt sich an der Oberseite der Äste eine auffällige Veränderung feststellen. An den Grenzen der einzelnen Jahrestriebe wachsen in großer Zahl kurze Triebe nach oben heraus. Man nennt sie „Angst"- oder „Nottriebe". Die übrigen Nadeln werden fahlgrün bis gelb. Mit zunehmendem Alter werden die Nadeln braun gefleckt.

Bei der **Kiefer** ist das Hauptmerkmal der Erkrankung ein starker Nadelverlust in den Wintermonaten und

Vorige Doppelseite: Abgestorbener Fichtenwald. Rechts eine Lockstoff-Falle gegen Borkenkäfer.

Das Baumsterben zeigt sich deutlich an der Vergilbung der Nadeln.

Typisches Kennzeichen einer sterbenden Fichte sind die grünen Angst- oder Nottriebe.

manchmal auch schon während des Sommers. Die gesunde Kiefer besitzt 3–5 Nadeljahrgänge, die kranke 1–2 Nadeljahrgänge weniger. Vor allem die ältesten Jahrgänge fehlen. Dadurch verlichtet sich die Krone von innen nach außen. Im fortgeschrittenen Stadium sterben ganze Teile der Krone ab. Zur Schadenserkennung dient auch die Nadelfärbung. Die gesunde Kiefer besitzt kräftig dunkelgrüne Nadeln, die kranke hingegen ein blasses blaugrünes Nadelkleid. Häufig sind auch die Spitzen gelb. Dieses Kennzeichen für Magnesiummangel kann aber bei Düngergabe nicht mehr ausgeglichen werden. Bei der kranken Kiefer hält die Vergilbung den Sommer über an.

In den letzten Jahren werden immer häufiger auch Rindenschäden beobachtet. Die schnittartigen Wundstellen verharzen. Diese Verletzungen treten meist nur im Kronenbereich auf und sind für den Laien schwer zu entdecken. Er hat es überhaupt schwer, Schäden im Anfangsstadium zu erkennen. Viele Symptome des Waldsterbens werden durch andere Ursachen vorgetäuscht. So kann eine Gelbfleckung der Fichtennadeln auch durch einen Rostpilz verursacht sein. Vergilbungserscheinungen an Kiefernnadeln sind manchmal auf Ernährungsstörungen zurückzuführen. Verfärbungen an der Schnittstelle eines Stammes, die der Laie bei Waldspaziergängen häufiger beobachtet, haben meist mit dem Waldsterben nichts zu tun. Sie sind Folge einer Pilzinfektion, etwa durch den

Hallimasch oder Baumschwämme. Bei der Diagnose von Symptomen des Waldsterbens wendet man sich am besten an einen Förster.

**Ursachen**

Trotz vieler Verwechslungsmöglichkeiten von „normalen" Krankheitsbildern mit Symptomen des Waldsterbens kann heute niemand die Existenz weltweiten Siechtums der Wälder leugnen. Auch über die Ursachen bestehen heute kaum noch Zweifel. Es ist die Gesamtheit der Luftverunreinigungen aus Schwefeldioxid, Stickoxiden, ungesättigten Kohlenwasserstoffen und sogenannten Photooxidantien wie z.B. das Ozon. Bisher sind etwa 3000 chemische Verbindungen bekannt, die unsere Luft verunreinigen. Bei dieser Fülle ist es müßig zu fragen, welchem Stoff die größte Bedeutung beikommt. Unbestritten ist mittlerweile die „Saure Regen-Hypothese". Bei dieser Überlegung geht man davon aus, daß die Schadstoffe der Luft durch Regen ausgewaschen werden und ins Erdreich gelangen. Dort führen die Säuren zu chemischen Umsetzungen, bei denen Aluminium- und Manganionen freiwerden. Diese aggressiven Ionen schädigen die Feinwurzeln der Bäume. Dadurch werden die Bäume anfällig für Streßfaktoren wie Witterungsextreme, pflanzenfressende Insekten, Pilzbefall oder Mangelerscheinungen in der Ernährung. Welche Rolle der Saure Regen auf die Schädigung der oberirdischen Baumteile hat, ist noch nicht endgültig geklärt und wird zur Zeit untersucht. Ob das Ozon oder der Dauerstreß durch jahrzehntelange Dauerbewirtschaftung auf den gleichen, ausgelaugten Flächen Einflüsse zeigt, kann derzeit noch nicht bestätigt werden. Fest steht, daß für das Waldsterben eine Fülle von Faktoren verantwortlich sind, die in einem Ökosystem auch auf die unterschiedlichste Weise einwirken.

Nach unserem heutigen Wissen ist das Wurzelsystem der maßgebliche Angriffspunkt für Schadstoffe. Deshalb wollen wir das **Wurzelsystem** der Bäume näher betrachten. An einem vom Wind umgeworfenen Baum lassen sich die Wurzelelemente gut beobachten. Am auffälligsten sind die kräftigen Befestigungswurzeln. Sie geben dem Baum Halt und dienen vor allem der Speicherung und Weiterleitung von Reservestoffen. Gleichzeitig bilden sie das Gerüst für das Feinwurzelsystem eines Baumes. Dazu gehören vor allem die Saugwurzeln, mit denen der Baum Wasser und Nährstoffe aus dem Boden aufnimmt. Im Bereich der feinen Wurzeln, die nur 1–2 Millimeter dick sind, finden wir auch die Mykorrhiza. Dieses Gebilde aus Pilzmyzel und feinsten Baumwurzeln ist für unsere Laub- und Nadelbäume eine unverzichtbare Einrichtung zur Wasser- und Mineralversorgung.

Die meisten Wurzelteile werden von Zeit zu Zeit erneuert. An kranken Fichten stellte man fest, daß die Erneuerung des Feinwurzelsystems von einem stärkeren Absterben des Feinwurzelwerkes als üblich begleitet wird und die Wurzeln schlechter nachwachsen. Vor allem die Neubildung der Mykorrhiza wird beeinträchtigt. Eine nicht mehr funktionierende Symbiose mit dem Pilz bringt dem Baum schwerwiegende Nachteile. Die Nährstoff- und Wasserversorgung ist eingeschränkt. Weiterhin entfällt der Schutz der „Eintrittspforten" des Baumes durch die Mykorrhiza. Dadurch häufen sich Pilzinfektionen, weil deren Myzele in die Feinstwurzeln eindringen können. Als Folge wird der ganze Baum geschwächt und anfällig für weitere Streßfaktoren.

Anfangs glaubte man, das Waldsterben sei auf die Nadelbäume beschränkt. Laubbäume sind von Natur aus robuster gegen Luftverunrei-

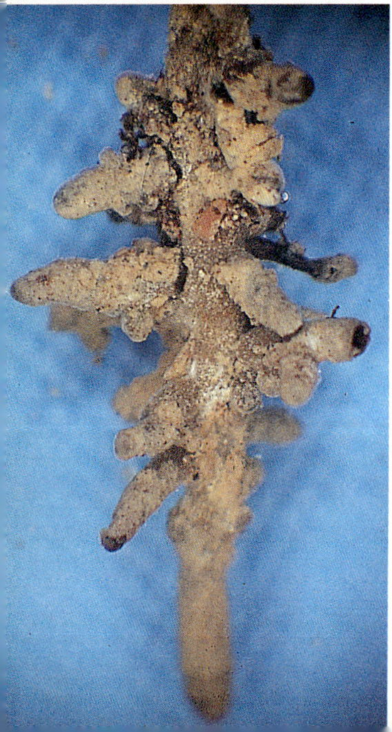

nigungen, da sie das Laub jährlich abwerfen. Die Schadstoffe können sich deshalb nicht während mehrerer Jahre in den Blättern anreichern. Mittlerweile zeigen auch die robusten Buchen Schadsymptome. Die Krankheitsbilder treten sehr plötzlich auf und zeigen sich in allen Altersklassen. Gehäuft treten die Schädigungen in Altersbeständen über achtzig Jahre und an Buchen, die das Kronendach der anderen Bäume überragen, auf. Eine Buche stirbt manchmal innerhalb eines Jahres ab. Merkwürdigerweise stehen kranke Buchen vereinzelt mitten in gesunden Beständen, was die Erklärung der Ursachen erschwert. Viele der neuen Symptome treten bei der Buche sonst nicht auf. Damit läßt sich das Krankheitsbild leichter beschreiben. Vor dem Absterben werden ganze Zweige oder sogar ganze Kronenteile dürr. Bei sehr raschem Absterben löst sich an starken Ästen sogar die Rinde. Gelegentlich treibt die Buche am Stamm Wasserreiser. Schon ab Juni verlieren die kranken Buchen einen Teil ihrer Blätter. Der Blattfall setzt sich den Sommer über fort. Der Waldboden ist dann deutlich sichtbar mit grünen Blättern übersät. Die an den Zweigen verbleibenden Blätter weisen häufig helle Blattflecke auf, die auf einen Verlust des Blattgrüns schließen lassen.
Eine Reihe von Symptomen kann zu Verwechslungen führen: Die welken Blattspitzen mit einem deutlich sichtbaren Gang von der Mittelrippe zum Rand stammen von den sehr häufigen Larven des Buchenspringrüsslers.

Gesunde Feinwurzeln einer Fichte.

Geschädigte, teilweise abgestorbene Feinwurzeln einer Fichte.

Schwarzwald-Reste. Waldsterben an der Hornisgrinde.

Wenn sich die Blätter vorzeitig einrollen, kann die Buchenwollaus schuld sein. Riesige Kolonien sitzen manchmal am Stamm und überziehen diesen mit weißen Wachsausscheidungen. Auch Spätfröste können Buchen schädigen. Die Blätter sind dann an den Spitzen braun und wirken zerknittert.

**Woher kommen die Schadstoffe?**

In den zwanzig Jahren zwischen 1960 und 1980 hat sich in der Bundesrepublik die Luftbelastung durch Schwefeldioxid laufend erhöht. Mittlerweile liegt sie jährlich bei 3,5 Millionen Tonnen. Über die Hälfte davon stammt aus den hohen Schornsteinen von Kraftwerken, weitere 28% aus der Industrie. Die restlichen rund 20% stammen aus dem Hausbrand, aus Kraftfahrzeugen und aus anderen Quellen.

Um den großen Schwefeldioxidausstoß zu reduzieren, wird eine Reihe von Maßnahmen durchgeführt: Entschwefelung der Kohlekraftwerke, Entgiftung von Autoabgasen, Festsetzung neuer Höchstgrenzen für Abgase aus dem Hausbrand und andere mehr. Ob diese Maßnahmen schnell genug greifen, muß die ungewisse Zukunft zeigen.

**Der Wald im Konflikt**

Unsere Wälder sind zu Mehrzweckwäldern geworden. Mit der forstlichen Nutzung dienen sie als Rohstoffquellen der Natur. Daran gekoppelt sind Gelderträge, die Arbeitsplätze bedeuten. Ein nicht unerhebliches Interesse hat die Jagd am Wald. Aus ökologischer Sicht erfüllen die Wälder wichtige Funktionen für den Wasserhaushalt, für das Klima und die Sauerstoffversorgung. Sie gestalten die Landschaft und sind Lebensraum für Gemeinschaften aus Hunderten von Pflanzen- und Tausenden von Tierarten. Aus gesellschaftlicher Sicht sind die Wälder beliebte Ziele für Spaziergänge, Sport und Spiel oder zum Reiten. Den Naturfreunden dienen sie zum Wandern und zur Naturbeobachtung. Aus diesem Strauß von Interessen wachsen zunehmend Konflikte zwischen den Interessenten. Innerhalb der letzten Jahrzehnte erlebten die einzelnen Interessenbereiche eine unterschiedliche Gewichtung. In den sechziger Jahren erfolgte eine intensive Erschließung der Wälder für die Erholung (Trimmpfade, Ruhebänke, Lehrpfade). Diese Mode klang wieder ab. Auch die in den sechziger Jahren übliche Umwandlung von Buchenwäldern in kurzfristig ertragreiche Fichtenforste wird heute überdacht. Seit den achtziger Jahren wird der Natur- und Wasserschutz der naturnahen Wälder sehr betont. Man hat erkannt, daß sich die einzelnen Interessen und Funktionen des Waldes nicht ausgrenzen dürfen, sondern ergänzen müssen. Ein Wald muß ebenso dem Naturschutz und der Erholung dienen wie der Wertholzproduktion.

**Hat der Wald eine Zukunft?**

Der starke Druck vieler Interessen auf die Wälder und der zunehmende Streß durch die Luftbelastung zeigen keine rosige Zukunft für den Wald auf. Auch die Hoffnung, durch Waldbaumaßnahmen die Wälder wieder naturnaher zu gestalten, wird sie nicht allein retten können. Das Kurieren einzelner Symptome wird wenig helfen, die Wälder zukünftigen Generationen zu erhalten. Das schwerwiegende Problem dieses Lebensraumes bleiben die großen Umweltbelastungen, die ausschließlich durch den Menschen verursacht werden. Es muß uns Verpflichtung und Aufgabe sein, diese Belastungen der Luft so schnell und wirkungsvoll wie möglich drastisch zu reduzieren. Es darf nicht allein der Politik überlassen bleiben, wie der Ausstoß an Schadstoffen verringert werden kann, sondern bleibt vorrangig die Aufgabe jedes einzelnen von uns. Es geht jetzt darum,

Baumsterben bei Buchen: Rechts noch gesunder Baum, links fortgeschrittene Verlichtung.

den Lebensraum Wald, der ein wesentliches Element unserer Biosphäre ist, wiederzubeleben. Eine Lösung der von uns Menschen herbeigeführten Umweltprobleme ist nicht mehr verschiebbar. Der Wald braucht die unbelastete Luft jetzt und sofort. Wieviel Selbstheilungskräfte dieser Lebensraum dann noch besitzt, läßt sich nicht kalkulieren, hier kann man nur hoffen.

# Flechten

**Flechten** sind schon jedem aufgefallen – als grüngelbe Flecke auf dem Dach oder als langbärtiger Pflanzenbehang an den Zweigen von Waldbäumen in den Alpen. Meist werden sie mit Moosen verwechselt und als „Baummoos" bezeichnet. Hinter dieser auffallenden, vom gängigen Pflanzentyp abweichenden Lebensform steckt eine komplizierte Lebensgemeinschaft von zwei Organismengruppen: Flechten sind Doppelwesen aus Pilz und Alge. Das Zusammenleben der beiden Partner bringt beiden Vorteile, sie leben in Dauersymbiose. Der Pilz bezieht von der Alge, die mit dem grünen Farbstoff Chlorophyll Photosynthese betreibt, verschiedene Zucker (Kohlenhydrate), die Alge erhält vom Pilz Schutz gegen Trokkenheit, intensives Licht und Hitze. Mit dieser Kombination können beide Organismen Lebensräume und Standorte besiedeln, die jedem einzelnen von ihnen verwehrt blieben: Klimatisch ungeeignete Gebirgszonen für die Alge und nährstoffarme Gebiete für den Pilz. Die Kombination aus Pilz + Alge = Flechte führte zu einer großen Entfaltung dieser Lebensform. Bei uns gibt es etwa 2500–3000 Arten. Schwerpunkte ihrer Verbreitung sind hier die kalten Klimazonen alpiner Hochlagen und wechselfeuchte Gebiete. Flechten haben mit dem gewohnten Pflanzenbild kaum Gemeinsamkeiten: Keine Gliederung in Wurzel, Sproß und Blätter, sondern einheitlich gebaute Gebilde, die „Thallus" oder „Lager" heißen. Je nach Ausformung dieser Thalli lassen sich verschiedene Typen erkennen:

Die **Krustenflechten** überziehen oft als eng anliegender, körniger Überzug Baumrinden, Felsen oder Erdflächen.

Die **Blattflechten** bestehen meist aus flachen Lagern mit blättrigen Lappen.

Die **Strauchflechten** bilden ausgedehnte Rasen oder moosartige Polster. Sie besiedeln im nebelfeuchten Bergland Bäume und bilden als „Giganten" dieser Pflanzengruppe dichte, herabhängende Schleier. Die Thallusfäden mancher Arten sind mehrere Meter lang.

Wie vermehren sich Flechten? In der Gemeinschaft ist nur der Pilz zu sexueller Vermehrung fähig. Er bildet in arttypischen Fruchtkörpern die Sporen aus. Diese Fruchtkörper können schüsselförmig, streichholzartig, kugelförmig oder stielartig sein und werden meist als „Apothecien" bezeichnet. Aus diesen Organen werden die Sporen geschleudert oder von Regen, Wind und Tieren verbreitet. Auf geeignetem Grund keimen die Sporen aus und müssen nun als winziges Geflecht eine geeignete Alge finden. Manche Flechtenarten haben weitere Vermehrungswege entwickelt. Bei der Rentierflechte und anderen Strauchflechtenarten können Bruchstücke der Lager wieder zu kompletten Flechten auswachsen. Einzelne Arten besitzen sogar Sollbruchstellen, an denen bestimmte Teile der Lager, sogenannte „Soredien" oder „Isidien", abbrechen und als kompakte Pakete aus Alge und Pilz verdriftet werden.

Viele Flechten sind sehr empfindlich gegenüber Waldveränderungen und vor allem gegenüber Luftverunreinigungen. So sind viele baumbewohnende Flechtenarten in Industriezonen fast gänzlich ausgerottet. Flechten sind Bioindikatoren für Luftbelastungen mit Schwefeldioxid. Eine reich entfaltete, artenreiche Flechtenflora ist oft ein biologisches Zeichen für naturnahe, intakte Ökosysteme. Die häufigsten in Wäldern anzutreffenden Flechten sind auf den folgenden Seiten abgebildet.

Vorige Doppelseite: Flechten- und Moosgesellschaft.

**Mähnenflechte**
*Bryoria fuscescens*
Bartflechten
*Usneaceae*

**K:** Braunschwarze und grünbraune lange Bärte aus hängenden, reich verzweigten Lagern. Von *Usnea* an den weißen Strängen im Inneren der Lager zu unterscheiden (Äste auseinanderziehen). Oft auch mit *Usnea* zusammen.
**V:** Häufig in Schwarzwald, Alpen und Vogesen. Besiedelt in niederschlagsreichen Gebieten der niederen Höhenlagen Nadelbäume und oft auch Holzzäune. Bevorzugt lichtreiche, windoffene Standorte, z.B. einzelne Straßenbäume oder freistehende Bäume.
**L:** Apothecien sind sehr selten. Diese Flechte ist sehr empfindlich gegen Schwefeldioxidbelastung der Luft.

**Gewöhnliche Bartflechte**
*Usnea florida*
Bartflechten
*Usneaceae*

**K:** Strauchflechte mit gelblichbraunem, bartartigem Lager, erinnert an Wurzelgeflecht. Die Lageräste der Basis sind derb, ziemlich dick und steif und manchmal knorrig. Auffällig sind die pfenniggroßen, am Rand lang befransten Apothecien.
**V:** Häufiger in den Kronen von Eberesche, Bergahorn, Eiche oder Buche in nebelreichen und feuchten Bergmischwäldern. Meist an waagerechten Ästen oder im Stammbereich von freistehenden Bäumen oder am Waldrand. Benötigt alte Wälder.
**L:** Immer reichlich mit tellerförmigen Apothecien zu finden. Durch Luftverschmutzung oft schon verdrängt.

**Isländisches Moos**
*Cetraria islandica*
Moosflechten
*Cetrariaceae*

**K:** Meist kräftig rotbraune Strauchflechte. Die Lager stehen aufrecht und sind ziemlich regelmäßig gabelförmig verzweigt. Die auffällig breiten (1 cm) Äste sehen bei Trokkenheit oberseits graugrün, bei Feuchte rotbraun aus, unterseits sind sie stets heller. Am Rand tragen sie dornartige Auswüchse.

**V:** In lichten Kiefernwäldern, Hochmooren und Moorwäldern häufig, bis hinauf an die Waldgrenze vorkommend. Häufig im Schwarzwald und in den Vogesen. In den übrigen Berggebieten seltener vorkommend.

**L:** Die variable Flechte bildet selten Apothecien und wird über „Bruchstücke" verbreitet.

**Graue Baumflechte**
*Hypogymnia physodes*
Schlüsselflechten
*Parmeliaceae*

**K:** Sehr häufige und typische Blattflechte, die der Unterlage meist blattartig anliegt. Der Thallus wächst rasenartig und ist mehrfach verzweigt. Die Lappen sind wulstig und stehen oft hochgewölbt. An den Rändern der lappigen Enden liegen weißliche Lippensoralen. Das sind kleine „Einheiten", aus denen nach dem Abbrechen neue Flechten entstehen.

**V:** Diese Flechte ist weit verbreitet und kommt auf Steinen, Rinde, Holz und Ästen vor. Sie braucht regenreiche lichtreiche Standorte mit geringem Nährstoffangebot.

**L:** In Gebieten mit hoher Luftverschmutzung ist sie oft noch die einzige überlebende Großflechte.

**Rentierflechte**
*Cladonia rangiferina*
Strauchflechten
*Cladoniaceae*

**K:** Auffällige Strauchflechte mit graugrünen Lagern. Auf einem kräftigen Hauptstamm stehen meist vier Seitenästchen. Die Endverzweigungen sind gabelförmig und erinnern an ein Geweih.
**V:** Eine der häufigsten Flechtenarten Nordeuropas und wichtige Rentiernahrung. Bei uns häufiger im Schwarzwald, in den Vogesen und in der Rhön. In den Alpen seltener. Kommt vor allem in feuchtkühlen Lagen vor, wo sie als dichte Polster den Erdboden besiedelt.
**L:** Diese Flechte spielte in Notzeiten eine Rolle als Brotzusatz. Sie enthält Antibiotika und verhinderte im Brot und Schiffszwieback die Schimmelbildung.

**Streichholz-Strauchflechte**
*Cladonia floerkeana*
Strauchflechten
*Cladoniaceae*

**K:** Auffällige Art. Oft Rasen von aufrecht stehenden Stiften mit roten „Köpfchen". Es sind die an Streichhölzer erinnernden Thalli (Vegetationskörper einfach gebauter Pflanzen) mit scharlachroten Apothecien, die fast immer vorhanden sind.
**V:** Im Schwarzwald, den Vogesen und in der Eifel häufige Flechten von humosen Sand- und Torfböden, manchmal auch von morschen Holzteilen. Sie fehlen meist in den Kalkgebieten.
**L:** In den roten Fruchtkörpern (Apothecien) entstehen die Sporen des Pilzes, die bei Reife ausgeschleudert werden. Gelangt die auskeimende Spore zu einer Alge, kommt es wieder zur Flechtenbildung.

**Gefranste Strauchflechte**
*Cladonia fimbriata*
Strauchflechten
*Cladoniaceae*

**K:** Aufrecht stehende grüne Becher von etwa 2 cm Höhe, die an Trompeten erinnern. Auf der gesamten Oberfläche mit puderförmigen, graugrünen Soredien (kleine, körnige Organe, die von der Flechte zur vegetativen Vermehrung abgestoßen werden).

**V:** Sehr häufig und überall auf morschem Holz, auf Rohhumus oder an bemoosten Baumwurzeln zu finden. Auch auf dem Boden von lichten Laubwäldern. Meidet Kalkgebiete.

**L:** Diese Flechte braucht sandige Lehmböden mit Rohhumus und sich zersetzende Stubben. An den Becherrändern entstehen die Sporen in braunen Apothecien und werden mit dem Regen verbreitet.

**Waldflechte**
*Cladonia arbuscula*
Strauchflechten
*Cladoniaceae*

**K:** Strauchflechte von 6 cm Höhe mit gelblichen, geweihartig verzweigten Lagern. Der Rentierflechte ähnlich, aber nie grau, sondern blaßocker. Hauptachse recht dick, viele gabelige und gebogene Verzweigungen. Schmeckt bitter.

**V:** In ganz Europa als dichte Bodenpolster verbreitet. Besonders im Norden in Heiden und Mooren, aber auch auf Nadelstreu, in Zwergstrauchheiden zusammen mit der Heidelbeere, in Moosrasen.

**L:** Diese Art braucht hohe Niederschläge und nährstoffarme Sandböden. Sie gedeiht in lichtarmen Nadelwäldern und an der Baumgrenze in lichtreichen Zwergstrauchheiden.

**Hundsflechte**
*Peltigera canina*
Schildflechten
*Peltigeraceae*

**K:** Gut zu erkennende Art. Blattförmige Flechte mit großem graubraunem (bei Trockenheit) und hellgrünem (bei Feuchte) Thallus. Die hochstehenden Ränder sind oft ohrförmig gelappt und umgeschlagen. Auf der weißen Unterseite ist ein dichtes Netz aus deutlichen Adern zu erkennen.

**V:** An Baumstümpfen und bemoosten Stämmen häufig. Auch auf Wiesen, in Dünen, an Mauern und Felsen vorkommend. Die Art steigt bis zur Waldgrenze auf.

**L:** Einzige Ansprüche sind hohe Luftfeuchte und silikatreiche Böden. Die Apothecien sitzen außen an den ohrförmigen Rändern und erscheinen meist braunrot.

**Gelbflechte**
*Xanthoria parietina*
Gelbflechten
*Teloschistaceae*

**K:** Sehr auffällige Art mit flachen, leuchtendgelben Lagern. Die rundlichen Lager tragen hochgewölbte Randlappen und sind reich mit deutlich dunkleren, meist orangefarbenen Apothecien (Fruchtkörper der Flechten zur Sporenbildung) bedeckt.

**V:** Am häufigsten auf Dächern in regenreichen Gegenden zu sehen. Besiedeln genauso auch Rinde, Holz und Gestein in ganz Europa bis in hochmontane Lagen. Besonders häufig im Küstenbereich.

**L:** Diese Flechte braucht nährstoffreichen Untergrund (daher Beton- und Zementbesiedler) und ist wenig empfindlich gegen Luftverschmutzung.

Moose

**Moose,** eine in Lebensweise und Gestalt sehr vielseitige Pflanzengruppe, kommen auf allen Kontinenten vor und wurden selbst in Gebirgslagen von über 6000 m noch gefunden. Sie gedeihen auf unterschiedlichstem Substrat, so auf Erde, auf Holz, auf der Rinde von Bäumen und auch auf nacktem Felsgestein. Bis auf wenige Ausnahmen sind Moose Landpflanzen. Die morphologischen Anpassungen an das Landleben, wie Systeme zur Wasseraufnahme und Wasserleitung, besondere Festigungs- und Abschlußgewebe sind bei den Moosen jedoch unvollständig ausgebildet. Da sie nicht über einen eigenen regulierbaren Wasserhaushalt verfügen, wird es verständlich, daß sie ihre Hauptverbreitung in Gebieten hoher Feuchtigkeit erreichen. Solche Lebensräume mit hoher Luftfeuchte sind Wälder und Moore. Feuchte, schattige Laub- und Nadelwälder sind oft ideale Standorte für Moose, hier findet man sie in großen Polstern. An das geringe Lichtangebot im Wald sind sie ausgesprochen gut angepaßt: Ihnen reichen noch 0,1% des normalen Tageslichts zum Assimilieren. In dunklen Fichtenforsten sind sie somit oft die einzigen Pflanzen, die noch gedeihen können.

Moose gelten als Indikatoren für Feuchtigkeit und Frischezustand eines Standortes. Da sie häufig an einen bestimmten Säuregrad des Substrates gebunden sind, gelten sie darüber hinaus als Säurezeiger. Durch ihre Fähigkeit, erhebliche Wassermengen zu speichern, sind sie für den Wasserhaushalt des Waldes von großer Bedeutung.

Moose sind Sporenpflanzen mit einem ausgeprägten Generationswechsel zwischen geschlechtlicher und ungeschlechtlicher Generation. Wir unterscheiden zwei Klassen, die Laubmoose (*Musci*) und die Lebermoose (*Hepaticae*).

**Laubmoose** lassen folgende Hauptbestandteile erkennen: ein Stämmchen (Stengel), spiralig oder in Reihen angeordnete Blättchen, eine Sporenkapsel mit Kapselstiel und sog. Rhizoide – wurzelähnliche Gebilde, mit denen sie im Boden verankert sind. Moose besitzen keine echten Wurzeln, sondern nur einfache, schlauchförmige, wurzelhaarähnliche Zellfäden. An der grünen Moospflanze sind männliche (Antheridien) und weibliche (Archegonien) Fortpflanzungsorgane angelegt. Diese liegen entweder auf verschiedenen Pflanzen oder auf verschiedenen Ästen ein und derselben Pflanze. Die Antheridien entlassen bei Reife Spermatozoide, die über einen chemischen Reizstoff (Äpfelsäure) von der Eizelle angelockt werden und nur über einen Wasserfilm dorthin gelangen können. Aus der befruchteten Eizelle entwickelt sich bei Moosen das Sporogon (Sporenkapsel), ein relativ kleines, unselbständig lebendes Gebilde, das auf der Moospflanze verbleibt. Es stellt die ungeschlechtliche Generation der Moose dar. Die Sporenkapsel öffnet sich bei einigen Arten durch Längsrisse, bei den meisten Arten wird am oberen Ende ein Deckel abgesprengt. Unter dem Kapseldeckel sitzt eine Reihe von Zähnchen (Peristom), die die Sporenentleerung steuern. Aus den Sporen entwickelt sich über einen fadenförmigen grünen Vorkeim (Protonema) die Moospflanze, die geschlechtliche Generation der Moose.

**Lebermoose** gelten als ursprüngliche Moose, obwohl 80% der Lebermoose dem Aufbau der Laubmoose in blatt- und stengelähnliche Gebilde entsprechen. Die übrigen 20% sind flache thallöse Formen.

Vorige Doppelseite: Moospolster mit Sporenkapseln. Moose sind die Wasserspeicher des Waldes.

**Welliges Katharinenmoos**
*Catharinea undulata*
Laubmoose
*Musci*

**K:** Lockere Polster mit kräftigen, dunkelgrünen Pflanzen. Aufrechte, 2–8 cm lange Stengel mit sternförmig angeordneten Blättern. Im feuchten Zustand glänzend, trocken kraus und unregelmäßig zerknittert. Sporenkapseln walzenförmig, manchmal leicht gekrümmt, Sporenstiele rötlich, etwa 2,5 cm lang. Sporenreife Herbst bis Frühling.

**V:** Überall häufig, vom Flachland bis ins Gebirge (Grenze bei 2000 m). Vor allem in Eichen-Hainbuchenwäldern auf lehmigen Waldböden.

**L:** Vermehrungsweise siehe Einleitungskapitel. Moose können das zwanzigfache Gewicht an Wasser speichern.

**Waldbürstenmoos**
*Polytrichum attenuatum*
Laubmoose
*Musci*

**K:** Ausgedehnte, lockere Polster von blaugrüner Farbe. Stengel aufrecht mit spiralig angeordneten, sternförmig wirkenden Blättern. Ältere Pflanzen oft mit auffallend großen, gelblichen Schutzblättern. Kapseln aufrecht stehend und oft von einer hellen, faserigen Schutzhaube bedeckt. Sporen braun, Sporenreife März bis August.

**V:** In Laub- und Nadelwäldern sehr häufiges Moos.

**L:** Dieses Moos ist ein Zeiger für schattige, trockene bis mäßig feuchte Wälder mit schwach saurem Untergrund. Bei dieser Gattung liegen die chlorophyllhaltigen Zellen oberseits. Deshalb leuchten sie dunkelgrün.

**Sumpf-Torfmoos**
*Sphagnum palustre*
Laubmoose
*Musci*

**K:** Ausgedehnte, schwammige, blaßgrüne Rasen, Pflanze mit typischen köpfchenförmigen Verzweigungen am Stielende. Am Stengel bündelig stehende Seitenzweige.

**V:** Besiedelt sehr nasse Stellen in Nadelwäldern, gelegentlich auch in Laubwäldern mit sauren Böden und in Schattenlagen.

**L:** Die Gattung *S.* umfaßt etwa 300 Arten. Torfmoose sind kalkfeindliche Moose. Kennzeichen sind große tote Zellen, die über Poren das 20–40fache ihres Gewichtes an Wasser aufnehmen können. Mit speziellen Säuren in den Zellwänden können sie Ionenaustausch vornehmen. Bilden den Torf in Hochmooren.

**Sichelmoos, Gabelzahnmoos**
*Dicranum scoparium*
Laubmoose
*Musci*

**K:** Formenreiches Moos, bildet lokkere, glänzend grüne bis bräunliche Rasen. Meist aufrecht, etwa 10 cm hoch und mit langen flachen Blättern. Die Blattspitzen sind lang ausgezogen, die Blätter von der Mitte an scharf gezähnt. Kapselstiele kräftig und meist braunrot. Kapseln oberseitig aufgewölbt. Sporenreife während der gesamten Vegetationsperiode.

**V:** Regelmäßig in Eichen-Hainbuchenwäldern. Häufig in lichten Fichtenwäldern höherer Lagen. Selten in Kalk-Buchenwäldern.

**L:** Typisches Waldbodenmoos mit Bevorzugung saurer Humusstandorte. Besiedelt Baumstümpfe und Steine.

**Weißmoos, Ordenskissen**
*Leucobryum glaucum*
Laubmoose
*Musci*

**K:** Dichte Polster mit halbkugeliger Gestalt, außen von mattem weißlichem bis bläulichgrünem Ton, innen weiß (Name). Blätter auf den 5–15 cm langen Stengeln lanzettlich, an der Spitze eingerollt. Selten fruchtend. Die Kapselstiele entspringen an der Stengelspitze, wachsen 3–7 cm heraus und tragen eine sehr kleine Kapsel.

**V:** Weit verbreitet und häufig auf feuchten Böden von Laub- und Nadelwäldern.

**L:** Dieses Moos ist ein Zeiger für sehr saure Böden. Deshalb kommt es auch häufig in Eichen-Birkenwäldern vor. Das Moos vermehrt sich meist vegetativ über „Bruchstämmchen".

**Purpurmoos, Hornzahnmoos**
*Ceratodon purpureus*
Laubmoose
*Musci*

**K:** Bildet ausgedehnte, lockere braungrüne Polster, die während der Kapselbildung purpurn leuchten. Blätter lanzettlich mit scharfer Spitze, Blattrand meist nach unten eingerollt. Meist reichlich fruchtend. Kapseln oval, auf kräftigen roten Stielen. Sporenreife Frühling bis Sommer.

**V:** Allerweltsmoos, häufig in Wäldern mit schwach saurem Untergrund in allen Höhenstufen. Kommt auch auf alten Hausdächern vor.

**L:** Die Wasseraufnahme erfolgt über die gesamte Oberfläche. Ein Kapillarsystem zwischen Stengel und Blättern ermöglicht eine Wasserspeicherung um das Vielfache des Eigengewichtes.

**Welliges Sternmoos**
*Mnium undulatum*
Laubmoose
*Musci*

**K:** Sattgrüne, lockere, ausgedehnte Rasen. Auf langen Stengeln, die sich nach oben bäumchenartig verzweigen, zungenförmige Blätter. Aus der Spitze des Stengels entspringen häufig zahlreiche Kapselstiele. Die grüngelben Kapseln sind walzenförmig, waagerecht bis hängend. Sporenreife von Frühling bis Sommer, fruchten häufiger in Quellwäldern.

**V:** In vielen Waldformen, sofern sie feucht und schattig sind. Meidet trockene Kiefernwälder und moorige Standorte.

**L:** Besiedelt feuchte, schattige Waldböden. Die 80 Arten der Gattung *Mnium* sind weltweit verbreitet, viele sind Bodenzeiger.

**Zypressenmoos**
*Hypnum cupressiforme*
Laubmoose
*Musci*

**K:** Ausgedehnte, flache Rasen bildendes Moos mit kräftig grünen, dachziegelartig angeordneten Blättern. Erinnern an Zypressenzweige (Name). Feuchte Pflanzen mit auffallendem Fettglanz. Viele verschiedene Formen.

**V:** Vom Tiefland bis in Höhen von 2000 m an trockenen Stämmen von Laubbäumen.

**L:** *Hypnum*-Arten gehören oft zu einer Gruppe von Pflanzen, die als Pioniere Gesteine und Felsen besiedeln. Die ersten Besiedler sind gesteinslösende Krustenflechten. Ihnen folgen die Laubflechten. Danach kommen Polster und Decken bildende Moose, dabei oft *Hypnum*-Arten.

**Großes Kranzmoos**
*Rhytidiadelphus triquetus*
Laubmoose
*Musci*

**K:** Ausgedehnte, dichte Rasen von hellgrünen, etwas struppig wirkenden Moosen. An 10–20 cm langen Stengeln bleichgrüne Blätter, meist dreieckig und zugespitzt. Blätter oft zurückgebogen. Aus seitlichen Trieben entspringen Kapselstiele mit eiförmigen Kapseln.
**V:** Bodenbewohnendes Moos nährstoffreicher Laub- und Nadelwälder bis in 2000 m Höhe. Sonnenliebendes Moos, häufig auch auf Lichtungen, selten auf Waldwiesen.
**L:** Die Gattung *Rhytidiadelphus* kommt mit 6 Arten vor allem in den Waldgesellschaften nördlicher Regionen Eurasiens und Nordamerikas vor und bildet dort die Massenvegetation.

**Stockwerkmoos, Etagenmoos**
*Hylocomium splendens*
Laubmoose
*Musci*

**K:** Ausgedehnte, mehrschichtige Rasen von hellgrüner bis oliver Farbe. Die eiförmigen Blätter stehen auf Seitenästen in einer Ebene. Da der nächste Jahrestrieb auf dem Rükken des alten entspringt, entstehen stockwerkartige Polster, die fast an niedrige Farne erinnern.
**V:** Typisch für Wälder des Hochgebirges, aber auch in Kiefernwäldern der Niederungen nicht selten.
**L:** Wie bei allen Laubmoosen entwickelt sich aus der Spore ein Vorkeim, das Protonema. An diesem wächst eine Moosknospe und ein Wurzelgeflecht. Der daraus hervorgehende Gametophyt (Moospflanze) produziert Geschlechtsorgane.

# Farnpflanzen

In die große Gruppe der **Farnpflanzen** (*Pteridophyta*) im weiteren Sinn gehören drei Klassen von Pflanzen; Bärlappgewächse (*Lycopsida*), Schachtelhalmgewächse (*Sphenopsida*) und die Farne im eigentlichen Sinn (*Filicopsida*). Bärlappe, Schachtelhalme und Farne gehören zu den stammesgeschichtlich ältesten Landpflanzen unserer Erde. Sie traten bereits im frühen Erdaltertum auf und erreichten den Höchststand ihrer Entwicklung im Paläozoikum, also vor rund 300 Millionen Jahren. Unsere heutigen Steinkohlelager waren ehemals Wälder aus riesigen baumförmigen Pteridophyten mit großer Artenvielfalt. Die heute vorhandenen Pteridophyten sind eigentlich nur Reste dieser früher reich entfalteten Pflanzengruppe.

**Farne** im eigentlichen Sinn sind krautige Gefäßpflanzen mit deutlicher Gliederung in Wurzel, Stengel und Blätter. Die Stengel enthalten Leitbündel mit Holzteil (Xylem) für den Wasser- und Salztransport und Siebteil (Phloem) für den Transport der Photosyntheseprodukte. Die Blätter (Wedel) sind groß, meist gestielt und im Jugendstadium an der Spitze eingerollt. An der Unterseite tragen sie rundliche braune bis schwarze Häufchen (Sori), das sind Anhäufungen von Sporenbehältern (Sporangien). In den Sporangien reifen die Farnsporen, sie werden bei entsprechendem Reifegrad durch einen besonderen Öffnungsmechanismus freigesetzt. Aus diesen Sporen entwickeln sich kleine grüne, herzförmige Gebilde, die Prothallien. Sie stellen die Geschlechtsgeneration der Farne dar. Das Prothallium trägt an der Unterseite Antheridien und Archegonien, das sind männliche und weibliche Fortpflanzungsorgane. Das Öffnen von Antheridien und Archegonien und damit das Freisetzen von Spermatozoid (männliche Samenzelle) und Eizelle und die Befruchtung ist nur in wäßrigem Milieu möglich. Spermatozoide werden von der Eizelle chemisch angelockt, der Lockstoff ist Äpfelsäure. Aus der befruchteten Eizelle entwickelt sich eine neue, Sporen produzierende Farnpflanze – die ungeschlechtliche Generation. Die eigentliche Farnpflanze stellt also die ungeschlechtliche Generation dar. Farne zeigen in ihren Standortansprüchen eine erhebliche Variationsbreite. Sie bevorzugen zwar eher feuchte Standorte, dringen aber in einzelnen Arten auch in trockenere Gebiete vor.

**Schachtelhalmgewächse** treten heute nur noch in einer einzigen Gattung, *Equisetum,* auf. Sie sind von den Tropen bis in kalte Zonen verbreitet, die meisten Arten bevorzugen feuchte Standorte. Die Stengel der Schachtelhalmgewächse sind in regelmäßigen Abständen durch Knoten (Nodien) gegliedert. Ihre Blätter sind stark reduziert, sie sitzen in Quirlen an den Knoten und sind an der Basis zu einer den Stengel umschließenden Scheide verwachsen. Die Sporen der Schachtelhalme sitzen meist in zapfenförmigen Sporophyllständen am oberen Ende der normal grünen Pflanzen. Aus den Sporen entwickeln sich stark gelappte grüne Prothallien.

**Bärlappgewächse** sind gekennzeichnet durch eine gabelig verzweigte Sproßachse und kleine, meist nadelförmige, schraubig um den Stengel angeordnete Blätter. Die Sporen der Bärlappe keimen oft erst nach mehreren Jahren, und auch die Prothallien haben eine sehr lange Reifezeit. Eine derart langsame Vermehrungsrate ist unökonomisch für eine Pflanze, so vermehren sich die Bärlappe auch weitgehend vegetativ durch Ausläufer.

Vorige Doppelseite: Farnpflanzen sind die ältesten Landpflanzen.

**Waldschachtelhalm**
*Equisetum silvaticum*
Schachtelhalme
*Equisetinae*

**K:** Aufrechte Pflanzen 15–60 cm hoch, mit grünen Sprossen aus einzelnen „ineinandergeschachtelten" Abschnitten. Mehrere Etagen von quirligen Ästen, bogig überhängend. Am Sproßende eine Sporenähre, die nach der Reife abfällt.

**V:** In Laubwäldern, aber auch in Tannen- und Fichtenwäldern bis in 1500 m Höhe. Hauptvorkommen in Auwäldern mit Dauernässe.

**L:** Bevorzugt magere Böden, wächst häufig an feuchten Stellen, z.B. an austretendem Sickerwasser. Diese Pflanzen werden oft von Blattwespenraupen stammesgeschichtlich sehr alter Gattungen befressen, die mit den Farnen eine gemeinsame Evolution durchmachten.

**Winterschachtelhalm**
*Equisetum hiemale*
Schachtelhalme
*Equisetinae*

**K:** Dunkelgrüne, aufrechte Stengel, 50–150 cm lang, aus ineinandergeschachtelten Abschnitten aufgebaut. Jeder Abschnitt mit einer hellen, gezähnten Scheide am oberen Rand des Abschnitts.

**V:** Schluchtwälder und Auenwald mit dunklen Schattenbereichen. Von der Tiefebene bis ins Bergland häufig.

**L:** Der Winterschachtelhalm bildet auf sickernassen, nährstoffreichen Böden große Bestände. Sein Vorkommen läßt auf austretendes Hangsickerwasser und Quellhorizonte schließen. Die Sporangien öffnen sich beim Austrocknen der Ähre. Bei dieser Art bleiben die Sprosse im Winter grün.

**Tannenbärlapp**
*Huperzia selago*
Bärlappe
*Lycopodiales*

**K:** Aufrechte, immergrüne Stengel, 10–30 cm hoch, dichte Büsche bildend. Blätter nadelförmig, spiralig dicht stehend, dunkelgrün. Sporenblätter in den Blattachseln oberer Blätter, Sporenreife Juli bis Oktober. Meist nur alle 2 Jahre sporulierend.
**V:** Vorzugsweise in schattigen Nadelwäldern und Legföhrenbeständen höherer Lagen, bis 2000 m. Gelegentlich auch in sonnenarmen Schuttkaren.
**L:** Benötigt sauren Boden (Silikatgestein) und hohe Luftfeuchte.
Diese Pflanze kann sich außer über Sporen noch vegetativ vermehren: An den Stengelspitzen liegen Brutknospen, die abfallen und neue Wurzeln bilden.

**Sprossender Bärlapp**
*Lycopodium annotinum*
Bärlappe
*Lycopodiales*

**K:** Kriechende, reich verzweigte Stengel mit aufsteigenden Ästen (10–30 cm hoch). Blätter schmal und spitz, spiralig angeordnet. Aufrechte Sporenähre, am Ende eines normal beblätterten Astes.
**V:** In feuchten Nadelwäldern, in tieferen Lagen fast ausschließlich in Moorwäldern und in alpinen Zwergstrauchheiden bis 1500 m Höhe.
**L:** Benötigt sehr feuchten, sauren, humusreichen Boden auf Silikatgestein und vor allem hohe Luftfeuchte. Wegen seines kriechenden, moosähnlichen Wuchses auch „Schlangenmoos" genannt. Die sporenerzeugenden Blätter sitzen wie Schuppen am oberen Teil des Triebes.

**Adlerfarn**
*Pteridium aquilinum*
Farne
*Filicatae*

**K:** Hellgrüne, große Wedel in annähernd Dreiecksform, etwa 50–200 cm hoch. Sporangien auf Blattunterseite in loser Reihe entlang des umgeschlagenen Blattrandes.
**V:** Weltweit verbreitet, in lichten Laub- und Nadelwäldern.
**L:** Bevorzugt kalkfreie Sandböden und besiedelt auch sonnige Stellen, wie Kahlschläge, Wegböschungen. Bildet oft Massenbestände, die den Aufwuchs junger Bäume behindern. Wegen seiner tief in den Boden reichenden Stengel ist der Adlerfarn sehr beständig gegen Waldbrände. Schneidet man die Blattstiele schräg durch, ergeben die Leitbündel eine adlerähnliche Zeichnung (Name).

**Rippenfarn**
*Blechnum spicant*
Farne
*Filicatae*

**K:** Der Rosetten bildende Farn trägt 15–50 cm lange, dunkelgrüne, glänzende Wedel. Fruchtbare Wedel unterscheiden sich stark von unfruchtbaren: Diese liegen am Boden, sind schmal und wenig gefiedert. Die Sporangien bedecken die ganze Unterseite.
**V:** Besiedelt Nadelwälder der regenreichen Regionen zwischen 500 und 2000 m, selten Laubwälder.
**L:** Benötigt sauren, humosen Boden und Standorte mit hohen Niederschlägen. Kommt der Farn in tieferen Lagen vor, wurde er meist mit Fichtenpflanzen eingeschleppt. Der Farn besiedelt häufig mit Moos überzogene Steinhalden im Schatten.

**Hirschzunge**
*Phyllitis scolopendrium*
Farne
*Filicatae*

**K:** Rosetten, mit 15–60 cm langen, zungenförmigen Blättern. Wintergrüne Blätter, ungeteilt mit deutlich sichtbaren Nerven und einer Mittelrippe. Blätter fühlen sich ledrig an.
**V:** In schattigen Laubwäldern mit kalkreichen, steinigen Böden oder feuchten Felsen. In dunklen Schluchtwäldern und sogar an sikkernassen Brunnenschächten und Mauern außerhalb von Wäldern.
**L:** Fruchtbare und unfruchtbare Wedel kaum voneinander zu unterscheiden. Die Sporenbehälter liegen an der Unterseite in Reihen, parallel zu den Blattnerven. Sporenreife von Juli bis September. Mit keiner anderen Farnpflanze zu verwechseln.

**Buchenfarn**
*Thelypteris phegopteris*
Farne
*Filicatae*

**K:** Sommergrüne, weich behaarte, hellgrüne Wedel von 10–50 cm Länge. Das unterste Fiederpaar ist bei Schattenpflanzen abwärts gerichtet, die übrigen aufwärts (Bezeichnung für diese typische Fiederanordnung: „Schwalbenschwanz“-Blätter). Bei Lichtpflanzen stehen sie steil nach oben. Sporangien unterseits in rundlichen Häufchen entlang des Fiederrandes.
**V:** Kommt in Laub- und Mischwäldern des Tieflandes vor, bevorzugt aber 500–1500 m Höhe.
**L:** Diese typische Waldpflanze braucht nährstoffreiche, feuchte, mäßig saure Böden und bildet in höheren, regenreichen Lagen oft große Bestände.

**Wurmfarn**
*Dryopteris filix-mas*
Farne
*Filicatae*

**K:** Zu einem Trichter wachsende, 50–100 cm lange Wedel. Kräftig dunkelgrün gefärbt, doppelt gefiedert. Anfangs am Boden schnekkenförmig aufgerollt. Sporangien unterseits in rundlichen Häufchen, die in zwei Reihen längs des Hauptnervs stehen.

**V:** In Kastanien- und in Eichenwäldern des Hügel- und Berglandes weit verbreitet.

**L:** Wächst in großen Beständen auf nährstoffreichen, nicht zu nassen Böden. Der Name Wurmfarn stammt von der früheren Verwendung als Wurmmittel. Der dafür verwendete Wurzelstock verursachte bei falscher Dosierung schwere Vergiftungen.

**Tüpfelfarn**
*Polypodium vulgare*
Farne
*Filicatae*

**K:** Dunkelgrüne, wintergrüne, kleinere Wedel (10–40 cm), auf der Unterseite weißlich, in dünnen Beständen wachsend. Sporangien unterseits auf wenige runde Flecke konzentriert, entlang der Mittelachse in zwei Reihen angeordnet. Sporenreife Juli bis September.

**V:** Besiedelt schattige Laubwälder der gemäßigten Breiten und feuchte Felsen mit Humusauflage. Bewächst nicht selten morsche Bäume. Sehr häufig in Bergwäldern.

**L:** Benötigt humosen, kalkarmen Boden. Seinem angenehmen Geruch nach Lakritze verdankt der Farn den Namen Engelsüß. Die Bergbauernkinder Italiens schätzen diese Pflanze zum Lutschen.

# Frühblüher

In unseren Laubwäldern entfaltet sich ein reiches Blütenleben zu einer Zeit, in der auf den angrenzenden Wiesen noch Winterruhe herrscht. Bevor sich das Blätterdach entwickelt, müssen **Frühblüher** wie Lerchensporn, Aronstab, Busch-Windröschen und Scharbockskraut die lichtreiche Zeit in ihrem Lebensraum nutzen. In winterkahlen Laubwäldern gelangen 50–70% des Lichts auf den Boden, während der Laubentfaltung immerhin noch 20–40%, bei voller Belaubung unter einem geschlossenen Kronendach dagegen sind es weit weniger als 10%. Unter dem Kronendach eines immergrünen Nadelwaldes bleibt der Lichteinfall das ganze Jahr über gering. In solchen Wäldern findet man nur Moose, Farnpflanzen und Pilze als Unterwuchs.

Die Frühblüher im Laubwald sind ökologische Spezialisten. Sie können ihren Lebenszyklus in die schmale Zeitspanne zwischen Schneeschmelze und Belaubung der Bäume verlegen, wenn es einerseits nicht mehr zu kalt ist und sie andererseits noch genügend Licht erhalten. Temperatur und Lichtverhältnisse am Standort sind zwei wesentliche Faktoren für Stoffwechselvorgänge wie Photosynthese und Atmung. Frühblüher, die zu einer Jahreszeit mit durchschnittlich niedriger Lufttemperatur wachsen, erreichen optimale Photosyntheseraten zwischen 10–20 °C. Gleiche Werte gelten für Schattenpflanzen. Krautige Sonnenpflanzen dagegen erzielen höchste Photosynthesegewinne zwischen 20–30 °C.

Was befähigt die etwa 2 Dutzend Frühblüher, sich so früh im Jahr rasch zu entwickeln? Bei den Frühblühern in unseren Laubwäldern handelt es sich um mehrjährige Pflanzen, um Geophyten, die mit unterirdischen Pflanzenteilen wie Rhizomen, Knollen oder Zwiebeln den Winter überdauern. Rhizomgeophyten sind Leberblümchen, Anemonen und Salomonsiegel. Zu den Knollengeophyten gehören Lerchensporn und Scharbockskraut, zu den Zwiebelgeophyten z. B. Märzenbecher und Goldstern. Alle diese unterirdischen Überwinterungsorgane sind Stoffdepots, in denen Reservestoffe zur Entfaltung von Sproßachse, Blättern und Blüten enthalten sind. Gegen Ende ihrer Vegetationsperiode leitet die Pflanze Assimilatüberschüsse in die unterirdischen Pflanzenteile, die sich so zu massiven Speicherorganen entwickeln. Sie bildet jetzt das Kapital für die Blüteninvestitionen des nächsten Frühjahres. Wenn Pflanzen so früh blühen müssen, daß die dafür notwendige Energie nicht allein von der Blattmasse über die Photosynthese zur Verfügung gestellt werden kann, sind mehrjährige Pflanzen immer im Vorteil. Sie können mit dem Einsatz der Vorjahrsreserven unabhängig von den Witterungsbedingungen ein Sproßsystem aufbauen.

Zusätzliche Starthilfe erhalten diese Pflanzen aus dem Waldboden in Form von Nährstoffen und Wärme. Die Frühjahrsblüher stehen mit Insekten, die als flugfähige Tiere überwintern, in enger Beziehung. Für Schmetterlinge wie den Kleinen Fuchs und den Zitronenfalter sind sie die ersten Nektarquellen des Jahres. Marienkäfer naschen den ersten Zuckersaft, und Bienen und Hummeln leben davon. Auffälligerweise tragen viele Frühblüher wie das Scharbockskraut und das Leberblümchen die Blütenfarbe Gelb und Blauviolett. Es sind die Farben, die Insekten am besten sehen können. Nektar gegen Pollentransport lautet die Beziehung.

Vorige Doppelseite: Der Hohle Lerchensporn (*Corydalis cava*) ist einer der typischen Frühlingsboten des Laubwaldes.

**Aronstab**
*Arum maculatum*
Aronstabgewächse
*Araceae*

**K:** Höhe 15–40 cm. Blätter pfeilförmig, grundständig, selten gefleckt. Zwittriger Blütenstand, oben violett, kolbenförmig, ist umhüllt von gelbgrünem, tütenförmigem Hochblatt, der Spatha. Im basalen, keulenförmig erweiterten Teil der Spatha liegen über einem Ring weiblicher Blüten die männlichen Blüten. Früchte sind scharlachrote Beeren.
**V:** Laubwälder, Auwälder, feuchte Gebüsche. Wärmeliebende Art, im Norden selten. Kommt nur auf sehr nährstoffreichen Böden vor.
**L:** Blüte April/Mai. Fremdbestäubung durch Insekten. Blütenstand funktioniert als Gleitfalle. Fliegen und andere Insekten werden durch aasähnliche Duftstoffe angelockt.

**Waldgoldstern**
*Gagea lutea*
Liliengewächse
*Liliaceae*

**K:** Höhe 15–30 cm. Ausdauernde Pflanze mit nur einer Zwiebel am Grund. Stengel mit 2 schmalen lanzettlichen Hochblättern dicht unter dem Blütenstand. Nur ein grundständiges, 7–8 mm breites linealisches Blatt, das sich an der Spitze kapuzenförmig zusammenzieht. Blüten innen gelb, außen grün streifig mit 6 sternförmig ausgebreiteten Blütenblättern.
**V:** Feuchte Laubmischwälder, Auwälder. Liebt lockere, kalkhaltige, humusreiche Lehmböden.
**L:** Blüte März bis Mai. Selbstbefruchtung beim Schließen der Blütenblätter, weil jetzt die Staubblätter auf die Narbe gedrückt werden. Daneben auch Insektenbestäubung.

**Zweiblättriger Blaustern**
*Scilla bifolia*
Liliengewächse
*Liliaceae*

**K:** Mehrjährige Zwiebelpflanze. Höhe 10–20 cm. Stengel rund. Meist nur 2 Blätter, grundständig, umschließen den Stengel unterhalb der Mitte. Blüte an einem unbeblätterten Blütenstengel, stehend oder hängend. Traube aus 2–7 sternförmigen, gestielten, hellblauen Blüten.

**V:** Auwälder, Eichen- und Buchenwälder. Auch auf Obstwiesen. Mitunter auch verwildert aus Gärten. Seltene Art, tritt aber an ihren Standorten gesellig auf. Braucht feuchten nährstoffreichen Boden.

**L:** Hauptblütezeit im April. Fremdbestäubung durch Insekten, vor allem Bienen. Samenverbreitung durch Ameisen.

**Frühlingsknotenblume**
*Leucojum vernum*
Amaryllisgewächse
*Amaryllidaceae*

**K:** Ausdauernde Zwiebelpflanze. Höhe 10–30 cm. Stengel 1–2blütig. 3–4 Blätter, dunkelgrün, breit, linealisch. Blüte weiß, glockenförmig, nickend, bestehend aus 6 Blütenhüllblättern. Blütenhüllblätter alle gleich lang, an der Spitze gelbgrün gefleckt und verdickt (Name).

**V:** Feuchte Laubwälder, nasse Wiesen. Gartenzierpflanze, in Mitteleuropa eingebürgert. Braucht frische, nährstoffreiche Böden.

**L:** Sehr selten. Giftpflanze, enthält ein giftiges Alkaloid. Blüte Februar bis April. Fremdbestäubung durch Insekten, aber auch Windbestäubung möglich. Staubblätter lassen bei geringster Erschütterung den Pollen fallen.

**Haselwurz**
*Asarum europaeum*
Osterluzeigewächse
*Aristolochiaceae*

**K:** Höhe 5–10 cm. Stengel kriechend. Blätter immergrün, nierenförmig, langgestielt, oberseits glänzend. Blüten dicht über dem Boden, glockig, dreispaltig, außen grün, innen braunrot gefärbt. Blüte riecht beim Zerreiben scharf nach Pfeffer.
**V:** Laubmischwälder, seltener in Nadelwäldern. Schattenpflanze, verträgt keine direkte Sonnenbestrahlung. Liebt feuchte, kalkhaltige, humusreiche Böden, Humuszeiger.
**L:** Blüte April/Mai. Fremdbestäubung durch Insekten und Selbstbestäubung möglich. Samenverbreitung durch Ameisen. Früher Verwendung als Heilpflanze wegen des Gehaltes an ätherischen Ölen: wurde als Brechmittel eingesetzt.

**Buschwindröschen**
*Anemone nemorosa*
Hahnenfußgewächse
*Ranunculaceae*

**K:** Höhe 15–25 cm. Blüte einzeln, endständig, entspringt einem Hochblattquirl aus drei handförmig geteilten Blättern mit gesägtem Blattrand. 6–8 Blütenblätter, weiß, manchmal an den Enden rötlich überlaufend, kahl. Am Wurzelstock häufig ein grundständiges Blatt.
**V:** Laub- und Nadelwälder, auch Bergwiesen. Sehr häufig.
**L:** Typischer Frühblüher, Blüte März bis April. Hat große Lichtansprüche. Bildet ausgedehnte Blütenteppiche. Fremdbestäubung durch Insekten, überreiches Pollenangebot. 30 cm langer kriechender Wurzelstock, wächst an einem Ende weiter und treibt die Knospe aus. Stirbt am anderen Ende ab.

**Leberblümchen**
*Hepatica nobilis*
Hahnenfußgewächse
*Ranunculaceae*

**K:** Höhe 5–15 cm. Stengel aufrecht, behaart. Blätter langstielig, dreilappig, grundständig, oben dunkelgrün, an der Unterseite violett. Blätter werden erst nach der Blüte gebildet und überwintern. Blüte tiefblau, ebenfalls langgestielt, mit 6–10 Blütenblättern.

**V:** Schattige Laubwälder und Gebüsche. Liebt kalkreiche, etwas feuchte Böden. Kommt meist in größeren Beständen vor. Auch kultiviert als Zierpflanze.

**L:** Blüte März bis Mai. Blütezeit der einzelnen Pflanze sehr kurz, nur etwa 1 Woche. Insektenbestäubung. Blüten schließen sich gegen Abend und bei Regenwetter, nicken dann. Samenverbreitung durch Ameisen.

**Frühlings-Scharbockskraut**
*Ranunculus ficaria*
Hahnenfußgewächse
*Ranunculaceae*

**K:** Höhe 5–15 cm. Stengel hohl, aufsteigend oder liegend. Blätter herzförmig, gekerbt, glänzend, lang gestielt. Blüten einzeln an langen Stengeln, gelb, sternförmig, mit 3 Kelchblättern und 8–12 Kronblättern.

**V:** Feuchte Laubwälder, Wiesen. Liebt nährstoffreichen, stickstoffhaltigen Boden. Häufig, rasenbildend.

**L:** Blüte März bis Mai. Fremdbestäubung durch Insekten. Blätter vor der Blüte genießbar, während und nach der Blüte für den Menschen giftig. Das Scharbockskraut wurde früher wegen des hohen Vitamin-C-Gehaltes seiner Blätter als Heilpflanze gegen die Vitamin-C-Mangelkrankheit Skorbut verwendet.

**Gold-Hahnenfuß**
*Ranunculus auricomus*
Hahnenfußgewächse
*Ranunculaceae*

**K:** Ausdauernde Pflanze. Höhe 15–50 cm. Stengel aufrecht, verzweigt, etwas behaart. Stengelblätter sitzend, bis zum Grund in gerade Zipfel geteilt, ganzrandig, meist 5–7. Grundblätter klein, nierenförmig, ungeteilt und gekerbt. Blüte gelb, mit behaartem Blütenstiel, 5 Blütenblätter, 1–2 cm breit. Früchtchen klein, nur 3–4 mm lang, an den Seiten etwas gekrümmt.

**V:** Krautreiche Laubmischwälder, Auwälder. Manchmal auch auf Bergwiesen. Liebt feuchte, nährstoffreiche, kalkhaltige Böden.

**L:** Blüte März bis Mai. Fremdbestäubung durch Insekten. Samenverbreitung durch Ameisen. Wirkt schwach giftig.

**Hohler Lerchensporn**
*Corydalis cava*
Erdrauchgewächse
*Fumariaceae*

**K:** Höhe 15–30 cm. Walnußgroße hohle (Name) Wurzelknolle. Stengel aufrecht, unverzweigt. Blätter blaugrün, doppelt dreizählig, eingeschnitten. Blüte rot oder weiß in Form einer endständigen Traube, oberes Kronblatt zu einem Sporn ausgebildet, der Nektar enthält.

**V:** Laubwälder, Auwälder. Liebt feuchte, humusreiche, warme Böden.

**L:** Blüte März bis Mai. Den Nektar im Sporn des oberen Kronblattes können nur langrüsselige Bienen erreichen, die kurzrüsseligen Hummeln beißen den Sporn häufig von außen an. Blüht in ausgedehnten Teppichen. Samenverbreitung durch Ameisen.

**Frühlingsfingerkraut**
*Potentilla verna*
Rosengewächse
*Rosaceae*

**K:** Höhe 5–15 cm. Stengel kriechend oder aufrecht, behaart. Blätter 5- bis 7zählig, behaart, handförmig geteilt (Name). Blüte gelb, 5 Blütenblätter, eiförmig.

**V:** Lichte Kiefernwälder, sonnige Hänge, Geröllhalden. Liebt kalkarmen, lockeren, sandigen Boden. Häufig, kommt aber als wärmeliebende Art im Norden selten vor.

**L:** Blüte März bis Mai. Fremdbestäubung durch Insekten. Pionierpflanze auf umgebrochenen Flächen. Wurzelt sehr tief. Die Behaarung der Blätter ändert sich in Abhängigkeit von der Temperatur am jeweiligen Standort: Je feuchter und kühler ein Standort ist, um so weniger Behaarung wird beobachtet.

**Frühlingsplatterbse**
*Lathyrus vernus*
Schmetterlingsblütengewächse
*Fabaceae*

**K:** Durch den Farbwechsel der Blüten auffällige Pflanze. Höhe 10–30 cm. Stengel kantig, aufrecht. Blätter lang, zugespitzt, unpaarig gefiedert mit 2–6 Teilblättchen; Endfieder nur als kurze Spitze vorhanden. Blüte meist eine 2- bis 5blütige Traube. Frucht in Form einer Hülse, aufrecht, abstehend, mit linsenförmigen, abgeplatteten Samen (Name).

**V:** Laubwälder, Nadelmischwälder. Liebt lockeren, mäßig nährstoffreichen, kalkhaltigen Boden. Noch weit verbreitet.

**L:** Blüte April/Mai. Hummelblume. Schatten- bis Halbschattenpflanze. Der Farbwechsel in den Blüten wird hervorgerufen durch einen Wechsel im Säuregrad des Zellsaftes.

**Waldsauerklee**
*Oxalis acetosella*
Sauerkleegewächse
*Oxalidaceae*

**K:** Eine unserer häufigsten Waldpflanzen. Höhe 5–15 cm. Stengel einblütig. Blätter lang gestielt, dreizählig, kleeblattartig gefiedert. Blüten ebenfalls lang gestielt, weiß mit rötlichen Adern.

**V:** Schattige Stellen in Laubwäldern, Nadelmischwäldern.

**L:** Typische Schattenpflanze. Verändert bei starker Sonnenbestrahlung die Stellung ihrer Blätter. Blüte April/Mai. Bei den ersten Frühlingsblüten Fremdbestäubung, aber nur geringe Samenentwicklung. Bei den Sommerblüten, die sich kurzstielig in Bodennähe entwickeln, Selbstbestäubung und reichlich Samenentwicklung. Samenverbreitung durch Schleudermechanismus.

**Waldveilchen**
*Viola reichenbachiana*
Veilchengewächse
*Violaceae*

**K:** Höhe 5–20 cm. Stengel liegend oder aufstrebend. Blütenstengel beblättert. Blätter herzförmig gekerbt, Nebenblätter lang, gefranst. Blüte violett, geruchlos, mit 5 Blütenblättern, die am Grund weiß, dunkelviolett gestreift sind.

**V:** Krautreiche Laub- und Nadelmischwälder. Halbschattenpflanze. Liebt kalkarmen, lockeren Boden.

**L:** Blüte April/Mai. Fremdbestäubung durch Insekten, vor allem Bienen, aber auch Selbstbestäubung. Fruchtkapsel lang, zugespitzt, springt auf, ehe sie von der Pflanze abfällt. Samenverbreitung durch Ameisen, die den Samen wegen des fett- und eiweißreichen Anhängsels schätzen.

**Märzveilchen**
*Viola odorata*
Veilchengewächse
*Violaceae*

**K:** Höhe 5–10 cm. Blätter dunkelgrün, nierenförmig, gekerbt, schwach behaart. Nebenblätter eiförmig, etwa 4 mm breit und ganzrandig. Blüte dunkelviolett, stark duftend, mit 5 Blütenblättern und einem 5–7 mm langen, geraden Blütensporn. Ausläuferpflanze.
**V:** Trockenes Gebüsch an Waldrändern, schattigen Wegrainen. Beliebte Zierpflanze, in Siedlungsnähe oft nur verwildert. Liebt lockeren, nur mäßig nährstoffreichen Boden.
**L:** Blüte März/April. Bienenblume, aber meist nur fruchtbar durch Selbstbestäubung. Frucht eine vielsamige Kapsel, wird von Ameisen gerne gesammelt und so verbreitet.

**Wald-Schlüsselblume**
*Primula elatior*
Primelgewächse
*Primulaceae*

**K:** Ausdauernde Pflanze. Höhe 10–20 cm. Blätter grundständig, eiförmig, kerbig gezähnt, an der Unterseite flaumig behaart. Blüten im Unterschied zur Wiesenprimel nur blaßgelb, Saum der Krone flach ausgebreitet, geruchlos. Auch hier Verschiedengrifflichkeit zur Verhinderung von Selbstbestäubung: Man unterscheidet langgriffelige Individuen mit kurz gestielten Staubgefäßen und umgekehrt.
**V:** Feuchte, krautreiche Laubwälder, Au- und Schluchtwälder. Feuchte Wiesen. Sehr häufige Art. Liebt feuchte, etwas lehmige Böden.
**L:** Blüte März/Mai. Insektenbestäubung durch Bienen und Hummeln. Samenverbreitung durch den Wind.

**Wiesen-Schlüsselblume**
*Primula veris*
Primelgewächse
*Primulaceae*

**K:** Ausdauernde Pflanze. Höhe 10–20 cm. Blätter rosettig, länglich-eiförmig, gekerbt, runzelig, an der Unterseite dünnfilzig. Blüte einseitswendige Dolde, dottergelb, duftend. Kelch glockenförmig, Saum der Krone nicht flach ausgebreitet, sondern etwas vertieft. Auch hier zur Sicherung der Kreuzbefruchtung Verschiedengrifflichkeit.

**V:** Lichte, trockene Laubmischwälder, Gebüsche, trockene Wiesen. Häufige Art. Benötigt kalkhaltigen, lockeren Boden. Als wärmeliebende Art im Norden und in höheren Gebirgslagen nahezu fehlend.

**L:** Blüte März/April. Fremdbestäubung durch Bienen und Hummeln. Samenverbreitung durch den Wind.

**Gemeiner Huflattich**
*Tussilago farfara*
Korbblütengewächse
*Asteraceae*

**K:** Höhe 10–30 cm. Stengel zur Blütezeit nur mit braunen oder rötlichen Schuppen besetzt. Pro Stengel nur ein Blütenkörbchen. Blätter erscheinen erst gegen Ende der Blütezeit, sind langstielig, etwa 20 cm breit, herzförmig, gezähnt und auf der Unterseite graufilzig. Blüten gelb, in einem Körbchen bestehend aus ca. 300 weiblichen Zungenblüten und 30–40 männlichen Röhrenblüten. Wurzelstock mit kriechenden unterirdischen Ausläufern.

**V:** Waldränder, Wegränder, Böschungen, Steinbrüche, Ödland, Bachufer.

**L:** Blüte Februar/April. Erste Insektennahrung. Heilpflanze für Bronchialleiden und Entzündungen.

# Blütenpflanzen

Der Boden geschlossener und dunkler Hochwälder ist arm an **Blütenpflanzen.** Naturnahe Wälder aber mit einem Mosaik an feuchten und trockenen, hellen und dunklen, nährstoffreichen und nährstoffarmen, steinigen und sandigen oder kalkreichen und kalkfreien Stellen sind wahre Rückzugsgebiete für Blütenpflanzen. Die Gründe liegen in der Vielfalt der für Pflanzen wichtigen Komponenten ihres Lebensraumes. Wachstum und Entwicklung der Einzelpflanzen sowie die Zusammensetzung von Pflanzengesellschaften sind in entscheidender Weise von den Licht-, Wärme-, Feuchtigkeits- und Nährstoffverhältnissen abhängig. Dabei spielt aber auch der Wettbewerb der Pflanzen untereinander eine große Rolle. Einige Gräser können beispielsweise auf Wiederaufforstungsflächen Baumsetzlinge so wirkungsvoll überwuchern, daß sie eingehen.

**Das Licht**

In den Laubwäldern entwickelt sich im Frühjahr vor der Laubentfaltung eine üppige Bodenflora aus Frühblühern. Diese besondere pflanzliche Lebensform benötigt für den Schnellstart im Frühjahr unterirdische Reserven in Form von Speicherorganen. Die Blütezeit dieser lichtbedürftigen Pflanzen ist schnell zu Ende. Mit der Entfaltung des Laubdaches beginnt die Schattenzeit im Buchenwald. Die verfügbare Lichtmenge beträgt dann am Boden nur noch 0,1% des Freilandlichts. Die Blütenpflanzen des sommerlichen Laubwaldes sind deshalb durchwegs **Schattenpflanzen.**

Diese zeigen innerhalb eines Jahres zwei Zeitpunkte, in denen die Photosynthese besonders intensiv betrieben wird: Im Frühjahr und im Herbst, bevor die Kälte Stoffwechselvorgänge lahmlegt.

Typische Bodenpflanzen des Laubwaldes während der Schattenzeit sind der Waldmeister, der Sauerklee, die Sternmiere, die Goldnessel, das Waldveilchen und verschiedene Moose und Farne.

Welche entscheidende Rolle der Faktor Licht für die Zusammensetzung der Wälder ist, zeigt das Beispiel der **Wiederbesiedlung eines Kahlschlages.** Plötzlich herrschen auf einer Waldfläche andere Lichtverhältnisse. Nur Sonnenpflanzen, die mit flugfähigen Samen sich über weite Strecken ausbreiten können, haben bei der Besiedlung eine Chance. Zu diesen Pionierpflanzen gehören das Weidenröschen, das Wald-Kreuzkraut, die Tollkirsche, die Hainklette und der Rote Fingerhut. Zusammen mit den Keimlingen der Holzpflanzen beginnt jetzt ein Wettlauf der Pflanzen untereinander. Im ersten Jahr behaupten sich die Pionierpflanzen. Im zweiten Jahr haben die Sämlinge der Holzpflanzen schon einen entscheidenden Vorteil. Als ausdauernde Pflanzen können sie schneller wachsen als die Pioniere, die jedesmal aus den Samen neu auskeimen müssen und so gewissermaßen bei Null anfangen. Von Jahr zu Jahr verschieben sich die Bedingungen dann immer mehr zugunsten der Bäume und Sträucher, bis die Pionierpflanzen endgültig verschwinden. Gleichzeitig aber beginnt der Konkurrenzkampf der Bäume und Sträucher untereinander um den meisten Platz am Licht. In dieser Zeit bilden sich dann die sogenannten Straten aus, die Schichten des Waldes.

Auch der Faktor **Wasser** beeinflußt die Zusammensetzung der Blütenpflanzen eines Waldes. In unserer Klimazone seltener, weil Wasser fehlt, häufiger ist ein Zuviel an Feuchte ein auslesender Faktor. So findet man in den Wäldern Nordwestdeutschlands bevorzugt in Auenwäldern den Gilbweiderich, das Mädesüß und den Baldrian. In den Schluchtwäldern gedeihen der Wurmfarn und der Buchenfarn.

Auch der **Untergrund** entscheidet über die Blütenflora der Wälder. Auf Kalkgestein wachsen andere Pflanzen als auf Silikat- oder sauren Sandböden. Man teilt die Pflanzen deshalb in kalkliebende oder kalkmeidende Arten ein. Die auslesende Wirkung des Kalkes erfolgt aber nicht so sehr durch den Anteil des Kalziums, sondern durch die Regelung des Säuregehaltes. Kalkarme Böden enthalten viele Wasserstoffionen, die Bodenlösungen reagieren deshalb sauer. In kalkreichen Böden werden die Wasserstoffionen zurückgedrängt, die Bodenlösungen reagieren basisch. Wegen des großen Einflusses des Säuregehaltes der Böden unterscheiden Pflanzensoziologen die Waldtypen nach dem Bodenfaktor und einer typischen Pflanzenformation. Beispiele sind der Kalk-Weißseggen-Buchenwald, der Silikat-Hainsimsen-Buchenwald oder der Silikat-Lärchen-Zirbenwald. **Kalkliebende Pflanzen in Wäldern** (Beispiele): Bärlauch, Waldbingelkraut, Sanikel, Akelei und Lungenkraut.

**Säureliebende Blütenpflanzen** (Beispiele): Heidelbeere, Preiselbeere, Besenheide, Glockenheide und Krähenbeere.

Neben den einzelnen Standortfaktoren spielen auch die einzelnen Florengebiete, das heißt die Verbreitung von Pflanzenarten in einer bestimmten Klimazone der Erde, eine Rolle bei der Zusammensetzung der Blütenpflanzengesellschaften. Das für Mitteleuropa typische Florengebiet ist die zentraleuropäische Laubwaldzone, deren Grenzen von dem Vorkommen der Rotbuche, Hainbuche und Traubeneiche gebildet werden. Charakteristische Elemente dieses Florengebietes sind neben den typischen Laubbaumarten die Hainsimse, der Bärlauch, das Immergrün und die Tollkirsche. Deshalb werden diese Pflanzen bei der Bezeichnung einer typischen Waldform mitverwendet, zum Beispiel der „Hainsimsen-Kalk-Buchenwald". Zahlreiche andere Blütenpflanzen haben aber ein Areal, das weit nach Süden oder Osten reicht. Beispiele sind das Maiglöckchen oder das Lungenkraut. Bei solchen Pflanzenarten kann es vorkommen, daß sie in Laubwäldern Nordwestdeutschlands vorkommen, in Süddeutschland aber fehlen.

Viele der Blütenpflanzen werden von Insekten bestäubt. Zwischen Blumen und Insekten haben sich vielfache Abhängigkeiten entwikkelt. Das Aussterben einer Pflanzenart zieht immer auch das Aussterben von Dutzenden Insektenarten nach sich.

Vorige Doppelseite: Als lichtbedürftige Pionierpflanze besiedelt das Wald-Weidenröschen (*Epilobium angustifolium*) Kahlschläge oder Lichtungen und bildet dort große Bestände.

**Hopfen**
*Humulus lupulus*
Hanfgewächse
*Cannabaceae*

**K:** Stengel mit Kletterhaaren, die ein Abrutschen verhindern. Blätter gegenständig, langgestielt, herzförmig, drei- bis fünflappig geteilt. Männliche und weibliche Blüten auf getrennten Pflanzen (zweihäusig). Männliche Blüten sind in einer lokkeren Rispe angeordnet, weibliche Blüten sehen wegen der sich überlappenden Tragblätter wie Zapfen aus.

**V:** Auwälder, Auwaldränder, feuchte Gebüsche. Benötigt nährstoffreiche, feuchte Lehmböden. Stickstoffliebend. Wärmeliebend.

**L:** Ausdauernde Pflanze mit unterirdischem Wurzelstock. Bestäubung und Samenverbreitung durch den Wind.

**Große Brennessel**
*Urtica dioica*
Nesselgewächse
*Urticaceae*

**K:** Bekanntes Nesselgewächs mit Brennhaaren an Stengel und Blättern. Zweihäusige Pflanze, weibliche Blütenstände hängend, männliche Blütenstände aufwärts und horizontal gerichtet. Blätter gekreuzt gegenständig, länger als ihr Stiel.

**V:** Feuchte Standorte in Laub- und Nadelwäldern, Waldränder, Wege. Benötigt feuchte, nährstoffreiche Böden. Ist Stickstoffzeiger und im Wald auch Feuchtigkeitszeiger.

**L:** Überdauert den Winter mit Rhizomen (unterirdische wurzelähnliche Sprosse). Blüte Juni bis Oktober. Windbestäubung und Windverbreitung der Samen. Futterpflanze vieler Schmetterlingsarten.

**Wechselblättriges Milzkraut**
*Chrysosplenium alternifolium*
Steinbrechgewächse
*Saxifragaceae*

**K:** Zierliche mehrjährige Pflanze, etwa 20 cm hoch. Stengel aufrecht, dreikantig. Blätter wechselständig, herzförmig. Gelbe, meist vierzählige Blüten mit 8 Staubblättern.

**V:** In Mitteleuropa weit verbreitet, aber nicht überall häufig. Bildet an geeigneten Standorten lockere Rasen. Liebt grundwasserdurchzogene, nährstoffreiche Böden in Laubwäldern und Auwäldern. Auch an schattigen Ufern kleiner Rinnsale.

**L:** Blüht von März bis Mai. Meist Insektenbestäubung. Wegen der milzähnlichen Form der Blätter wurde die Pflanze früher als Heilmittel bei Erkrankungen der Milz angewendet: Besondere Wirkstoffe wurden bis jetzt nicht gefunden.

**Großes Hexenkraut**
*Circaea lutetiana*
Nachtkerzengewächse
*Onagraceae*

**K:** Typische Halbschatten- bis Schattenpflanze in Wäldern mit nährstoffreichen, feuchten Böden. Stengel 20–60 cm hoch, weichhaarig. Blätter matt, behaart, gekreuzt gegenständig. Blüten klein, weiß oder zartrosafarben, nur mit 1 Paar Kelchblätter und 1 Paar tiefgespaltener Kronblätter.

**V:** Auwälder, feuchte Laub- und Mischwälder. Nährstoffzeiger.

**L:** Blüte Juli/August. Bestäubung vor allem durch Fliegen (Fliegenblume). Samen nicht flugfähig, Früchtchen mit dichten widerhakenartigen Borsten besetzt. Bleiben im Fell von Tieren und an der Kleidung von Menschen hängen und werden so über weite Entfernungen verbreitet.

**Wald-Weidenröschen**
*Epilobium angustifolium*
Nachtkerzengewächse
*Onagraceae*

**K:** Häufige, ausdauernde, 50–150 cm hohe Pflanze. Bildet an geeigneten Standorten große Bestände. Stengel rund, meist unverzweigt. Blätter wechselständig, lanzettlich, an der Unterseite mit deutlich hervortretenden Adern. Blüten rosa bis schwach violett, lockere Traube. Frucht eine vierkantige Kapsel, reißt bei Reife der Länge nach auf und gibt behaarte Samen frei.

**V:** Laubwälder, Nadelwälder, bevorzugt an Waldrändern und auf Kahlschlägen. Liebt nährstoffreiche, frische Lehmböden. Rohbodenpionier. Bodenfestiger.

**L:** Blüte Juli/August, Insektenbestäubung, Bienenweide. Windverbreitung der behaarten Samen.

**Berg-Weidenröschen**
*Epilobium montanum*
Nachtkerzengewächse
*Onagraceae*

**K:** Ausdauernde Pflanze, die vorwiegend in mittleren Gebirgslagen wächst. Stengel aufrecht, verzweigt, erreicht eine Höhe von 30–80 cm. Blätter meist gegenständig, gezähnt. Blüten einzeln in den Blattachseln im oberen Stengelbereich. Blüten mit 4 gleich großen Kronblättern, rötlich gefärbt und tief ausgerandet. Fruchtkapsel mit behaarten Samen.

**V:** Krautreiche Laub- und Nadelmischwälder, Waldwege, Waldränder, Gebüschsäume. Liebt frische, leicht steinige Lehmböden.

**L:** Halbschattenpflanze. Blüte Juni/September. Meist Selbstbestäubung und Windverbreitung der Samen. Alte Heilpflanze.

**Wald-Bingelkraut**
*Mercurialis perennis*
Wolfsmilchgewächse
*Euphorbiaceae*

**K:** Wächst in großen zusammenhängenden Beständen selbst an stark beschatteten Stellen in dichten Wäldern. Giftige Pflanze mit unangenehmem Geruch. Stengel rund und unverzweigt, meist aufrecht, behaart. Blätter gegenständig und kurz gestielt. Ähriger Blütenstand mit entweder nur männlichen oder nur weiblichen Blüten.

**V:** Krautreiche Laub- und Nadelmischwälder. Liebt nährstoffreiche, lockere, humose Böden.

**L:** Blüte April/Mai. Insekten- und Windbestäubung. Verbreitung der Früchte durch Ameisen. Aber auch vegetative Vermehrung mit Hilfe unterirdisch kriechender Wurzelstöke. Schattenpflanze.

**Gemeines Lauchkraut**
*Alliaria petiolata*
Kreuzblütengewächse
*Brassicaceae*

**K:** Alte Heilpflanze, riecht beim Zerreiben stark nach Knoblauch. Stengel aufrecht, unverzweigt, mit gestielten, unterseits behaarten Blättern. Im unteren Stengelbereich Blätter langgestielt und herzförmig, im oberen Stengelbereich dagegen kurzgestielt und etwa dreieckig. Blüte eine endständige Traube, weiß. Frucht eine 3–7 cm lange Schote an kurzen abstehenden Fruchtstielen.

**V:** Häufige Pflanze schattiger Waldränder und Gebüsche. Auch auf Schuttplätzen und an Wegrändern. Liebt nährstoffreiche Böden.

**L:** Blüte April/Juli. Blüten mit unangenehmem Duft. Bestäubung durch Mücken, Bienen und Schwebfliegen.

**Gewöhnlicher Fichtenspargel**
*Monotropa hypopitys*
Fichtenspargelgewächse
*Monotropaceae*

**K:** Pflanze schattiger Nadelwälder. Stengel bleichgelb, wirkt wachsig. Blätter ebenfalls bleichgelb, schuppenartig, umfassen ein wenig den Stengel. Blütenstand zunächst nickend, bei der Fruchtreife aufgerichtet. Einzelblüten glockig, Blütenblätter 12–16 mm lang.

**V:** Wächst truppweise in Kiefern-, Tannen- und Fichtenwäldern. Seltener in Laubwäldern. Liebt mäßig saure Sand-, Ton- und Lehmböden.

**L:** Blüte Juni/Oktober. Bestäubung durch Hummeln. Samen staubfein, werden leicht vom Wind über weite Strecken transportiert. Ernährt sich saprophytisch, d.h. sie bezieht ihre Nährstoffe aus der sich zersetzenden Substanz am Waldboden.

**Wald-Labkraut**
*Galium silvaticum*
Rötegewächse
*Rubiaceae*

**K:** Ausdauernde, dem Waldmeister im Aussehen sehr ähnliche Pflanze, duftet aber nicht. Stengel aufrecht rund, verzweigt. Blätter in Quirlen zu 8, an der Unterseite blaugrün. Blüten klein, weiß, auf sehr dünnen Blütenstielen, nickend vor dem Aufblühen, sitzen in endständiger, lockerer Rispe.

**V:** Eichen-Hainbuchenwälder, Lindenmischwälder. Auch in Bergwäldern. Liebt frische, nährstoffreiche Lehmböden. Lehmzeiger. Kalkliebend. Wärmeliebend. Häufig.

**L:** Blüte Juni/September. Insektenbestäubung. Alte Heilpflanze. Wurde früher zur Käsebereitung verwendet, weil sie im Blattgewebe Labferment enthält.

**Kletten-Labkraut**
*Galium aparine*
Rötegewächse
*Rubiaceae*

**K:** Weitverbreitete Pflanze, die in Unkrautbeständen verschiedenster Standorte anzutreffen ist. Stengel vierkantig, niederliegend oder kletternd, ist an den Kanten dicht mit kleinen Stacheln besetzt. Damit heftet er sich an Blättern und Stengeln anderer Pflanzen fest. Blätter länglich, stehen zu 6–8 an einem Quirl, ebenfalls mit kleinen Haaren am Blattrand und an den Blattrippen. Blüten weiß oder grünlichweiß.

**V:** Wälder, Waldränder, Heckensäume, Äcker. Bevorzugt feuchte, nährstoffreiche Böden. Stickstoffzeiger. Ist häufig in Gesellschaft von Brennesseln anzutreffen.

**L:** Blüte Juni/August. Insekten- und Selbstbestäubung.

**Waldmeister**
*Galium odoratum*
Rötegewächse
*Rubiaceae*

**K:** Ausdauernde kumarinhaltige Gewürzpflanze. Stengel aufrecht, vierkantig. Blätter lanzettlich, dunkelgrün, sitzen stockwerkartig übereinander in Quirlen zu 6–8. Blüten klein, weiß, trichterig. Gesamte Pflanze duftet beim Welken sehr stark, setzt Kumarin frei.

**V:** Krautreiche Buchenwälder, Laubmischwälder. Seltener in Nadelwäldern. Sehr häufig. Liebt nährstoffreichen, lockeren, humosen Boden. Wurzelt nur flach.

**L:** Typische Schattenpflanze. Blüte Mai/Juni. Bestäubung vor allem durch Fliegen und Bienen. Alte Heilpflanze. Daneben finden die Blätter Verwendung als Zusatzstoff zu Bowlen.

**Wald-Ehrenpreis**
*Veronica officinalis*
Braunwurzgewächse
*Scrophulariaceae*

**K:** Bildet oft himmelblaue Blütenteppiche. Pflanze mit kriechenden oder aufsteigenden, behaarten Stengeln. Blätter gegenständig und fast den Stengeln ansitzend. Liegende Stengel bewurzeln sich. Die Blüten tragen ungleich große Kronblätter, die Staubbeutel ragen weit heraus.

**V:** Häufig in mäßig trockenen Laub- und Nadelwäldern, auf Heiden und auf mageren Wiesen. Von der Ebene bis ins Gebirge.

**L:** Die Halbschattenpflanze ist nässescheu und düngerfeindlich. Sie benötigt lockere, steinige Lehmböden. Die Blüten werden von Insekten bestäubt, Selbstbestäubung kommt vor.

**Schattenblume**
*Maianthemum bifolium*
Maiglöckchengewächse
*Convallariaceae*

**K:** Häufige Pflanze unserer Wälder. Verwechslung mit anderen Pflanzen nicht möglich. Blütenstengel etwa 10 cm hoch, mit meist 2 kurzgestielten, herzeiförmigen Blättern. Blüten weiß, vierzählig, bilden einen traubigen Blütenstand am Stengelende.

**V:** Laub- und Nadelwälder, bevorzugt schattige Standorte mit humusreichen frischen Böden.

**L:** Rhizompflanze, wächst aus einem stielrunden, kriechenden Erdsproß. Blütezeit Mai/Juni. Vor der Blüte bildet die Pflanze langgestielte Grundblätter, die bis zur Blütezeit verwelken. Fremdbestäubung durch Insekten. Früchte sind glänzend rote Beeren, die von verschiedenen Tieren verbreitet werden.

**Große Sternmiere**
*Stellaria holostea*
Nelkengewächse
*Caryophyllaceae*

**K:** Mehrjährige, zerbrechlich wirkende Pflanze mit vierkantigem Stengel. Blätter gegenständig, lang zugespitzt, geben der Pflanze an den Nachbarpflanzen Halt. Blüte weiß, 2–3 cm im Durchmesser, Blütenblätter im Gegensatz zur Waldsternmiere nur etwa bis zur Hälfte zweigeteilt. Kugelige Fruchtkapsel.
**V:** Lichte, krautreiche Laubwälder und Laubmischwälder. Auch in Heckensäumen und Gebüschen. Weit verbreitet. Wächst auf sandigen oder reinen Lehmböden.
**L:** Blütezeit von April bis Juni. Eine nahe verwandte Art ist die Grassternmiere, die etwas kleinere Blüten hat und als Standorte Heiden und Magerrasen bevorzugt.

**Waldsternmiere**
*Stellaria nemorum*
Nelkengewächse
*Caryophyllaceae*

**K:** Häufige Pflanze unserer Wälder. Welkt rasch nach dem Pflücken. Stengel schlaff, behaart, bricht leicht. Blätter gestielt, eiförmig. Blüte weiß, mit 5 Blütenblättern, die tief zweigeteilt sind. Gesamte Pflanze macht einen „glasigen" Eindruck.
**V:** Auwälder, Laubwälder, häufig in Bergwäldern. Liebt feuchte, kalkarme lehmige Böden. Bevorzugt halbschattige Standorte.
**L:** Die Blüten der einzelnen Pflanzen erscheinen nacheinander, deshalb erstreckt sich die Blütezeit von Mai bis August. Bestäubung durch Fliegen und Käfer. Pflanze ist Zwischenwirt eines Pilzes, der bei Weißtannen Krebs und Hexenbesen erzeugt.

**Rote Lichtnelke**
*Silene dioica*
Nelkengewächse
*Caryophyllaceae*

**K:** Häufige Pflanze feuchter Wälder und Wiesen. Zweihäusig, weibliche Blüte mit fünf Griffeln, aber ohne Staubblätter. Männliche Blüten nur mit einem verkümmerten, nicht funktionsfähigen Fruchtknoten. Blütenblätter rot, tief zweigeteilt. Gesamte Pflanze stark behaart.

**V:** Auwälder, Laubwälder, lichte Nadelwälder, feuchte Wiesen. Benötigt nährstoffreiche, feuchte, stickstoffhaltige Böden. Nässezeiger.

**L:** Blüte Mai/Juli. Insektenbestäubung durch Hummeln und Tagfalter. Blüte nur tagsüber geöffnet im Gegensatz zur nahe verwandten Weißen Lichtnelke, die bei Nacht blüht und mit ihrem Duft Nachtfalter zur Bestäubung anlockt.

**Große Fetthenne**
*Sedum telephium*
Dickblattgewächse
*Crassulaceae*

**K:** Seltene Pflanze lichter Bergwälder. Stengel aufrecht, kahl, rotblau gefärbt. Blätter dick fleischig. Blattstellung wechselständig, gegenständig oder 3quirlig möglich. Blüte am Stengelende, in Form einer Rispe, grünlichgelb oder schwach rosa. Einzelblüte aus je 5 Kelch- und Kronblättern.

**V:** Häufig in Pioniergesellschaften an Felsspalten, Steinschutt und Waldrändern. Bevorzugt kalkarme, lockere Steinschuttböden.

**L:** Blüte Juni/August. Bestäubung durch Fliegen und Hautflügler. Vegetative Vermehrung durch kleine Bruchstücke möglich. Früher bekannte Heil- und Salatpflanze.

**Waldgeißbart**
*Aruncus dioicus*
Rosengewächse
*Rosaceae*

**K:** Zweihäusige Pflanze, die vorzugsweise in Gebirgs- und Hügellandschaften wächst. Stengel aufrecht, erreicht eine Höhe von 1–2 m. Blätter langgestielt, 3- bis 5zählig gefiedert, bis 1 m lang. Männliche Blütenstände elfenbeinfarben, mit zahlreichen Staubblättern. Weibliche Blütenstände reinweiß.

**V:** Bergwälder, Schluchtwälder, schattige Steilhänge. Liebt sickerfrische, humose, leicht steinige Böden in Lagen mit guter Luftfeuchte.

**L:** Schattenpflanze. Blüte Juni/Juli. Insektenbestäubung. Samenverbreitung durch den Wind, Samen sind nur 2 mm lang und sehr leicht, werden von leichtesten Luftströmungen fortgetragen.

**Echtes Mädesüß**
*Filipendula ulmaria*
Rosengewächse
*Rosaceae*

**K:** Charakteristische Pflanze feuchter Wiesen und Auwälder. Der deutsche Name hat nichts mit dem Wort „Mädchen“ zu tun, er verweist vielmehr auf die Verwendung der Blüten dieser Pflanze als Zusatzstoff zu Met, Wein oder Bier. Stengel aufrecht, kantig. Blätter einfach gefiedert, Teilblättchen 3–5 cm lang, an der Unterseite mit weißfilzigem Belag, stehen in 2–5 Paaren. Blüten gelblichweiß, stark duftend, meist mit 5, seltener 6 Blütenblättern.

**V:** Verlandungsbestände, Moorwiesen, Ufergebüsch, Auwälder. Liebt nährstoffreiche, gut durchfeuchtete Böden.

**L:** Blüte Juni/August. Insektenbestäubung. Alte Heilpflanze.

**Walderdbeere**
*Fragaria vesca*
Rosengewächse
*Rosaceae*

**K:** Sehr häufige Pflanze sonniger Waldlichtungen. Walderdbeere ist keine echte Frucht, ist nicht aus der Umwandlung des Fruchtknotens entstanden, sondern eine Scheinfrucht. Stengel aufrecht, behaart. Blätter mit langen Stielen, 3zählig, an der Unterseite seidig behaart. Blütenstiele blattlos, behaart. Blüten weiß, mit 5 Kelchblättern und 5 Kronblättern.

**V:** Laubwälder, lichte Nadelwälder. Auch in Hecken- und Gebüschsäumen. Liebt nährstoffreiche, frische Böden. Nitrifizierungszeiger.

**L:** Blüte April bis Juli. Insektenbestäubung. Tierverbreitung. Scheinfrucht eßbar, mit hohem Zuckergehalt.

**Wald-Storchschnabel**
*Geranium sylvaticum*
Storchschnabelgewächse
*Geraniaceae*

**K:** Pflanze, die ihren Verbreitungsschwerpunkt im Gebirge hat, im Flachland ist sie selten zu finden. Stengel aufrecht und behaart. Blätter handförmig, siebenteilig, einzelne Abschnitte sind eingeschnitten gezähnt. Blüten blau, jeweils zu zweit an behaartem Blütenstiel.

**V:** Wächst gesellig in Auwäldern, feuchten Bergwiesen und in Buschsäumen. Liebt feuchte, nährstoffreiche humose Böden.

**L:** Blüte Juni/Juli. Insektenbestäubung, Früchte springen zur Reifezeit explosionsartig auf und schleudern die Samen fort. Halbschattenpflanze. Alte Heilpflanze, enthält vor allem im Wurzelstock Gerbstoffe.

**Stinkender Storchschnabel**
*Geranium robertianum*
Storchschnabelgewächse
*Geraniaceae*

**K:** Pflanze, die beim Zerreiben sehr unangenehm riecht. Stengel behaart, rot überlaufen, aufrecht oder kriechend, verzweigen sich vom Grund an und zerbrechen leicht an den verdickten Gelenken. Blätter weich und behaart, langgestielt, sind zusammengesetzt aus 3- bis 5fiederspaltigen Einzelblättchen. Blüten rosa, einzelne Blütenblätter mit 3 weißlichen Längsstreifen.

**L:** Wächst verbreitet an feuchten, schattigen Stellen in Laub- und Nadelwäldern, an Wald- und Gebüschsäumen, auf Geröllhalden und auf Mauern. Nährstoffzeiger.

**L:** Blüte Mai/September. Insekten- und Selbstbestäubung. Schleudermechanismus der Früchte.

**Wald-Sanikel**
*Sanicula europaea*
Doldengewächse
*Apiaceae*

**K:** Häufige Pflanze schattiger Buchenwälder mit nährstoffreichen Böden. Stengel aufrecht, unbeblättert oder mit nur 1–2 kleineren Blättchen. Grundblätter langgestielt, handförmig geteilt. Blütendolde zusammengesetzt aus mehreren kleinen Dolden. Einzelblüten sehr klein, rötlichweiß. Früchte mit hakenförmigen Stacheln besetzt.

**V:** Krautreiche Laubwälder, Auwälder und Nadelmischwaldgesellschaften. Liebt frische, nährstoffreiche Lehmböden. Halbschattenpflanze.

**L:** Blüte Mai/Juni. Insekten- und Selbstbestäubung. Verbreitung der Samen durch Tiere, in deren Fell die kleinen Früchte hängenbleiben.

**Tüpfel-Johanniskraut**
*Hypericum perforatum*
Hartheugewächse
*Hypericaceae*

**K:** Häufige, trockenliebende Pflanze in lichten Wäldern und an Böschungen. Kommt heute in ganz Europa wild vor. Stengel deutlich zweikantig, innen markig. Blätter gegenständig, durchscheinend punktiert (Name). Blüten goldgelb, mit 5 Kelch- und 5 Kronblättern. Kronblätter am Rand schwarz punktiert, Staubblätter gebüschelt.

**V:** Laubwälder, Nadelwälder, vor allem an lichten Stellen an Waldrändern und auf Kahlschlägen. Außerdem auf Magerwiesen, Brachen und Halbtrockenrasen. Wächst als Pionierpflanze auf den verschiedensten Böden.

**L:** Blüte Juni/Oktober. Insekten- und Selbstbestäubung.

**Wald-Gilbweiderich**
*Lysimachia nemorum*
Primelgewächse
*Primulaceae*

**K:** Zierliche Pflanze, die mit Vorliebe an feuchten Stellen in Wäldern und auf Waldwegen gedeiht. Stengel schwach, niederliegend bis aufsteigend. Blätter eiförmig zugespitzt, gegenständig. Blüten gelb, wachsen einzeln aus den Blattachseln. 5 lange, scharf zugespitzte Kelchblätter, 5 Kronblätter kaum länger als die Kelchblätter.

**V:** Krautreiche Buchenwälder, Schluchtwälder, an Waldquellen. Liebt kalkarme, noch nährstoffreiche Böden in feuchter Schattenlage.

**L:** Blüte Mai bis Juli. Ist fast überall selten, nur an der Küste und in den Hügellandschaften etwas häufiger.

**Rundblättriges Wintergrün**
*Pyrola rotundifolia*
Wintergrüngewächse
*Pyrolaceae*

**K:** Seltene Pflanze, wächst zerstreut in Nadelwäldern mit schwach sauren Böden. Stengel aufsteigend, stumpfkantig. Blätter ledrig derb, immergrün, Blüten weiß, weitglokkig, nickend, in 8- bis 15blütiger Traube.

**V:** Kieferntrockenwälder, Mischwälder, Birkenmoore. Halbschattenpflanze.

**L:** Als etwas sommerwärmeliebende Art im Norden selten anzutreffen. Blüte Juni/Juli. Insektenbesuch findet zwar statt, Blüten duften leicht, aber Samenbildung erfolgt meist durch Selbstbestäubung. Samenverbreitung durch den Wind. In den Wurzeln Symbiose mit höheren Pilzen.

**Arzneibaldrian**
*Valeriana officinalis*
Baldriangewächse
*Valerianaceae*

**K:** Aufrecht stehende Pflanze (0,4–2 m), nur im Blütenteil verzweigt. Der geriefte Stengel trägt oben einen schirmartigen Blütenstand mit vielen weißen oder rötlichen Blüten. Diese haben an der Basis eine Kronröhre mit einem kleinen Säckchen daran. Der Griffel und drei Staubblätter ragen aus der Blüte. Die Samen tragen einen fallschirmartigen Federkranz. Pflanze blüht von Mai bis August.

**V:** Die lichtbedürftige Pflanze steht in feuchten, lichten Wäldern, an Gräben und Ufern von Waldbächen und auf Moorwiesen. Sie kommt vom Norden bis zur Waldgrenze vor.

**L:** Die Blüten duften und ziehen Schmetterlinge (und Katzen) an.

**Echtes Tausendgüldenkraut**
*Centaurium erythraea*
Enziangewächse
*Gentianaceae*

**K:** Alte Heilpflanze, die ähnliche Bitterstoffe enthält wie der Enzian. Wird auch noch in neuerer Zeit bei Magen- und Gallenbeschwerden eingesetzt. Stengel vierkantig. Blätter lanzettlich, gegenständig. Blütenstand trugdoldig, Einzelblüten rosa, 5zählig. Öffnen sich bei Licht und schließen sich im Schatten. Frucht eine zweiklappige Kapsel, Samen mit netzaderiger Schale.

**V:** Wächst zerstreut auf grasigen Waldlichtungen, an sonnigen Waldrändern und Waldwegen. Auch auf Halbtrockenrasen. Liebt nährstoffreiche, trockene Böden.

**L:** Blüte Juli/Oktober. Insektenbestäubung, obwohl die Blüten keinen Nektar enthalten.

**Weiße Schwalbenwurz**
*Vincetoxicum hirundinaria*
Schwalbenwurzgewächse
*Asclepiadaceae*

**K:** Kalkliebende Staude lichter, trockener Wälder. Stengel 30–80 cm hoch, hohl, im oberen Teil manchmal windend. Blätter kurzgestielt, gegenständig, lanzettlich. Blüten, blattachselständige Trugdolden, gelblich-weiß, mit intensivem Aasgeruch.

**V:** Eichen- oder Kiefernwälder, Steinschuttfelder, sonnige Gebüsche. Liebt kalkhaltige, lockere, steinige Böden. Pionierpflanze.

**L:** Blüte Juni/August. Insektenbestäubung (Fliegen). Klemmfallenblume: Nektarsuchende Insekten geraten mit dem Rüssel in enge Spalten, aus denen sie sich nur befreien können, wenn sie Pollenklumpen mitziehen. Giftpflanze.

**Schwarze Tollkirsche**
*Atropa belladonna*
Nachtschattengewächse
*Solanaceae*

**K:** Eine unserer gefährlichsten Giftpflanzen, zugleich wichtige Arzneipflanze. Enthält verschiedene Alkaloide, deren bekanntestes das Atropin ist, das medizinisch z. B. bei Narkosen verwendet wird. Stengel aufrecht, flaumig behaart. Blätter eiförmig, ganzrandig, stehen in Paaren, aber nicht gegenständig. Blüten violett mit dunkelroter Aderung, gestielt, nickend, wachsen einzeln aus den Blattachseln. Frucht kirschähnliche Beere.

**V:** Waldlichtungen, Kahlschläge, Waldränder von Laub-, Misch- und Nadelwäldern. Bevorzugt auf kalkreichen lockeren Böden.

**L:** Blüht Juni/Juli. Bestäubung durch Hummeln.

**Wald-Vergißmeinnicht**
*Myosotis sylvatica*
Borretschgewächse
*Boraginaceae*

**K:** Einjährige Pflanze in Wäldern und auf Grasland. Stengel kantig, etwas behaart. Blätter lanzettlich, ganzrandig, rauh behaart. Traubiger Blütenstand, Einzelblüten hellblau, manchmal zartrosa, 5zählig, Kelch behaart.

**V:** Wächst gesellig in Laubwäldern und Laubmischwäldern, an Wald- und Wegrändern. Bevorzugt auf lokkeren, nährstoffreichen Lehm- und Mullböden. Nährstoffzeiger.

**L:** Halbschattenpflanze. Blüht von Mai bis Juli. Bestäubung vor allem durch Fliegen. Der Farbwechsel von rosa nach hellblau in den Blütenblättern wird hervorgerufen durch eine Änderung des Säuregrades in den Blütenblattzellen.

**Pfirsichblättrige Glockenblume**
*Campanula persicifolia*
Glockenblumengewächse
*Campanulaceae*

**K:** Aufrecht stehende Pflanze mit rundem, unbehaartem Stengel. Stengelblätter schmal und länglich. Die wenigen blauvioletten Blütenkelche stehen meist auf einer Seite zusammen. Blüte und Kelch unbehaart.

**V:** Diese Glockenblume steht in sonnigen, grasigen Eichenmischwäldern, in Wald- und Gebüschsäumen, auch in Kiefern- und Tannenwäldern. Die Halbschattenpflanze kommt von der Ebene bis in mittlere Gebirgslagen vor, fehlt aber im nordwestdeutschen Tiefland.

**L:** Die Pflanze braucht lockere, steinige Ton- und Lehmböden. Sie wird von Insekten bestäubt, der Samen vom Wind verdriftet.

**Nesselblättrige Glockenblume**
*Campanula trachelium*
Glockenblumengewächse
*Campanulaceae*

**K:** Die Stengel dieser an Brennessel erinnernden Glockenblume sind kantig und reich behaart. Die unteren größeren Blätter sind herzförmig und langgestielt. Die oberen Blätter sind kleiner und sitzen dem Stengel dicht an. Die blauen Glöckchenblüten wachsen einzeln, zu zweit oder dritt in den Achseln der oberen Blätter.

**V:** In krautigen Eichen- und Buchenwäldern, in Hecken und auf Waldlichtungen. Seltener in Nadelwäldern.

**L:** Diese Pflanze ist ein Lehmzeiger. Blütenbesuchende Insekten streifen beim Nektarholen am Grund der Blüte den Blütenstaub am Griffel ab.

**Ährige Teufelskralle**
*Phyteuma spicatum*
Glockenblumengewächse
*Campanulaceae*

**K:** Unverwechselbare Pflanze. Die schafwollweißen Blüten stehen in einem walzenförmigen Blütenstand und sind vor dem Aufblühen krallenartig gekrümmt (Name). Die Griffel ragen weit aus den Blüten.
**V:** Diese formenreiche Pflanze mit einer stahlblauen Variante in Bergwäldern besiedelt häufig krautreiche Laub- und Nadelmischwälder von der Ebene bis in Bergwälder von 2100 m Höhe. Im nordwestdeutschen Flachland fehlt sie.
**L:** Die Teufelskralle braucht lockere, humose und nährstoffreiche Lehmböden. Ihre Blüten werden von Insekten, oft Schwebfliegen, bestäubt. Die Samen werden vom Wind verbreitet.

**Europäischer Siebenstern**
*Trientalis europaea*
Primelgewächse
*Primulaceae*

**K:** Pflanze, die gerne in moosigen Nadelwäldern und Mooren wächst. Stengel aufrecht und unverzweigt. Blätter groß, lanzettlich, bilden zu 5–7 einen Quirl. Blüten weiß, 7zählig, sitzen auf langen, aufgerichteten Blütenstielen, meist zu zweit, seltener zu vieren.
**V:** Moosige Fichtenwälder, Flachmoore, seltener in Nadelmischwäldern. Liebt nasse, nährstoffarme, saure Böden. Sehr selten.
**L:** Blüte Mai/Juni. Insekten- und Selbstbestäubung. Frucht springt bei Reife in 5 Klappen auf. Vermehrt sich aber hauptsächlich vegetativ durch Ausläufer. Halbschattenpflanze. Im Wurzelstock wurden Saponine nachgewiesen.

**Katzenpfötchen**
*Antennaria dioica*
Korbblütengewächse
*Asteraceae*

**K:** Niedrige Pflanze mit einer endständigen Dolde aus 3–12 weißen (männliche Blüten) oder dunkelrosa (weibliche Blüten) Körbchen. Die Grundblätter bilden eine Rosette.

**V:** In warmen, trockenen Kiefernwäldern, auf Heiden und auf Magerrasen, meist an lückigen Stellen.

**L:** Diese zierliche Pflanze benötigt vor allem magere, ungedüngte Böden. Bei Düngereinsatz wird sie von konkurrenzstarken Pflanzen verdrängt. Die Borsten der männlichen Blüten erinnern an Insektenfühler (Name *Antennaria*). Die Blüten werden von kleineren Schmetterlingen bestäubt, die Samen werden an „Fallschirmen" vom Wind verbreitet.

**Wald-Ruhrkraut**
*Gnaphalium sylvaticum*
Korbblütengewächse
*Asteraceae*

**K:** Aufrechter, unverzweigter Stengel mit wechselständigen Blättern, diese lanzettlich und unterseits weißfilzig. Die sehr kleinen Blüten stehen in eiförmigen Körbchen, die Hüllblätter sind dunkel gefleckt. Blüht von Juni bis Oktober.

**V:** Häufig an Waldwegen, in Kahlschlägen und auf lichten Stellen im Wald.

**L:** Die Pflanze braucht vorzugsweise kalkarme, aber nährstoffreiche Lehmböden. Die Bestäubung erfolgt durch Insekten, Selbstbestäubung ist möglich. Die Samen werden durch den Wind verbreitet, dazu tragen sie einen Haarkranz an den Früchten, der sich bei Bodenkontakt leicht ablöst.

**Wald-Greiskraut**
*Senecio silvaticus*
Korbblütengewächse
*Asteraceae*

**K:** Mittelhohe Pflanze (15–60 cm) mit stark riechenden, weichhaarigen Blättern, die tief eingeschnitten sind und lappig wirken. Die Randblüten der gelben Körbchen haben eingerollte gelbe Zungen. Bei Reife entfalten die Früchte ihre Haarkrone und erinnern an kleinere „Pusteblumen". Blüht von Juli bis September.

**V:** Als fast unausrottbare Pflanze häufig auf Waldschlägen, an lichten Stellen und an Waldwegen. Häufig auch auf Brandflächen.

**L:** Die Blütenstände werden von Fliegen bestäubt, die Samen verdriftet der Wind. Pflanze steht häufig zusammen mit dem Weidenröschen.

**Fuchs-Greiskraut**
*Senecio fuchsii*
Korbblütengewächse
*Asteraceae*

**K:** Hohe Pflanze (50–150 cm) mit vielen gelben Körbchenblüten, die fast als Dolde an der Stengelspitze stehen. Körbchen außen mit Zungen-, innen mit Röhrenblüten. Die Blätter sind lanzettlich, laufen spitz zu und sitzen am Stengel.

**V:** Häufig in krautreichen Buchenmischwäldern, vor allem auf Lichtungen in Bergwäldern. In nördlichen Tieflagen selten.

**L:** Die Halbschattenpflanze wird von vielen Insekten (Fliegen, Käfern, Schmetterlingen) besucht und bestäubt. Die Früchte tragen oben einen Kranz steifer Haare und werden windverdriftet. Sie brauchen nährstoffreiche Lehmböden, um auszukeimen.

**Rote Pestwurz**
*Petasites hybridus*
Korbblütengewächse
*Asteraceae*

**K:** Die sehr großen Blätter von 60 cm Durchmesser bilden entlang von schnell fließenden Bergbächen oft riesige Bestände und sind unverwechselbar. Die purpurroten Blüten erscheinen vor den Blättern im März und stehen als rote Körbchen an einem dicken Blütenschaft.
**V:** Im Erlen- und Weidengebüsch und an Bergbächen, an Flußauen und an feuchten Waldrändern von Mischwäldern. Von der Ebene bis in Höhen von 1400 Metern.
**L:** Zweihäusige Pflanze mit unangenehm riechenden Blüten, die Bienen und andere Insekten anlocken. Oft das erste Blütenangebot von Auwäldern. Die Früchte werden mit Haarkronen vom Wind verdriftet.

**Gewöhnliche Goldrute**
*Solidago virgaurea*
Korbblütengewächse
*Asteraceae*

**K:** Meist höhere Pflanze (20–100 cm) mit rundem, behaartem oder kahlem Stengel und lanzettlichen, gezähnten Blättern. Die sonnengelben Blütenkörbchen sitzen an den Spitzen in Dreier- bis Fünfergruppen. Sie blühen von Juli bis Oktober.
**V:** Überall in lichten, grasreichen Eichen-, Buchen- oder Nadelmischwäldern von der Ebene ins Gebirge. Auch auf mageren Weiden. Meist nicht in Massenbeständen wie die eingeschleppte Kanadische Goldrute (*S. canadensis*).
**L:** Diese Pflanze wird oft von Bienen und Hummeln besucht, die sie bestäuben. Die Samen werden an „Fallschirmen" mit dem Wind verbreitet.

## Hasenlattich

*Prenanthes purpurea*
Korbblütengewächse
*Cichoriaceae*

**K:** Zarte, hochwachsende Pflanze (60–160 cm) mit dünnem Stengel und sparrigen Verzweigungen im oberen Teil. Blütenköpfchen purpurviolett, klein und schlank, meist abwärts hängend. Blätter zart, gezähnt mit herzförmiger Form um den Stengel fassend. Unterseits sind sie blaugrün.

**V:** Häufig in grasigen Eichen-Buchen- und vor allem in Buchen-Tannen-Mischwäldern der Gebirge. Häufig auch in Hochstaudengesellschaften von Lichtungen.

**L:** Die Pflanze braucht nährstoffreiche, kalkarme Lehmböden. An den Blättern fressen häufiger die auffällig rotgelb gestreiften Raupen des Lattichmönches (*Cucullia lactucae*).

## Rainkohl

*Lapsana communis*
Korbblütengewächse
*Cichoriaceae*

**K:** Die 30–100 cm hohe Pflanze mit milchigem Saft in den Stengeln trägt an den reich verzweigten Stengelenden gelbe Köpfchen mit einem Ring gelber Zungenblüten. Die Blätter sind eiförmig, nur die unteren tragen einen Stiel. Typisch ist ihre Gliederung in einen großen Endlappen und zwei kleinere Seitenlappen. Blüte von Juni bis September, Blüten nur bei gutem Wetter geöffnet. Die Samen tragen keine Behaarung und sind halbmondförmig.

**V:** Verbreitet in feuchten, hellen Wäldern, aber auch als Unkraut an Äckern, in Gärten und auf Schuttplätzen.

**L:** Je nach Nährstoffangebot ist die Wuchshöhe sehr variabel.

**Wald-Habichtskraut**
*Hieracium silvaticum*
Korbblütengewächse
*Cichoriaceae*

**K:** Formenreiche, etwa 20–50 cm hohe Pflanze. Stengel behaart, mit wenigen Blättern, führt Milchsaft. An der Spitze nur wenige gelbe Blütenköpfchen (3–15), die Köpfchenstiele sind behaart.

**V:** Häufig in grasreichen, lichten Laub- und Nadelwäldern und an Waldrändern, auch an schattigen Mauern und Felsen. Verbreitungsschwerpunkte sind Mischwälder im Gebirge.

**L:** Von Mai bis Juni blüht das Wald-Habichtskraut und wird von Insekten bestäubt. Die Samen werden mit ihren Haarkränzen vom Wind verbreitet. In den Wurzeln leben oft Raupen von mehreren Kleinschmetterlingsarten.

**Maiglöckchen**
*Convallaria majalis*
Maiglöckchengewächse
*Convallariaceae*

**K:** Häufige Pflanze, die an geeigneten Standorten in dichten Beständen wächst. Blüte glockenförmig hängend, duftet intensiv. Blütenstengel unbeblättert, wird umhüllt von 2 breiten, hellgrünen Laubblättern.

**V:** Lichte Laubwälder, auch Kiefernwälder. Wächst auf kalkreichen wie kalkarmen Böden. Bevorzugt sommerwarme Klimalagen.

**L:** Blüte Mai/Juni. Bestäubung durch Bienen. Selbstbestäubung auch möglich, dann allerdings häufig kein Fruchtansatz. Tritt das Maiglöckchen in schattigen Waldbeständen auf, bildet es häufig nur Blätter, keine Blüten aus.

**Vierblättrige Einbeere**
*Paris quadrifolia*
Liliengewächse
*Liliaceae*

**K:** Verwechslungsmöglichkeiten mit anderen Pflanzen sind ausgeschlossen. Die Blüte erhebt sich im Mai/Juni über einem Blattquirl aus 4 gleichartigen Blättern. Früchte sind etwa kirschgroße, blauschwarze Beeren. Alle Pflanzenteile sind giftig, enthalten Saponine.

**V:** Laubwälder, Auwälder, Nadelmischwälder. Bevorzugt feuchte Standorte mit nährstoffreichen, humosen Böden.

**L:** Die Einbeere ist eine sog. Fliegentäuschblume. Ihre Blüten sind geruchlos, werden dennoch von kleinen Aasfliegen angeflogen, die den glänzenden Fruchtknoten für Flüssigkeit halten. Samenverbreitung durch Vögel.

**Bärenlauch**
*Allium ursinum*
Lauchgewächse
*Alliaceae*

**K:** Pflanze mit intensivem Knoblauchgeruch. Stengel dreikantig. Doldiger Blütenstand an der Stengelspitze. Einzelblüten schneeweiß mit 6 spitzen, lanzettlichen Blütenblättern. Meist 2 grundständige, langgestielte Blätter. Fruchtkapseln tiefgefurcht mit schwarzen Samen.

**V:** Schattige, feuchte Laubmischwälder, Auwälder. Bildet an seinen Standorten ausgedehnte Bestände. Benötigt nährstoffreiche lockere Lehmböden. Grundwasserzeiger.

**L:** Blütezeit April/Juni. Insekten- und Selbstbestäubung möglich. Samenverbreitung durch den Wind, aber auch durch Ameisen. Heilpflanze, enthält ätherische Öle und Vitamin C.

**Wohlriechende Weißwurz**
*Polygonatum odoratum*
Maiglöckchengewächse
*Convallariaceae*

**K:** Wächst zerstreut in unseren Wäldern. Unterscheidungsmerkmale zur Vielblütigen Weißwurz: Stengel kantig, Blüten duftend, meist nur 1 Blüte in den Blattachseln. Blüten sind in der Mitte nicht eingeschnürt, eher etwas bauchig.

**L:** Lichte Kiefernwälder, Waldränder und Böschungen. Liebt lockere, kalkhaltige, trockene Böden, gerne auch sandig.

i**L:** Überwinterungsorgan auch dieser Weißwurz ist ein kriechender Wurzelstock oder Rhizom. Die Sprosse, die sich jedes Jahr neu entwickeln und im Herbst absterben, hinterlassen am Rhizom siegelringähnliche Narben, daher der Beiname Salomonssiegel.

**Vielblütige Weißwurz**
*Polygonatum multiflorum*
Maiglöckchengewächse
*Convallariaceae*

**K:** Häufige Pflanze unserer Wälder mit rundem Stengel, wechselständigen Blättern und meist 2–5 Blüten in den Blattachseln. Kelch- und Kronblätter sind zu einer langen, glokkenförmigen Röhre verwachsen, die in der Mitte etwas eingeschnürt ist. Früchte sind zunächst rote, später blauschwarze Beeren.

**V:** Krautreiche Buchen-, Eichen- und Laubmischwälder. Liebt schattige Standorte mit nährstoffreichen, lockeren, frischen Böden.

**L:** Pflanze entspringt im Frühjahr einem dicken, kriechenden, weißen Wurzelstock (Name). Blütezeit ist Mai/Juni. Bestäubung durch langrüsselige Hummeln. Verbreitung der Früchte durch Tiere.

**Türkenbundlilie**
*Lilium martagon*
Liliengewächse
*Liliaceae*

**K:** Eine der schönsten heimischen Pflanzen. Selten. Steht unter Naturschutz. Blütenstengel grün, oft braun gefleckt. Blüten nickend, stehen in einer lockeren Traube an der Spitze des Stengels. 6 Blütenblätter, purpurrot, dunkel gefleckt, nach außen umgerollt. 6 Staubblätter ragen nach unten aus der Blüte.

**V:** Laubwälder, Nadelmischwälder. Halbschattenpflanze, liebt nährstoffreiche, kalkhaltige Böden.

**L:** Treibt im Frühjahr aus einer eiförmigen goldgelben Zwiebel. Bestäubung durch Schwärmer, die in der Dämmerung und bei Nacht fliegen. Blüten duften nachts deshalb auch stärker als am Tag. Samenverbreitung durch den Wind.

**Waldwicke**
*Vicia sylvatica*
Schmetterlingsblütengewächse
*Fabaceae*

**K:** Bekannte Kletterpflanze mit Ranken an den Blattspitzen. Damit kann sie andere Pflanzen überwachsen und sich so Vorteile im Kampf um das Licht sichern. Stengel vierkantig, niederliegend oder kletternd. Blätter paarig gefiedert, mit einer verzweigten Ranke an der Blattspitze. Blüten meist weißlich bis violett, Blütentrauben aus 10–15 Einzelblüten. Hülsen schwarz, an beiden Enden zugespitzt (Unterschied zur Zaunwicke).

**V:** Frische Laubmischwälder, Waldlichtungen, Waldwege, steinige Waldhänge. Liebt warme, lockere, mäßig feuchte Böden.

**L:** Blüte Mai–August, wird hauptsächlich von Hummeln besucht.

**Waldplatterbse**
*Lathyrus sylvestris*
Schmetterlingsblütengewächse
*Fabaceae*

**K:** Pflanze mit tiefer Pfahlwurzel und weitkriechenden Ausläufern. Stengel 1–2 m lang, vierkantig, meist kletternd, breit geflügelt. Blätter paarig gefiedert, mit verzweigten Ranken an den Blattspitzen. Blüte ist eine Blütentraube aus meist 3–8 rötlichen Einzelblüten. Hülsen kahl, angeflacht, enthalten bis zu 14 Samen.
**V:** Wächst häufig im Saum sonniger Hecken und Waldränder, auf Waldlichtungen. Liebt sommerwarme, nährstoffreiche, kalkhaltige Böden. Auch auf Steinschuttböden. Pionierpflanze, wirkt als Bodenbereiter und Bodenfestiger.
**L:** Blüte Juli/August. Insektenbestäubung und z.T. Verdauungsverbreitung der Samen.

**Vielblättrige Lupine**
*Lupinus polyphyllus*
Schmetterlingsblütengewächse
*Fabaceae*

**K:** Aus Nordamerika eingebürgerte Staude, 50–150 cm hoch. Stengel aufrecht und krautig. Blätter gestielt, fingerförmig geteilt. Jeweils 10–15 lanzettliche Blättchen gehen strahlenförmig vom Blattstiel aus. Blüte leuchtend blau, endständige Traube aus zahlreichen Einzelblüten. Samen dunkel, behaart, enthalten bis zu 38% Protein.
**V:** Häufige Pflanze an Waldrändern, auf Waldlichtungen. Gedeiht auf fast jedem Boden, bevorzugt aber frische Lehmböden. Wird häufig angepflanzt zur Bodenverbesserung (Stickstoffsammler), zur Böschungsbefestigung, als Wildfutter.
**L:** Blüte Juni/September, bekannte Hummelblume.

**Süßholz-Tragant**
*Astragalus glycyphyllos*
Schmetterlingsblütengewächse
*Fabaceae*

**K:** Ausdauernde, eher unauffällige Pflanze vieler Waldlichtungen. Im norddeutschen Flachland selten. Stengel kantig, kriechend, manchmal aufsteigend. Blätter unpaarig gefiedert, mit süßlichem Geschmack. Blüten gelbgrün, in Trauben angeordnet.

**V:** Trockene Laubwälder, Waldlichtungen, Waldwege. Liebt sommerwarme, kalkhaltige, steinige Böden. Pionierpflanze.

**L:** Blüte Mai–August. Bestäubung durch Hautflügler. Samenverbreitung durch Tiere. Blätter und Wurzeln enthalten Zucker und andere süß schmeckende Verbindungen, deshalb beliebte Futterpflanze mit hohem Futterwert. Alte Heilpflanze.

**Weißer Diptam**
*Dictamnus albus*
Rautengewächse
*Rutaceae*

**K:** Seltene, geschützte Pflanze mit starkem Zitronenduft. Stengel aufrecht, behaart. Blätter unpaarig gefiedert, durchscheinend punktiert. Blüten bilden eine eiförmige Traube, Blütenblätter ungleich, rosa, dunkelrot geadert.

**V:** Waldränder, trockene Gebüsche, Lichtungen in Eichen- oder Kieferntrockenwäldern, auch felsige Hänge. Wärmeliebende Art. Bevorzugt sommerwarme, trockene, kalkreiche Böden.

**L:** Blüte Mai/Juni. Insektenbestäubung. Verbreitung der Früchte durch einen Schleudermechanismus. Alte Heilpflanze, enthält reichlich Alkaloide, Saponine und ätherisches Öl.

**Echtes Springkraut**
*Impatiens noli-tangere*
Springkrautgewächse
*Balsaminaceae*

**K:** Typische Schattenpflanze in Schlucht- und Buchenwäldern. Stengel glasig durchscheinend. Blätter wechselständig, stumpf gesägt. Blüten zu 2–4 in blattachselständigen Trauben. Einzelblüten goldgelb, innen rot punktiert, mit langem gekrümmten Sporn. Früchte mit Schleudermechanismus („Rühr-mich-nicht-an").

**V:** Wächst häufig und gesellig in Auwäldern und feuchten Laubwäldern. Schattenliebend. Braucht nährstoffreiche lehmige Böden an Standorten mit hoher Luftfeuchte.

**L:** Blüte Juli–August. Hummelblume, aber auch Selbstbestäubung möglich. Enthält einen schwach giftigen Bitterstoff.

**Indisches Springkraut**
*Impatiens glandulifera*
Springkrautgewächse
*Balsaminaceae*

**K:** Erst seit dem 19. Jahrhundert in Europa eingebürgerte Pflanze. Bildet heute an Flußufern und in Auwäldern ausgedehnte Bestände (z.B. am Oberrhein). Stengel aufrecht, meist nicht verzweigt. Blätter sehr lang, scharf gesägt, wachsen gegenständig oder in Dreierwirteln. Blüten mit kurzem abwärts gerichteten Sporn. Fruchtkapsel springt ausgereift bei leichtester Berührung auf und schleudert die Samen fort.

**V:** Auwälder, Flußufer. Gedeiht nur an Standorten mit hoher Luftfeuchte. Liebt nährstoffreiche, feuchte Lehm- oder Tonböden.

**L:** Blüte Juni/Oktober. Hummelblume. Halbschatten- bis Schattenpflanze.

**Wald-Wachtelweizen**
*Melampyrum silvaticum*
Braunwurzgewächse
*Scrophulariaceae*

**K:** Pflanze mit gegenständigen, lanzettlichen Blättern und nur wenigen, sattgelben Blüten an einer Seite des Stengels.

**V:** Zerstreut in Fichten- und Fichten-Tannenwäldern oder an Waldrändern. Häufig ist eine Hochsommerform, in allen Nadelwaldgebieten über 700 m bis etwa 1600 m Höhe vorkommend.

**L:** Wie viele Wachtelweizenarten bezieht auch diese Art ihre Nährstoffe aus den Wurzeln anderer Pflanzen. Als Halbschmarotzer (zur Photosynthese selbst fähig) bezieht diese Art einen Teil der Nährstoffe aus Fichten- und Heidelbeerwurzeln. Die schnabelförmigen Früchte werden von Ameisen verbreitet.

**Roter Fingerhut**
*Digitalis purpurea*
Braunwurzgewächse
*Scrophulariaceae*

**K:** Aufrecht stehende Pflanze mit behaarten Stengeln und Blättern. Die auffälligen, glockenförmigen violetten Blüten tragen im Eingangsbereich dunkle Flecke als Hummelwegweiser in die Blüte. Blütezeit ist Juni/August.

**V:** Meist als Massenbestände in Waldlichtungen und auf Kahlschlägen. Meist dort, wo Böden durch Rodungen aufgerissen wurden (oft auch in Fuchsbaunähe).

**L:** Die Blütenstände blühen von unten nach oben auf und werden von Hummeln bestäubt. Selbstbestäubung kommt vor. Die Pflanze benötigt vor allem Halbschatten und steinig-sandige Lehmböden. Die Samen werden vom Wind verbreitet.

**Knotige Braunwurz**
*Scrophularia nodosa*
Braunwurzgewächse
*Scrophulariaceae*

**K:** Aufrecht stehende Pflanze (0,5–1 m) mit vierkantigem Stengel und Etagen aus gegenständigen, eiförmigen Blättern. Aus den Blattachseln entspringen Seitentriebe mit endständigen, unangenehm riechenden, braunroten Blüten. Staubbeutel und Narbe stehen dicht untereinander in der weiten Kronröhre.
**V:** Weit verbreitet in Laub- und Nadelmischwäldern.
**L:** Der Blütengeruch lockt vor allem kleine Wespenarten an, die beim Eindringen in die Blüte unterseits mit Blütenstaub eingepudert werden. An den Blättern fressen Rüsselkäfer, deren Larven schneckenähnlich sind. Die Puppen sehen wie die Samenkapseln aus.

**Waldziest**
*Stachys silvatica*
Lippenblütengewächse
*Lamiaceae*

**K:** Aufrecht stehende Pflanze mit gegenständigen, herzförmigen, rauhhaarigen Blättern. In den oberen Blattachseln sitzen 6–16 purpurrote Blüten, deren Unterlippen sind deutlich weiß gezeichnet. Die Oberlippe bildet ein senkrechtes Schiffchen, aus dem sich die Staubblätter oft weit seitlich herauskrümmen. Die Blüten riechen unangenehm.
**V:** Sehr häufig in feuchten Auen- und Laubmischwäldern. Die Pflanzen umstehen Waldquellen und wachsen an feuchten, schattigen Waldwegen.
**L:** Dieser Feuchtezeiger besiedelt neue Areale mit weiten Ausläufern der Wurzelstöcke. Die Blüten werden meist von Bienen bestäubt.

**Gewöhnlicher Dost**
*Origanum vulgare*
Lippenblütengewächse
*Lamiaceae*

**K:** Aufrecht stehende, reich verzweigte Pflanze mit endständigen, fast doldigen Blütenständen. Die purpurroten Blüten bestehen aus einer kurzen Oberlippe und aus einer dreilappigen Unterlippe und verströmen einen herben, kräftigen Duft, ähnlich dem nah verwandten Majoran.
**V:** Typische Pflanze von kalkreichen Magerrasen und sonnigen Säumen von Gebüsch- und Waldrändern. Sie wächst auch in lichten Eichen- und Kiefernwäldern.
**L:** Diese Lichtpflanze braucht warme Lehm- und Lößböden. Ihre reichen Blüten locken von Juli bis September viele Insekten, vor allem Bienen und Schmetterlinge an.

**Gefleckte Taubnessel**
*Lamium maculatum*
Lippenblütengewächse
*Lamiaceae*

**K:** Brennesselartige Pflanze mit kräftigen Ausläufern, aber ohne Brennhaare. Die purpurfarbenen Blüten stehen zu mehreren in den Achseln der oberen und mittleren Blätter, die oft gefleckt sind. Auffällig ist die Fleckung der Blütenunterlippe (namengebend).
**V:** Diese Taubnessel steht häufig in Unkrautgesellschaften von Waldrändern und Hecken, an Wegen und Zäunen. Als Halbschattenpflanze sucht sie den Kontakt zu feuchten Gebüschen. Bis zu 1600 m Höhe.
**L:** Die Pflanze gilt als Nährstoffzeiger. Die Blüten werden von verschiedenen Insekten, vorwiegend Bienen bestäubt, die Nüßchen werden von Ameisen verbreitet.

**Goldnessel**
*Lamiastrum galeobdolon*
Lippenblütengewächse
*Lamiaceae*

**K:** Häufige, aufrecht stehende Pflanze mit unverwechselbaren, goldgelben Blüten, die in Quirlen von meist 6 Einzelblüten in den Blattachseln stehen. Der Stengel ist vierkantig, die brennesselartigen, aber nicht brennenden Blätter stehen im rechten Winkel versetzt.

**V:** Sehr häufig in krautreichen Laub- und Nadelmischwäldern, auch in Auenwäldern. Diese formenreiche Art kommt von der Ebene bis ins Gebirge vor. Oft mit Hainveilchen vergesellschaftet.

**L:** Die flachwurzelnde Pflanze braucht lockere Lehmböden. Die Blüten werden meist von Bienen bestäubt, die dunklen Nüßchen werden von Ameisen verbreitet.

**Edel-Gamander**
*Teucrium chamaedrys*
Lippenblütengewächse
*Lamiaceae*

**K:** Aufrecht stehende Pflanze mit violetten Blüten in den Achseln der oberen Blätter. Den Blüten fehlt scheinbar die Oberlippe, die Unterlippe besteht aus 5 Lappen. Die Staubblätter ragen weit hervor. Blätter langgestreckt mit spitzen Kerben.

**V:** Meist gesellige Pflanze von lichten Eichen- oder Kiefernwäldern und Kalk-Magerrasen. In allen Wärmegebieten, nach Norden bis zur Mosel, in den Alpen bis 1100 m.

**L:** Diese Licht- und Halbschattenpflanze braucht trockene, warme Kalk- und Lehmböden. Die Blüten werden meist von Hummeln bestäubt, die Samen werden vom Wind verbreitet.

**Großes Zweiblatt**
*Listera ovata*
Orchideengewächse
*Orchidaceae*

**K:** Orchideenart, die bereits im vegetativen Zustand leicht zu bestimmen ist: Der Stengel trägt kurz über dem Erdboden zwei ungestielte, gegenständige Blätter, breit eiförmig, mit deutlich hervortretender Nervatur. Traubiger Blütenstand aus zahlreichen Einzelblüten. Äußere Blütenblätter grün, Lippe gelbgrün, deutlich zweispaltig. Blüte bildet keinen Sporn aus. Überwinterungsorgane sind kriechende Rhizome.

**V:** Laubmischwälder, Auwälder, Gebüsche. Liebt nährstoffreiche, gut durchfeuchtete Böden.

**L:** Halbschatten- bis Lichtpflanze. Bestäubung vor allem durch Schlupfwespen und Käfer.

**Zweiblättrige Waldhyazinthe**
*Platanthera bifolia*
Orchideengewächse
*Orchidaceae*

**K:** Besonders bei Nacht intensiv duftende Orchidee. Stengel gelbgrün mit 2 großen ovalen, grundständigen Laubblättern. Stengelblätter klein, lanzettlich. Blütenstand zylindrisch, reichblütig. Einzelblüte weiß mit 3 äußeren abstehenden Blütenblättern. Lippe zungenförmig, Sporn fadenförmig.

**V:** Lichte Eichen- und Kiefernwälder, auch auf Magerrasen und Heiden.

**L:** Blüte Mai/Juli. Bestäubung erfolgt durch langrüsselige Nachtfalter, die durch den intensiven Vanille-Duft der Blüte angelockt werden. Erhalten als Gegenleistung von der Pflanze den Nektar an der Spornspitze.

**Rotes Waldvögelein**
*Cephalanthera rubra*
Orchideengewächse
*Orchidaceae*

**K:** Orchidee mit ährigem Blütenstand aus rosa Einzelblüten. Die Blütenblätter sind 15–20 cm lang und stehen zur Blütezeit weit ab. Lippe spitz, violett, mit gelblichen Längsleisten. Stengel behaart, Blätter lanzettlich.
**V:** Lichte, trockene Laubwälder und Nadelwälder der wärmeren Lagen. Liebt nährstoffreiche und kalkreiche Böden. Kommt vor bis in Höhen von 1500 m.
**L:** Ausdauernde, 20–50 cm hohe Pflanze. Kriecht im Boden mit Hilfe ihres Wuzelstocks. Blütezeit von Mai bis Juli. Bestäubung vor allem durch Bienen. Halbschattenpflanze, ist mit einem relativ geringen Lichtangebot zufrieden.

**Weißes Waldvögelein**
*Cephalanthera damasonium*
Orchideengewächse
*Orchidaceae*

**K:** Typische Orchidee der Buchenwälder. Stengel aufrecht mit 3–10 Blüten am Stengelende. Blütenblätter elfenbeinfarben bis weiß, selten gelblich. Im Unterschied zum Roten Waldvögelein sind die Blütenblätter hier auch während der Blüte zusammengeneigt.
**V:** Buchen- und Buchen-Tannenwälder der wärmeren Lagen. Seltener in Eichenwäldern. Bevorzugt lockere, kalkhaltige Böden.
**L:** Typische Schattenpflanze. Nach vollständiger Belaubung im Buchenwald ist das Lichtangebot für die Krautschicht auf 10% reduziert. Ausgesprochene Schattenpflanzen haben ihren Stoffwechsel auf diese Lichtverhältnisse eingestellt.

**Breitblättrige Sumpfwurz**
*Epipactis helleborine*
Orchideengewächse
*Orchidaceae*

**K:** Unsere häufigste, noch am wenigsten gefährdete Orchidee. Blütenstand aus 15–30 nickenden Einzelblüten. Farbe der Blütenblätter variiert von grün bis rotviolett. Stengel schwach behaart, Blätter wechselständig, breit eiförmig im unteren Teil des Stengels, weiter oben Übergang zu linealischen Tragblättern.
**V:** Krautreiche Eichen- und Buchenwälder, Nadelmischwälder. Bevorzugt nährstoffreiche, kalkhaltige Lehmböden.
**L:** Blüte Juni/August. Bestäubung hauptsächlich durch Wespen und Hummeln. Bei dieser Art ist Fremdbestäubung notwendig, bei anderen Sumpfwurzarten ist auch Selbstbestäubung üblich.

**Frauenschuh**
*Cypripedium calceolus*
Orchideengewächse
*Orchidaceae*

**K:** Bekannteste einheimische Orchidee mit typischer, schuhförmig aufgeblasener gelber Lippe. 4 äußere Blütenblätter umgeben den Schuh, meist rotbraun, lanzettlich. Stengel meist einblütig. Laubblätter breit, hellgrün, stengelumfassend.
**V:** Lichte Laubmischwälder, Nadelwälder. Bevorzugt kalkhaltige Böden. Wärmeliebend. Sehr selten. Geschützt.
**L:** Blütezeit Mai/Juni. Blüte fungiert als Bienenfalle. Lockt mit ihrem Glanz Insekten an, bietet aber den bestäubenden Insekten keine Nahrung. In die Lippe eingedrungene Insekten können diese nur auf dem Weg über Narbenfläche und Staubbeutel wieder verlassen.

# Gräser

**Gräser** sind wohl die ökologisch erfolgreichste Pflanzengruppe der Erde. Sie kommen vom Polarkreis bis zum Äquator vor und haben fast alle Landlebensräume erobert. Man schätzt, daß etwa 20% der gesamten Vegetation der Erde aus Gräsern bestehen. Einige Lebensräume wie die Steppen und Savannen werden von ihnen sogar maßgeblich gebildet. Die großen Grasländer bilden die Verbindungszone zwischen den nördlichen Waldgebieten und den Tropen. Man kann die Gräser keinem bestimmten Klimabereich zuordnen, weil ihre Ausbreitung durch andere Pflanzen, durch Säugetiere und letztlich auch den Menschen beeinflußt wurde. Die Verwendung der Gräser als Nahrungsquelle und die Zucht von Getreidesorten aus Wildformen war ein entscheidender Meilenstein in der menschlichen Entwicklung. Mit der Haustierhaltung wuchs die Abhängigkeit des Menschen von diesen Pflanzen. Bis heute beruht die Viehzucht auf der Nutzung von Gräsern.

**Merkmale:** Ein typisches Gras steht aufrecht, die zylindrischen Stengel sind gewöhnlich hohl. In bestimmten Abständen weist der Stengel Verdickungen auf, die Knoten. Über den Knoten liegt eine Wachstumszone, die es den Gräsern erlaubt, sich wieder aufzurichten, wenn sie durch Regen, Wind oder Viehtritt niedergedrückt wurden. Von den oft sehr hohen Stengeln gehen meist schmale Blätter ab, die am Ursprung den Stengel mit einer Scheide umfassen. Die Blätter sind meist messerscharf. Man deutet das als Anpassung gegen Freßfeinde, vor allem zur Insektenabwehr. Tatsächlich leben auf Gräsern heute nur wenige Blattwespen, deren Larven es gelingt, die Schneide einzukerben.
Die Gräser sind an die Windbestäubung angepaßt und besitzen praktisch keine Blütenhülle, die bei den Blütenpflanzen oft als Schauapparat zur Anlockung von Bestäubern dient. Bei den Gräsern schützen Hochblätter, die man Spelzen nennt, die Staubblätter während ihrer Entwicklung.

**Süßgras, Sauergras oder Binse?** Zu den Gräsern rechnet man drei Familien, die in unseren Lebensräumen und natürlich auch in Wäldern eine große Rolle spielen: Die Süßgräser (*Poaceae*), die Ried- oder Sauergräser (*Cyperaceae*) und die Binsen (*Juncaceae*).
Man kann die drei wichtigen Familien leicht an den Stengeln unterscheiden: Die Süßgräser haben stets einen runden und knotigen Stengel, die Sauergräser einen knotenfreien, oft dreikantigen und markgefüllten Stengel. Die Binsen verfügen über vollentwickelte Blüten. Diese sind zwar klein, tragen aber Blütenblätter, die bei diesen windbestäubten Blüten nicht als Schauapparat vergrößert sind. Der Stengel ist oft mit Mark gefüllt.

**Gräser im Wald?**
In den verschiedenen Wäldern kommt eine Reihe von Gräsern vor. Einige hier so häufig, daß sie Waldtypen botanisch kennzeichnen. So den Hainsimsen-Buchenwald, den Perlgras-Buchenwald oder den Pfeifengras-Birken-Buchenwald. Diese botanischen Unterscheidungen sagen aus, daß einige Baum- und Grasarten offensichtlich zusammengehören und eine Lebensgemeinschaft bilden. Einer der Gründe liegt in der unterschiedlichen Lebensweise der beiden Pflanzenpartner. Bäume entstehen aus zwei Keimblättern und Gräser aus einem Keimblatt.
Das hat Auswirkungen auf die Knospenbildung. Bei den Zweikeimblättrigen liegen die Vegetationspunkte, also die Zuwachszonen an den Spitzen der Triebe, bei den Einkeimblättrigen dicht über der Wurzel. Ein unwesentlicher Unterschied? Keineswegs. Während es

die Bäume nicht vertragen, abgeweidet zu werden, weil sie ihre Wachstumszonen verlieren, stört die Gräser eine Beweidung nicht. Oft treiben sie danach um so üppiger aus. Und noch einen wesentlichen Unterschied gibt es, der Gräser und Bäume in Wäldern oft Lebensgemeinschaften bilden läßt: Die unterschiedlichen Wurzelsysteme. Bei den Bäumen stecken zwei Drittel der gesamten Biomasse (Pflanzengewicht) in den oberirdischen Teilen. Bei den Gräsern ist dies umgekehrt. Etwa 70% des Pflanzengewichts liegt unter der Erde als Wurzelmaterial. Damit können die Gräser, angetrieben von ihren Reservestoffen in den Wurzeln, schneller wachsen als Kräuter und Bäume. Man kann das Gras wachsen sehen, lautet eine richtige Beobachtung. Damit sind die Gräser darauf eingerichtet, sich auf ändernde Umweltbedingungen wie Trockenheit und Feuchte, Licht oder Lichtarmut schnell einzustellen. Bäume halten ihr Kapital lange in den Stämmen fest. Es wird erst wieder verfügbar, wenn der Baum vermodert und die Nährstoffe in den Boden zurückgelangen. Bei den Gräsern verläuft der Stoffumsatz schneller. Da in den Wäldern das Licht meist ein Mangelfaktor ist, können nur bestimmte Gräser hier leben. Es kommt zu den typischen Waldformen mit charakteristischen Grasarten, wie sie oben mit den botanischen Typisierungen beschrieben wurden.

**Gräser steuern die Rehdichte**

Das schnelle Wachstum der Gräser und deren geringe Empfindlichkeit gegenüber einer Beweidung hat ökologische Konsequenzen für die Wilddichte. In lichtreichen Lebensräumen wie dem Grasland erreichen die Gräser so große Zuwächse, daß davon 20–30 Rehe auf einem Quadratkilometer leben können. In den dunklen Wäldern gibt es zwar ein reiches, aber kein üppiges Grasangebot. Es reicht nur für 2–3 Rehe pro Quadratkilometer. Werden nun die Grasländer zu Ackerflächen umgewandelt und die Rehe durch ständige Störungen von ihnen ferngehalten, sind diese gezwungen, in den Wäldern zu leben, obwohl sie eigentlich Gras- und Buschlandtiere sind. Das geringe Grasangebot reicht für die hohen Schalenwilddichten nicht aus, die Rehe müssen sich aus Nahrungsmangel an den Knospen und Blättern junger Bäume vergreifen. Die augenblickliche Situation zeigt, daß eine für den Wald lebensnotwendige Naturverjüngung in unseren Wäldern ohne ein Gatter unmöglich ist. Keine Einzäunung für die Rehe versteht sich, sondern für den jungen Wald, damit dieser ungestört wachsen kann. Hier liegen große Aufgaben für die Jagd, die Schalenwilddichten auf ein ökologisches Maß herunterzubringen. Die Anlage von Äsungsflächen am Waldrand mildert nur den Hunger der Rehe, löst aber nicht das ökologische Dilemma der zu hohen Wilddichten. Die dargelegte Situation belegt aber auch, daß in einem komplexen Ökosystem wie dem Wald viele Organismen zusammenwirken und sich gegenseitig beeinflussen. Oft sind die ökologischen Zusammenhänge nur schwer zu erkennen.

Vorige Doppelseite: Gräser und Bäume bilden im Wald charakteristische Lebensgemeinschaften. Die Gräser können sich auf veränderliche Umweltbedingungen wie Feuchte und Licht schnell einstellen.

**Flatterbinse**
*Juncus effusus*
Binsengewächse
*Juncaceae*

**K:** Glänzend grüne, glatte Halme in großen Horsten. Halme weich mit weißem, porösem Mark. Die hellbraunen Blütenstände reich verzweigt, sitzen ein Stück unter der Spitze. (30–100 cm hoch.)

**V:** Sehr häufig in Waldsümpfen, auf sumpfigen Lichtungen, an Gräben, aber auch in Feuchtwiesen und stark verlandeten Teichen.

**L:** Diese häufige Binse bevorzugt staunasse, nährstoffreiche Böden. An den Blütenständen fressen im Sommer oft die Larven von Sackträgermotten (Kleinschmetterlinge). Ihre weißen Schutzsäckchen um den Hinterleib geben den Blüten und Früchten ein igelähnliches Aussehen.

**Behaarte Hainsimse**
*Luzula pilosa*
Binsengewächse
*Juncaceae*

**K:** Diese kleinere Wald-Binse (15–30 cm) wächst in dichten Horsten und blüht ab März. Die grünen Halme tragen einen quastenförmigen Blütenstand. Nach der Samenreife neigen sich die Halme zu Boden.

**V:** Häufig auf feuchten Laubwaldböden und an Böschungen von Hohlwegen. Braucht lehmigen Untergrund.

**L:** Hainsimsen gehören zu den Ameisenpflanzen der Laub- und Nadelwälder. Die Samen tragen einen weißlichen Anhang, das Eleiosom, gefüllt mit energiereichem Pflanzenöl. Die Ameisen tragen die Samen herum, knabbern die Eleiosomen ab und lassen die unbeschädigten Samen wieder liegen.

**Busch-Hainsimse**
*Luzula luzuloides*
Binsengewächse
*Juncaceae*

**K:** Anders als bei anderen *Luzula*-Arten sind hier die Blütenblätter weiß. Die schmalen Blätter sind am Rand behaart. Die meist sich überneigenden Rispen stehen etwa 50–70 cm hoch. Bildet lockere Rasen.

**V:** Diese Art bewohnt trockene, nährstoffarme Bergwälder, vor allem Buchenwälder und Eichen-Buchen-Tannenwälder im Gebirge, bis etwa 1800 m hoch. Besiedelt auch Almwiesen. Im Norden selten, fehlt in der Rhön, im Süden ist sie sehr häufig.

**L:** Diese Simse meidet Kalkböden und ist ein Säurezeiger. Als Schattengras wird sie gerne in Gärtnereien verwendet und ist deshalb weit verschleppt.

**Wald-Hainsimse**
*Luzula sylvatica*
Binsengewächse
*Juncaceae*

**K:** Diese Art wächst in großen Horsten in Bergwäldern. Blätter auffallend breit (über 1 cm), dunkelgrün und glänzend. Halme 30–90 cm hoch, enden in einem großen, reich verzweigten Blütenstand mit kastanienbraunen Blüten.

**V:** Massenvorkommen in alpinen Wäldern, auf Matten und in Latschenbeständen.

**L:** Diese Pflanze montaner Laubwälder bildet oft auf feuchten Lehmböden so große Bestände, daß eine Naturverjüngung unterdrückt wird. Sie kommt selbst noch jenseits der Baumgrenze vor. Wie bei allen *Luzula*-Arten werden die klebrigen Samen mit ölhaltigen Samenanhängen von Ameisen verbreitet.

**Gemeine Simse**
*Scirpus sylvaticus*
Sauergräser
*Cyperaceae*

**K:** Riedgras mit scharfem, dreikantigem Halm im oberen Bereich. Hellgrüne Blätter lang und breit, oft hängend. Die hohlen Halme enden in einer lockeren, reich verzweigten „Spirre" aus bräunlichen Ährchen.
**V:** Zeigerpflanze für Erlen und Eschen. Steht häufig in der Ebene in Erlenbrüchen und auf Sumpfdotterwiesen. Besiedelt auch nährstoffreiche Verlandungszonen von Teichen, Tümpeln und Waldsümpfen. Licht- und Halbschattenpflanze.
**L:** Diese Pflanze ist proterogyn: Um Selbstbestäubung zu vermeiden, reift die Narbe von den Staubblättern an einer Pflanze. Früher benutzte man die Blätter als Streu im Stall und zu ländlichen Flechtarbeiten.

**Große Segge**
*Carex pendula*
Sauergräser
*Cyperaceae*

**K:** Hohe Segge (50–150 cm) mit scharfem dreikantigem Stengel und dunkelgrünen Blättern. Die breiten Blätter sind unterseits bläulich und tragen einen Kiel. Die Halme tragen an der Spitze eine fuchsschwanzähnliche Traube, die meist überhängt (Name „pendula").
**V:** Häufig in feuchten Eschen-Laubwäldern von Bergregionen.
**L:** Diese unverwechselbare Segge benötigt mildes Klima und Feuchte. Sie wächst deshalb bevorzugt an Sickerrändern von Böschungen und Wegschneisen, die nach Süden zeigen. Wegen ihrer Wärmeliebe ist sie in südlichen Bereichen häufiger, kommt aber bis nach Schleswig-Holstein vor.

**Wald-Segge**
*Carex sylvatica*
Sauergräser
*Cyperaceae*

**K:** Typische Waldwegpflanze in Buchenwäldern. Halm etwa 20–70 cm hoch, dreikantig und wenig stabil. Blätter schmal und hellgrün. Traube mit wenig Ährchen. Blüht im Juni.

**V:** Gehört als Charakterart der Edel-Laubwälder (Querco-Fagetea) in krautreiche Buchen- und Eichenmischwälder, steht aber auch in Nadelmischwäldern. Häufig in Mittel- und Süddeutschland, im Norden seltener. Von der Ebene bis ins Gebirge bis in etwa 1600 m Höhe.

**L:** Diese Segge braucht schwere, nährstoffreiche und feuchte Böden, die verdichtet sind. Deshalb steht sie häufig auf begangenen Waldwegen. Dort steht sie nur im Schatten.

**Zittergras-Segge**
*Carex brizoides*
Sauergräser
*Cyperaceae*

**K:** Sehr dicht wachsendes, dünnblättriges Sauergras mit dünnem dreikantigem Halm. Die wenigen weißlichen Ähren aus nur 3–5 Ährchen erinnern entfernt an Zittergras. Diese Pflanze wird teilweise noch als „Seegras“ zur Matratzenfüllung und Mattenherstellung verwendet.

**V:** Sonnenliebendes Forstunkraut auf Kahlschlägen und Lichtungen von Auwäldern und Ulmenwäldern der Voralpen. In Norddeutschland fehlend, im Schwarzwald und in den Alpen sehr häufig.

**L:** Diese Segge steht bevorzugt auf feuchten, schweren Gleiböden. Beim Abmähen wuchert sie nur noch stärker. Bekämpfung in Forstkulturen durch Beschattung.

**Wald-Trespe**
*Bromus ramosus*
Süßgräser
*Poaceae*

**K:** Großes, üppiges Gras (60–150 cm) mit dicken, aufrechten Halmen und breiten, behaarten Blättern. Die langen Rispen hängen vom Gewicht der Ähren über. Blütezeit Juni bis August.

**V:** Vom Tiefland bis ins Voralpenland in Laub- und Mischwäldern. Wächst stets im Schatten.

**L:** Dieses Gras steht auf nährstoffreichen Böden oft mit dem Riesen-Schwingel zusammen, da beide Arten ähnliche Ansprüche an gute Bodenqualitäten stellen. Sie sind jedoch leicht zu unterscheiden: Trespe mit behaarten Blättern, Schwingel mit nackten Blättern. Charakterart der Edel-Laubwälder (Querco-Fagetea).

**Riesen-Schwingel**
*Festuca gigantea*
Süßgräser
*Poaceae*

**K:** Hohes kräftiges Gras in lockeren Horsten (60–150 cm) mit aufrechten, grünen Halmen. Knoten der Halme braun. Blätter breit, oft verdreht. Rispen bis zu 40 cm lang und wegen ihres Gewichtes überhängend. Blütezeit im Sommer.

**V:** Dieses Gras begleitet Eschen und steht in feuchten, schattigen Auwäldern bevorzugt an Wasserläufen. Auf Lichtungen und Kahlschlägen steht es jedoch nur, wenn der Boden feucht und nährstoffreich ist.

**L:** Dieses Gras gilt als Zeiger bester Böden. Nicht selten überwuchert es in Schlägen von feuchten Buchen- und Auwäldern die Jungpflanzen und ist nur mechanisch niederzuhalten.

**Wald-Zwenke**
*Brachypodium sylvaticum*
Süßgräser
*Poaceae*

**K:** Waldgras mit 30–120 cm hohen Halmen in dichten Horsten. Die Halme sind kahl, Knoten und Blätter reich behaart. Die Blätter sind beiderseits dunkelgrün und unterseits mit einem hellen Mittelstreifen versehen. Die Ähre hängt über.
**V:** Im Halbschatten von Buchen-, Misch- und Erlenwäldern. Vom Tiefland bis in die Voralpenregion. Blütezeit von Juli bis August.
**L:** Das kalkliebende Gras bildet gesellige Horste, die aber nie zusammenwachsen. Die Wald-Zwenke wird gerne vom Wild angenommen. Das Vorkommen an Gebüschhängen in Städten deutet auf frühere Feuchtwälder hin. Das Gras bildet im Boden Samendepots.

**Hain-Rispengras**
*Poa nemoralis*
Süßgräser
*Poaceae*

**K:** „Wegweisergras“ genannt, da dunkelgrüne Blätter oft waagrecht von den langen dünnen Stengeln abstehen. Es bildet lockere Horste, die Rispen neigen sich oft unter dem Gewicht der dichten Ähren.
**V:** Überall häufig in Buchenwäldern und in lichten Laubmischwäldern. Typisch auch an Waldrändern, wo das Laub am Boden fehlt und der Boden ausgetrocknet ist.
**L:** Förster nehmen das Auftreten des wärmeliebenden Halbschattengrases als gutes Zeichen für eine Naturverjüngung des Waldes. Dort wo dieses Gras wächst, haben auch Buchenkeimlinge und Jungpflanzen eine gute Chance.

**Zittergras**
*Briza media*
Süßgräser
*Poaceae*

**K:** Unverwechselbares Gras mit zartem Bau und typischen herzförmigen Ährchen an dünnen Stielchen, die bei jedem Windhauch zittern. Blütezeit Mai bis September.

**V:** Steht sehr häufig am Rand von Laubmischwäldern, aber auch auf mageren Wiesen und Halbtrockenrasen. Wird häufig wegen Düngereinsatz bis an die Waldränder heran verdrängt. Stellenweise selten.

**L:** Das grannenlose Gras wächst bevorzugt auf kalkreichen Böden und vor allem auf trockenen Wiesen. Früher war es ein beliebtes Weidegras und fehlte in keinem Blumengebinde. Im Wald wird es manchmal bis zu 1 m hoch, im Gebirge ist es violett.

**Pfeifengras**
*Molinia caerulea*
Süßgräser
*Poaceae*

**K:** Unverwechselbares Gras. Große Horste aus langen, fast knotenlosen Halmen mit weichen, violetten Rispen. Blütezeit Juli bis August.

**V:** Typisches Hochgras (30–200 cm) von Mooren und lichten Eichen- und Birkenwäldern sowie Heiden und Nadelwäldern. Zeigt stets Grundwassernähe an.

**L:** Dieses Gras dient als Charakterart der Beschreibung von Feuchtwiesengesellschaften (Molinietalia). Es meidet Stickstoff in den Böden und steht bevorzugt auf Waldschlägen, die von anspruchsvolleren Grasarten gemieden werden. Bei Massenauftreten in Kahlschlägen gefährdet es oft die Jungkulturen durch Überwucherung.

**Rasen-Schmiele**
*Deschampsia caespitosa*
Süßgräser
*Poaceae*

**K:** Aufrechtes, hohes Gras, kräftige Blüten bildend (30–150 cm). Halme glatt, Blätter dunkelgrün, scharfblättrig und schneidend, bei Trokkenheit rollen sie sich oft ein. Blütenähren locker, glänzend und meist bunt gescheckt. Blütezeit Sommer.
**V:** Von der Küste bis in Hochalpen sehr häufig in feuchten Wäldern, an Bächen und Gräben. Im Flachland auf feuchten Weiden gefürchtetes Wiesenunkraut, weil es Bülten bildet und sehr schwer zu mähen ist.
**L:** Dieses Gras ist ökologisch sehr erfolgreich. Mit ausdauernden Samendepots in der Erde übersteht es Überflutung und selbst Feuer. Es ist sehr konkurrenzstark und vermag andere Gräser zu verdrängen.

**Draht-Schmiele**
*Avenella flexuosa*
Süßgräser
*Poaceae*

**K:** Bildet lockere Horste. Gelbgrüne Halme aufrecht stehend mit bodennahen, überhängenden Blättern, die sich ölig anfühlen. Blütenrispen sehr locker, oft sich ein wenig neigend. Blütezeit Juni bis August.
**V:** Oft mit der Heidelbeere zusammen (kalkmeidend) auf Waldwiesen von Eichen-Birken- und alpinen Nadelwäldern. Vom Flachland bis in alpine Strauchheiden.
**L:** Dieser Magerkeitszeiger ist im Wald gerne gesehen. Als Aufbereiter von Rohhumus leitet das Gras die Entwicklung von wertvollem Humus und dank der tiefen Wurzeln dessen Einmischung in Oberschichten ein. Nach dem Kalken verschwindet es.

**Wolliges Honiggras**
*Holcus lanatus*
Süßgräser
*Poaceae*

**K:** Dichte Horste (30–100 cm) mit auffällig samtig behaarten Blattscheiden um den Stengel. Halme aufrecht, oft in Bodennähe abgeknickt gewachsen. Rispen weichhaarig und rötlich, Blütezeit Juni und Juli. Sehr häufig.

**V:** Auf Wiesen aller Art bis in hohe Lagen, manchmal große Bestände auf sonnigen Waldlichtungen. Im Halbschatten von Wäldern und Gebüschen steht das sehr ähnliche Weiche Honiggras (*H. mollis*), vor allem in Eichen-Birkenwäldern.

**L:** Ein Massenauftreten dieser Art deutet auf minderwertiges Grünland mit Nährstoffarmut und Staunässe hin. Für eine Schafbeweidung eignet es sich jedoch.

**Wald-Reitgras, Waldschilf**
*Calamagrostis epigeios*
Süßgräser
*Poaceae*

**K:** Hochwachsendes Gras (60–120 cm), bildet dichte Horste mit Bodenausläufern. Schilfähnlich mit breiteren Blättern und scharfen Kanten. Ähren nur kurz verzweigt, Ährchen blaßgrün, manchmal violett.

**V:** Typisches Gras von Waldschlägen und Aufforstungen der Voralpen- und Alpenregion.

**L:** Als sandliebende Pionierart bildet das „Waldschilf" vor allem auf Kahlschlägen und an Flußufern ausgedehnte Horste. In Waldkulturen überwuchert es die jungen Bäume und erdrückt sie mit dem Wurzelfilz. Hacken und Bodenlockerung verschlimmern das Übel noch. Das Gras zeigt aber Böden guter Qualität an.

**Waldhirse, Flattergras**
*Milium effusum*
Süßgräser
*Poaceae*

**K:** Typisches Laubwaldgras mit kahlen, glatten Blattscheiden. Rispe aufrecht mit sehr lockeren Stockwerken von Rispenästen, die in 4–7 Quirlen stehen. Blütezeit Mai bis Juli.
**V:** Sehr häufig in halbschattigen Buchen-Laubmischwäldern, in Auwäldern, manchmal auch in Gebüschen. Vom Tiefland bis in 2000 m Höhe. Charakterart der Edel-Laubwälder (Querco-Fagetea).
**L:** Dieses Gras steht auf nährstoffreicheren, locker humosen und kalkarmen Böden, die möglichst dauerfeucht sind. Es ist das typische Waldgras unserer Breiten. Die Früchte finden sich gelegentlich in Vogelfutter. Mit der Hirse ist das Gras nicht verwandt.

**Ruchgras**
*Anthoxanthum odoratum*
Süßgräser
*Poaceae*

**K:** Erstes blühendes Gras mit feinem, typischen Duft nach Waldmeister (Kumarin). Meist in kleinen, blattarmen Horsten stehend, 20–50 cm hoch. Blütezeit April bis Mai. Ährchen anfangs hellgrün, später braungelb.
**V:** Überall häufig, von der Küste bis in die Hochalpen. Auf Wiesen verschiedenster Art, in lichten Wäldern und auf Heiden.
**L:** Das Gras ist ein Zeiger für magere Böden und steht sowohl im Halbschatten als auch im vollen Licht. Zusammen mit dem Schaf-Schwingel bildet es den Frühlingsaspekt von mageren Wiesen. Düngung verdrängt diese Art, die vom Weidevieh gemieden wird.

# Bäume und Sträucher

**Bäume** gibt es seit mehr als 300 Millionen Jahren auf der Erde. Und noch heute profitieren wir von den Riesen der Steinkohlenzeit. Unsere fossilen Brennstoffe sind die nicht abgebauten Reste dieser Bäume. Ihre Vielgestaltigkeit und ihren hohen Wuchs verdanken die Bäume einigen genialen „Erfindungen" des Pflanzenreichs: Der Verkettung von Zuckermolekülen zu Zellulose, die Synthese von Lignin und der Entwicklung von Leitungsbahnen (Tracheiden und Tracheen) zum Transport von Wasser und Nährsalzen. Das Holz besteht hauptsächlich aus zwei chemischen Substanzen. Die Zellulose verleiht dem Baum Zugfestigkeit, das Lignin Widerstandsfähigkeit gegen Druck. Diese beiden Baustoffe erlauben es den Bäumen, große statische Belastungen zu verkraften. Allein die Blattkronen wiegen mehrere Tonnen. Bei den wintergrünen Fichten kann die Schneelast des Winters zwei zusätzliche Tonnen Traglast bedeuten.

Bei Sturm greifen große Seitenkräfte am Baum an und sorgen für starke Hebelkräfte im unteren Stammbereich. Mit dem Wachstum, das sich über Jahrhunderte erstrecken kann, nehmen die Stämme an Umfang zu. Diese erstaunliche Fähigkeit verdanken sie einer hauchdünnen Schicht, dem Kambium. Wegen seiner Lage an der Außenhaut der Stämme ist diese vitale Wachstumsschicht ständig von Austrocknung und Sonnenbrand bedroht. Den Schutz der empfindlichen Kambiumschicht übernimmt die Rinde. Sie erfüllt neben dem Licht- und Verdunstungsschutz weitere Aufgaben. Mit Harzen und Gerbstoffen schützt sie den Baum vor ständig angreifenden Bakterien, Pilzen oder Borkenkäfern. Vergrößert der Baum seine Stammstärke, gerät die Rinde unter Druck und reißt. Je nach Anordnung des sie bildenden Gewebes entstehen dadurch unterschiedliche Rindenbilder, die für jede Baumart recht typisch ist. Man nennt die Rinde auch das „Gesicht des Baumes". Diese Gesichter sind so unverkennbar, daß sich Bäume nach ihrer Rinde bestimmen lassen. Eine exemplarische Übersicht bieten die Seiten 174–175.

Warum wachsen die Bäume in den Himmel? Der Sinn dieser großen Investitionen der Pflanzen in tragfähige und elastische Stämme lag sicher darin, die Blätter dem Licht näherzubringen. Die Blätter sind die Produktionsstätte des Baumes und müssen ans Licht. Das führte zum Wachstumswettlauf um diesen wichtigen Umweltfaktor. Die dem Boden entwachsenden Blätter brachten neue Probleme, die in der Stammesgeschichte der Bäume gleichzeitig gelöst werden mußten: **Die Wasserversorgung der Krone.** Für diese schwierige Aufgabe entwickelten die Bäume eine wirkungsvolle Wurzelpumpe. An den Wurzelspitzen können sie sehr dünnhäutige und große Wurzelhaare bilden, die kleinste Wassermengen über osmotische Kräfte aufnehmen können. Die Wurzeln sind mit Stamm, Ästen und Krone mit einem System von Kapillaren, den Leitgefäßen verbunden. In diesen entsteht ein dünner Wasserfaden, der durch die Adhäsionskräfte des Wassers zusammengehalten wird. Oben in der Krone sorgt der Wind für ständige Verdunstung des Wassers der Blätter. Der durch die Verdunstung entstehende Sog ist so groß, daß in den verstärkten Leitbahnen ein Unterdruck entsteht, der sich bis in die Wurzel fortsetzt.

Der Wassertransport ist also kein aktiver Pumpvorgang, sondern entsteht durch die Saugspannung. Hervorgerufen wird diese durch den Unterschied zwischen der trockenen Außenluft und dem feuchten Blattinnern. Ein Windmotor, angetrieben von Sonnenenergie gewissermaßen. Wie wirkungsvoll dieser Wassertransport gegen die Schwerkraft ist, zeigen die auftretenden Unterdrücke. Die Saugspannung kann je nach Höhe des Baumes 10 oder sogar 20 Atmosphären betragen. Die Menge des transportierten Wassers ist nicht weniger erstaunlich. Ein Hektar alter Buchenwald kann 40 000 Liter Wasser täglich verdunsten. Der Wasserstrom dient aber nicht nur der Verbesserung des Klimas. In erster Linie versorgt er die Blätter mit Nährsalzen. Dort werden sie bei der Photosynthese gebraucht. Das Leben auf der Erde ist von diesem Vorgang abhängig. Ohne ihn gäbe es keinen Sauerstoff auf unserem Planeten. Die Schlüsselrolle bei der Photosynthese spielt ein grüner Farbstoff, das Chlorophyll. Dieses Blattgrün fängt bestimmte Wellenlängen des Sonnenlichtes ein und baut mit dieser Energie eine Reihe von verschachtelten Syntheseschritten auf. Chlorophyll stellt aus Kohlendioxid und Wasser Zuckerverbindungen her und steuert über komplizierte Schritte den Aufbau weiterer lebensnotwendiger Stoffe. Die im Wasser gelösten Zucker (Kohlenhydrate) werden in einer Leitungsbahn unter der Borke (Phloem) nach unten geleitet und in die Vorratsspeicher von Stamm und Wurzel gebracht.

Nicht die gesamten Kohlenhydrate stellen den Gewinn aus der Photosynthese dar. Einen Teil verbraucht die Pflanze beim Atmen. Dabei werden die Zuckermoleküle und auf ihnen beruhende Speicherstoffe gespalten, wobei auf 1 Zuckermolekül 6 Sauerstoffmoleküle verbraucht werden. Es entstehen wieder 6 Moleküle Kohlendioxid und 6 Moleküle Wasser. Die bei der Spaltung frei werdende Speicherenergie wird genutzt, sie ist der Motor allen Lebens.

**Die Mykorrhiza – eine Lebensgemeinschaft**

Manche Baumarten haben die Wasser- und Nährstoffversorgung noch verbessern können. Sie leben an den Wurzeln mit einem Pilz zusammen. Das fädige Pilzmyzel steigert die Wasseraufnahme und versorgt den Baum mit lebensnotwendigen Elementen wie Phosphor, Kali und Stickstoff. Als Gegenleistung versorgt der Baum den Pilz mit Assimilaten, die dieser wegen der Unfähigkeit zur Photosynthese nicht selbst herstellen kann.

Mit diesen Anpassungen und Leistungen stehen die Bäume einzigartig in der Natur da. Viele von ihnen können bis zu 1000 Jahre alt werden. Allerdings verschiebt sich mit zunehmendem Alter die Bilanz an Energiegewinn aus der Photosynthese und Energieverlust durch Atmung. Ein alter Baum verbraucht gerade soviel, wie er gewinnt. Deshalb werden Bäume in Wirtschaftswäldern kurz vor dieser Phase gefällt. Nur in Nationalparks dürfen alte Bäume von selbst fallen und ihre Reserven in den Stoffkreislauf des Lebens neu einbringen.

Vorige Doppelseite: An Waldrändern bilden sich artenreiche Pflanzengemeinschaften aus unterschiedlichen Sträuchern. Diese „Waldschlenken“ verhindern die Austrocknung der Wälder vom Rand her und schützen sie vor Windbruch.

**Haselnuß**
*Corylus avellana*
Birkengewächse
*Betulaceae*

**K:** Buschiger Strauch mit vielen Einzelstämmchen. Blätter weich und wollig, Ränder gezähnt. Blüht ab Februar, männliche Blüten sind wurstförmige Kätzchen, weibliche Blüten kleine Knospen mit mehreren roten Narbenzipfeln.

**V:** An sonnigen Waldrändern und in Hecken, an Wegrändern.

**L:** Der Strauch spielt bei der Versorgung vieler Nager mit Herbst- und Winternahrung (Nüsse) eine wichtige Rolle. Ab dem Spätsommer leben im Blatt sehr kleine Schmetterlingsraupen der Faltenminiermotte *Lithocolletis coryli.* Die Blattminen sind milchig durchscheinend, die weißlichen Larven fressen das Blattgrün im Innern.

**Echte Waldrebe**
*Clematis vitalba*
Hahnenfußgewächse
*Ranunculaceae*

**K:** „Liane des Waldes". Pflanze klettert mit linksgewundenem Stengel an Sträuchern empor. Rinde schält sich streifig ab. Ab Herbst besonders auffällig: Früchte haben zottige Anhänge, die den Strauch wie mit Wolle überzogen scheinen lassen.

**V:** Auf Kalkböden in ganz Europa an Waldrändern und auf sonnigen Lichtungen sehr häufig.

**L:** Eine der wenigen echten Lianen (Stengel verholzen) der Wälder. Mit dieser Lebensweise mindert sie die Lichtkonkurrenz der Laubhölzer. Der Pflanzensaft ist giftig. Er enthält Stoffe, die auf der Haut ätzend wirken. In dem Blattwerk der Lianen brüten oft Drosseln und Amseln oder Grünlinge.

**Berberitze**
*Berberis vulgaris*
Berberitzengewächse
*Berberidaceae*

**K:** Dichter Busch mit spitzen Dornen in Dreiergruppen an den Trieben. Blätter oval und sommergrün. Blüten im Mai, klein, gelb, in Trauben hängend. Früchte sind glasig rote, längliche Beeren.
**V:** An warmen Waldsäumen, auch in lichten Kiefern- und Laubwäldern.
**L:** Dieser einst häufige Strauch wurde in den vierziger Jahren bekämpft, da er Zwischenwirt des Getreiderostpilzes *Puccinia graminis* sein kann. In den Früchten, die durch Vögel verbreitet werden, lebt die Larve der Bohrfliege *Rhagoletis meigeni*. Auf ihr wiederum schmarotzt eine Schlupfwespe, die ein natürlicher Feind der schädlichen Kirschfruchtfliege ist.

**Alpen-Johannisbeere**
*Ribes alpinum*
Steinbrechgewächse
*Saxifragaceae*

**K:** Aufrecht stehender Strauch (1–2 m) ohne Stacheln. Blätter dreilappig und gezähnt. Blüht ab April unscheinbar grünlichgelb, Blüten in aufrechten Trauben von 20–30 Einzelblüten. Die roten Beeren sind schleimig und schmecken fad.
**V:** Als naturgewachsener Strauch heute nur noch selten in Schluchtwäldern und sickerfeuchten Mischwäldern.
**L:** Typisch sind steinige Kalkhänge mit lehmiger Auflage. Häufig ist diese Art als Einfriedung von Bauerngärten und Siedlungen im süddeutschen Raum angepflanzt, da sie gut den Zuschnitt verträgt. In hochalpinen Lagen wächst die Felsen-Johannisbeere.

**Zweigriffeliger Weißdorn**
*Crataegus laevigata*
Rosengewächse
*Rosaceae*

**K:** Kugeliger Strauch mit einem geschlossenen Mantel sehr stark riechender, weißer Blüten (Mai und Juni), Blätter dreilappig und oberseits ledrig. Früchte kugelig und saftig rot.
**V:** Sehr häufig in Waldrandgebüschen, in Hecken und in lichten Eichen- und Buchenwäldern.
**L:** Der Weißdorn ist zur Blütezeit wichtiger Nektarlieferant für Aasfliegen und Bienen. Seine Blätter und Früchte dienen rund 300 pflanzenfressenden Insektenarten als Nahrung. Auf ihnen schmarotzen viele Schlupf- und Brackwespen, die als Nützlinge in Obstgärten dienen. Wichtiger Brutstrauch für Neuntöter, Singdrossel. Beeren sind wichtige Winternahrung für Nagetiere.

**Echte Mispel**
*Mespilus germanica*
Rosengewächse
*Rosaceae*

**K:** Sommergrüner Strauch oder Baum mit weißdornähnlichen weißen Blüten (Mai/Juni), die aber nur vereinzelt stehen. Früchte lederbraun, oben offen, Öffnung von einem Kranz zipfeliger Kelchblätter umstanden. Blätter filzig behaart, eiförmig und oberseits ledrig. Ältere Sträucher mit bedornten Zweigen. Höhe bis 6 m.
**V:** Diese mittelalterliche Obstpflanze aus dem Mittelmeergebiet ist bei uns verwildert und kommt in warmen Wäldern, Gebüschen und an kalkigen Trockenhängen von Weinbaugebieten noch gelegentlich vor.
**L:** In Form, Blühweise und Frucht einem Weißdornstrauch sehr ähnlich.

**Himbeere**
*Rubus idaeus*
Rosengewächse
*Rosaceae*

**K:** Aufrecht stehende oder leicht gebogene hellgrüne Stengel mit vielen feinen Stacheln. Blätter hellgrün mit unterseitigem, hellem, blaugrünen Filz.

**V:** Mit Ausnahme der Mittelmeerregion überall verbreitet in Waldlichtungen an Waldwegen und an sonnigen Waldrändern.

**L:** Die Blüten der Himbeere sind in blütenarmen Wäldern eine wichtige Bienen- und Schmetterlingsweide. Die Samen werden durch Vögel verbreitet, das Beerenobst wird seit der jüngeren Steinzeit vom Menschen genutzt. An den Blättern leben die Larven einiger Blattwespenarten (*Argidae*) und Kleinschmetterlinge.

**Brombeere**
*Rubus fruticosus*
Rosengewächse
*Rosaceae*

**K:** Massenstrauch, der oft ein dichtes Gestrüpp aus bestachelten Stengeln bildet. Stengel kriechen, können aber auch andere Sträucher überranken. Blüten weiß bis rosa, blühen zeitversetzt mehrere Monate. Unreife Früchte rot, reife schwarz.

**V:** Überall häufig an Waldrändern, Hecken, Gebüschrändern, auf Schlägen und Lichtungen mit Lehmböden.

**L:** Die Brombeere bildet formenreiche Sippen mit nur vom Spezialisten unterscheidbaren Formen. Die Blüten sind für Schmetterlinge, Bienen und Hummeln wichtige Nektar- und Pollenquellen. An den Blättern und in den Trieben entwickeln sich 14 Kleinschmetterlingsarten.

**Hunds-Rose**
*Rosa canina*
Rosengewächse
*Rosaceae*

**K:** Aufrecht stehender Strauch mit leuchtenden hellrosa Blüten im Juni. Stengel bestachelt, Blätter eiförmig und gesägt. Früchte hellorange bis rot, bekannt als Hagebutten.
**V:** Häufig in Laubwäldern, Gebüschen und Hecken.
**L:** Dieser bekannte Strauch braucht tiefen, nährstoffreichen Boden, da er bis zu 1 m tief wurzelt. Er ist für die Ernährung von vielen Tierarten das ganze Jahr über sehr wichtig: Bienen und Hummeln sammeln den sehr reichlichen Pollen, in den Früchten entwickeln sich Bohrfliegen, von den Blättern leben 20 Kleinschmetterlingsarten. Häufig sind die Schlafäpfelgallen der Rosengallwespe (S. 181) zu sehen.

**Schlehe**
*Prunus spinosa*
Rosengewächse
*Rosaceae*

**K:** Erster Blütenstrauch des Jahres mit weißen, zahlreichen Blüten, die vor den Blättern erscheinen. Spirriger Strauch mit schwarzen, stark bedornten Zweigen und kleinen ovalen Blättern. Früchte blau, wirken wachsüberzogen.
**V:** Häufig an Waldrändern, in Hekken, an Wegrändern.
**L:** Diese Art beginnt als Pionierstrauch die Verbuschung aufgelassener Magerweiden und an Böschungen. Als Dornenstrauch ist er für viele Vogelarten (Würger, Grasmücken, Drosseln) wichtiger Brutplatzlieferant. An den Blättern entwickeln sich mehrere Schmetterlingsarten wie Gespinstmotten (S. 259) und auch Trägspinner (S. 267).

**Besenginster**
*Cytisus scoparius*
Schmetterlingsblütengewächse
*Fabaceae*

**K:** Unverwechselbarer Strauch mit zahlreichen, gelben Schmetterlingsblüten an rutenförmigen, biegsamen, grünen Zweigen.
**V:** Außer in den Alpen auf Sandböden häufiger Strauch in Heiden, an Waldrändern, auf Kahlschlägen von Nadelwäldern und an Straßenböschungen.
**L:** Diese Pflanze meidet Kalkböden und besiedelt bevorzugt sandige Aufforstungsflächen. Dort wird sie auch ausgesät, da sie als Stickstoffsammler den Boden festigt und verbessert. In Jahren mit langanhaltenden Winterfrösten frieren die Stengel zurück. Wichtiger Blütenstrauch für Bienen und Hummeln.

**Stechpalme**
*Ilex aquifolium*
Stechpalmengewächse
*Aquifoliaceae*

**K:** Immergrüner Strauch mit unverwechselbaren dornig gezahnten und ledrigen Blättern. Blüten im Mai unscheinbar und weiß, Früchte sind weithin leuchtende rote Beeren, die auch den Winter über am Strauch bleiben. Pflanzen sind zweihäusig.
**V:** In Norddeutschland und westlich davon häufiger Strauch im Schatten von Nadel- und Laubmischwäldern.
**L:** Im Klima meernaher Waldstandorte erreichen die Sträucher oft Baumform und werden bis zu 300 Jahre alt. In den Blättern fallen sehr häufige helle, durchscheinende Fleckminen auf, die von den Larven der Minierfliege *Phytomyza ilicis* erzeugt werden.

**Pfaffenhütchen**
*Euonymus europaea*
Spindelstrauchgewächse
*Celastraceae*

**K:** Großflächiger Strauch mit vierkantigen grünen Stengeln und reichem Blattwerk. Blüten ab Mai unscheinbar und aus vier kreuzartig stehenden grünlichen Blütenblättern gebildet. Früchte sehr auffällig, bilden karminrote Kapseln.

**V:** Häufig in Auwäldern, Bachgehölzen und in feuchten Laubwäldern und Hecken.

**L:** Im Frühjahr ist dieser Strauch häufig von Gespinsten der Gespinstmotten (S. 259 links) überzogen. Die giftigen Samen mit dem orangefarbenen Fleischmantel werden im Winter erst nach starken Frösten von Drosseln und Seidenschwänzen (S. 334 links) gefressen und verbreitet.

**Gewöhnlicher Seidelbast**
*Daphne mezereum*
Seidelbastgewächse
*Thymelaeaceae*

**K:** Frühblühender kleiner Strauch (März–Mai) mit auffälligen rotvioletten, duftenden Blüten direkt an den holzigen Zweigen. Blüht vor dem Laubausbruch des Waldes. Die büschelig angeordneten Blüten erscheinen oft vor den Blättern. Früchte als leuchtend rote, giftige Beeren.

**V:** Dieser unter Naturschutz stehende Strauch besiedelt feuchtwarme Laubmischwälder, vor allem krautreiche Buchen-Eichen-Hainbuchen- oder Nadelmischwälder.

**L:** Der Seidelbast braucht feuchte, humose Lehmböden. Die duftenden Blüten werden von Insekten bestäubt, die giftigen Beeren von Vögeln verbreitet. Berührung verursacht Hautausschläge.

**Efeu**
*Hedera helix*
Efeugewächse
*Araliaceae*

**K:** Kriechender oder kletternder immergrüner Strauch mit unterschiedlichen dunkelgrünen Blättern. Blüten unscheinbar grünlichgelb, stehen in kugeligen Dolden am Ende der Stengel.

**V:** Dieser Strauch besiedelt vor allem Laubmischwälder mit mildem Klima und hoher Luftfeuchte. Besonders häufig in Eichen- und Buchenmischwäldern der küstennahen Waldgebiete. Bevorzugt den Schatten.

**L:** Die einzige heimische Art dieser in den Tropen weit verbreiteten Pflanzenfamilie klettert mit ihren Wurzeln. Die Blüten werden von Insekten bestäubt, Früchte von Vögeln verbreitet.

**Roter Hartriegel**
*Cornus sanguinea*
Hartriegelgewächse
*Cornaceae*

**K:** Buschiger Strauch mit zahlreichen weißen Blüten in halbkugeligen Dolden. Blätter mit zur Blattspitze gebogenen Nerven. Im Winter leuchten die Zweige blutrot, im Sommer rötlich. Früchte: schwarze, kugelige Beeren.

**V:** Sehr häufiger Strauch sonniger Lagen in Laubmischwäldern, Auwäldern, an Waldrändern und in Hecken auf nährstoffreichen, kalkhaltigen Böden.

**L:** Der Rote Hartriegel bildet zahlreiche Wurzelausläufer, die den Boden festigen. Deshalb wird dieser Strauch häufig in Hanglagen angepflanzt. Sein reiches Blütenangebot hat Bedeutung als gute Bienenweide.

**Kornelkirsche**
*Cornus mas*
Hartriegelgewächse
*Cornaceae*

**K:** Schon vor den Blättern erscheinen ab Februar die auffälligen Blüten. Diese liegen als gelbe Doldenbüschel dicht an den Zweigen. Die eiförmigen Blätter mit den nach vorne laufenden Nerven sind oft „verbogen“. Früchte: Rote, längliche und hängende Steinfrüchte.

**V:** Wild nur in Südeuropa in sonnigen Gebüschen, in lichten Eichenwäldern und in Auwäldern. Häufig an Flußufern (Mosel) und an Felshängen.

**L:** Die Kornelkirsche gilt wegen der reichen Bildung von Wurzelsprossen als Bodenfestiger für kalkige Lehmböden. Der Blütenreichtum wird als Bienenweide des Frühjahrs geschätzt.

**Echte Bärentraube**
*Arctostaphylos uva-ursi*
Heidekrautgewächse
*Ericaceae*

**K:** Niederliegender Kleinstrauch mit auffälligen eiförmigen Blättern, die mit der Spitze zum Stengel stehen (verkehrt-eiförmig). Blätter immergrün, ledrig und glänzend. Die Blüten sind kugelige rosa Glöckchen und stehen in Gruppen. Früchte rot und mehlig.

**V:** Seltenere Pflanze mit gespaltener Verbreitung: In Norddeutschland und in den Alpen bis 2000 m. Sie besiedelt vor allem lichte Kiefernwälder, Heiden und alpine Matten.

**L:** Als Frühblüher (ab März) ist sie eine wichtige Nektarweide für Hummeln. Die Samen werden von Vögeln verbreitet. Die Heilpflanze liefert Tees gegen Blasenleiden.

**Heidelbeere**
*Vaccinium myrtillus*
Heidekrautgewächse
*Ericaceae*

**K:** Kleiner Bodenstrauch mit zahlreichen kantigen, grünen Stengeln. Blätter eiförmig. Blüht ab April, Blüten sind kugelige, glockige „Laternen“, anfangs grünlich, später leuchtend rot. Sie sitzen einzeln in den Blattachseln. Die saftigen und wohlschmeckenden Früchte leuchten unreif rot, im reifen Zustand schwarzblau.

**V:** Typische Bodenpflanze von kalkfreien Gebirgs-Fichtenwäldern, Kiefernwäldern und unterwuchsarmen Laubmischwäldern.

**L:** Diese bekannte Pflanze braucht vor allem im Frühjahr Schmelzwasser und gedeiht deshalb in Gebirgslagen. Sie wird von Bienen und Hummeln bestäubt.

**Rauschbeere**
*Vaccinium uliginosum*
Heidekrautgewächse
*Ericaceae*

**K:** Sommergrüner Bodenstrauch von Hochmooren mit eiförmigen Blättern, deren Unterseiten typisch netzadrig sind. Blüten glockenförmig und schwach rosa. Beeren schwarz, meist etwas größer als Heidelbeeren und blau bereift.

**V:** Sträucher kriechen über Torfmoospolster, bedecken die Böden in Kiefern- und Birkenmooren in Norddeutschland und in den Alpen die Latschenhalden.

**L:** Diese typische Moorpflanze kann mit Wurzelpilzen den Humus aufarbeiten und gilt als Bodenverbesserer. Die Blüten werden von Bienen und Hummeln bestäubt. Der Früchteverzehr soll rauschartige Zustände erzeugen.

**Preiselbeere**
*Vaccinium vitis-idaea*
Heidekrautgewächse
*Ericaceae*

**K:** Niedriger Bodenstrauch mit immergrünen Blättern. Blüten glokkenförmig, stehen in weißlichen Trauben an den Spitzen. Früchte kugelig, leuchtend rot, mehlig. Verwechslung mit Bärentraube möglich, Unterscheidungsmerkmal: Hier Blätter unterseits mit bräunlichen Flecken, oft seitlich eingerollt.

**V:** Nie in Kalkgebieten, sonst häufig in warmen Kiefernwäldern, in Mooren und auf Heiden. In Norddeutschland häufig, ebenso in den Zwergstrauchzonen der Alpen.

**L:** Diese Halbschattenpflanze wird von Bienen und Hummeln bestäubt, die fleischigen Samen von Vögeln verbreitet. Die Früchte helfen wirkungsvoll bei Diarrhoe.

**Heidekraut**
*Calluna vulgaris*
Heidekrautgewächse
*Ericaceae*

**K:** Niederer Strauch mit schuppigen Blättchen und purpurroten Blütenglöckchen. Die Blüten sitzen an einer Seite des Stengels in vier Reihen übereinander. Blütezeit: Juli bis September.

**V:** Bodendeckende Pflanze von Heiden und Eichen- oder Kiefernwäldern. Auch in Mooren. Häufig.

**L:** Das Heidekraut ist Spezialist für nährstoffarme, sandige und kalkfreie Böden. Es gilt als bodenverschlechternde Pflanze, da seine Stengel kaum verrotten und Rohhumus bilden, also den Boden versauern. Die Blüten werden von Bienen bestäubt (Heidehonig), die Samen werden mit dem Wind verbreitet. Alte Heilpflanze.

**Liguster**
*Ligustrum vulgare*
Ölbaumgewächse
*Oleaceae*

**K:** Locker wachsender Strauch mit ledrigen, länglichen Blättern. Blüht sehr reichhaltig, die weißen Blüten stehen in einer Rispe am Ende der Stengel und riechen unangenehm. Beeren sehr zahlreich, schwarz glänzend.

**V:** Häufig in lichten, artenreichen Eichen- oder Kiefernwäldern und an Waldrändern. Wegen Schnittfestigkeit oft als Hecken angepflanzt.

**L:** Diese wärmeliebende Pflanze braucht lockere kalkhaltige Böden. Die Blüten werden von Fliegen und Bienen bestäubt. An den Blättern leben die Raupen von mehreren Großschmetterlingen (Ligusterschwärmer) und 12 Kleinschmetterlingsarten.

**Schwarzer Holunder**
*Sambucus nigra*
Geißblattgewächse
*Caprifoliaceae*

**K:** Großer, kugeliger Strauch mit oft sehr reichen Blütenständen aus weißen, flächigen Dolden. Blüten mit schwerem süßlichem Duft. Beeren schwarz, Saft rot.

**V:** Wächst vor allem an den Rändern feuchter Wälder, in Hecken und in Siedlungsnähe.

**L:** Der Holunder benötigt vor allem nährstoffreiche Böden. Er ist ein Stickstoffzeiger und steht deshalb oft in Stallnähe auf Bauernhöfen. Die Blüten werden von artenreichen Fliegengilden und von Bienen bestäubt, die vitaminhaltigen Beeren sind Vorzugsnahrung von Drosselvögeln. Die Blätter dienen nur einer Kleinschmetterlingsart zur Entwicklung.

**Trauben-Holunder**
*Sambucus racemosa*
Geißblattgewächse
*Caprifoliaceae*

**K:** Kleinere Sträucher (1–4 m) mit eiförmigen Blütenrispen aus unscheinbaren grünlichweißen Blüten. Auffälliger sind die scharlachroten Beerentrauben im Herbst.

**V:** Sehr typischer Strauch von Kahlschlägen und Lichtungen der Mittelgebirgswälder und der Buchenwälder in den Alpen.

**L:** Dieser kalkmeidende Strauch steht bevorzugt auf lehmigen und nährstoffhaltigen steinigen Böden. Die Blüten werden von Insekten bestäubt, die Samen von Vögeln verbreitet. Die Samenhülle enthält viel Vitamin C, die Samen sind allerdings leicht giftig. Dieser Strauch stellt sich nach Windbrüchen meist als erster ein.

**Rote Heckenkirsche**
*Lonicera xylosteum*
Geißblattgewächse
*Caprifoliaceae*

**K:** Strauch mit rutenförmigen, hohlen Zweigen und stumpfen, matten Blättern. Typisches Kennzeichen sind die paarweise auf einem gemeinsamen Stiel angeordneten, weißlichen Blüten. Früchte als blutrote, glänzende Beeren ebenso paarweise angeordnet.

**V:** Häufig in Eichen- und Buchenwäldern, auch in Nadelmischwäldern, Ulmen- und Lindenmischwäldern sowie in Hecken. Selten in Nordwestdeutschland, häufiger in warmen Gebieten.

**L:** Die kalkliebende Pflanze braucht lockere, nährstoffhaltige Böden. Ihre Blüten werden vorzugsweise von Hummeln bestäubt, die Samen von Vögeln verbreitet.

**Schwarze Heckenkirsche**
*Lonicera nigra*
Geißblattgewächse
*Caprifoliaceae*

**K:** Heckenkirschenart der höheren Lagen (600–1500 m). Aufrecht stehende Stengel, meist ohne Seitenzweige. Blätter wirken zart und sind blaugrün. Die rosa Blüten stehen paarweise an einem gemeinsamen Stiel.

**V:** In Bergmischwäldern, vor allem mit Tanne und Fichte auf Lehmböden. Verbreitungsschwerpunkt in Tannenwäldern.

**L:** Die Blüten dieser Schattenpflanze werden von Bienen bestäubt, die Früchte von Vögeln verbreitet. In den Blättern zeigen oft schlängelnde Linien den Fraß von Larven der Minierfliegen an. Etliche Arten und ihre Vertilger sind auf *Lonicera* spezialisiert.

**Wald-Geißblatt**
*Lonicera periclymenum*
Geißblattgewächse
*Caprifoliaceae*

**K:** Schlingstrauch, der sich an anderen Sträuchern emporwindet. Auffallende Blüten: In einem Quirl stehen lange, trichterförmige, rosa Blüten mit langen Staubgefäßen.

**V:** Sehr häufig in lockeren Eichen-Hainbuchenwäldern, gerne auch in feuchten Erlenwald- oder Birkenwaldformen.

**L:** Die nachts intensiv duftenden Blüten dienen nachtaktiven Schmetterlingen (Schwärmern) als Nektartankstellen und werden von diesen bestäubt. An den Blättern leben die Raupen von 24 Kleinschmetterlingsarten. In den Blättern lebt die Minierfliege *Phytomyza periclymeni,* deren Larve Sternmuster ins Blatt frißt.

**Zitterpappel, Espe**
*Populus tremula*
Weidengewächse
*Salicaceae*

**K:** Baum mit glatter graugrüner Rinde und schütterer Laubkrone. Typisch sind die rundlichen Blätter an langen dünnen Stielen, die bei Wind „wie Espenlaub zittern“. Zweihäusiger Baum, männliche Blüten im März vor dem Laubaustrieb als hängende Kätzchen. Die weiblichen Kätzchen entlassen flaumige Samen ab Ende Mai.

**V:** Häufig in lichten Wäldern, an Waldrändern und in Hecken.

**L:** Die Zitterpappel ist ein Waldpionier, da diese Art mit den Flugsamen Lichtungen schnell besiedelt und als Rohbodenkeimer auf schlechten Böden Fuß fassen kann. Diese kurzlebige Holzart wird etwa 100 Jahre alt.

**Schwarzpappel**
*Populus nigra*
Weidengewächse
*Salicaceae*

**K:** Pappelart der Feuchtwälder. Hoher Baum (35 m) mit einer weit ausladenden, kuppelförmigen Krone. Blätter herzförmig. Zweihäusig. Männliche Kätzchen rot, weibliche Kätzchen entlassen ab Mai behaarte Samen, die wie Schneeflocken verdriftet werden. Durch Einkreuzung entstanden viele Hybridformen, die angepflanzt werden.

**V:** Natürlich in Auwäldern und an Altwässern. Wird seltener zur Zellulosegewinnung angepflanzt.

**L:** Diese Art benötigt nährstoffreiche Überschwemmungsböden und viel Licht. Auf der Schwarzpappel entwickeln sich 8 Nachtschmetterlingsarten, z.B. der Pappelschwärmer (S. 274).

**Salweide**
*Salix caprea*
Weidengewächse
*Salicaceae*

**K:** Einzige Weide, die nicht nur in Wassernähe, sondern auch in Wäldern wächst. Baum mit breiter Krone, Blätter elliptisch, oberseits dunkelgrün, unterseits graufilzig. Zweihäusig. Männliche gelbe Kätzchen (Palmkätzchen) blühen im März, fallen danach ab. Weibliche Kätzchen entwickeln sich zu Kapseln, die flaumige Samen entlassen.

**V:** Häufig auf Waldlichtungen, an Waldrändern und in Kiesgruben.

**L:** Dieser Baum ist eine typische Pionierart, die schnell Lichtungen und Kahlschläge besiedelt. Erste Bienenweide im Jahr. Nahrungspflanze für Raupen vieler Schmetterlingsarten, z.B. den Zickzackspinner (S. 272 r.).

**Hainbuche, Weißbuche**
*Carpinus betulus*
Birkengewächse
*Betulaceae*

**K:** Breitkroniger, dicht verzweigter Baum mit aufsteigenden Ästen. Blätter länglich eiförmig und gesägt. Männliche und weibliche Blüten als Kätzchen. Die Frucht sitzt als flache Nuß in einem dreizipfeligen Deckblatt, das als Flugorgan dient. Mehrere hängen in einer Traube.

**V:** Bestandsbildender Laubbaum in krautreichen Laubwäldern.

**L:** Dieser Baum ist ein Begleitbaum der Eiche, die sie ökologisch ergänzt: Die sonnenliebende Eiche dominiert die Laubkrone, im Halbschatten gedeiht die Hainbuche, deren Laub den Boden mit Humus für die Eiche anreichert. Auch die Wurzelsysteme ergänzen sich: Eiche tief, Buche flach.

**Birke**
*Betula pendula*
Birkengewächse
*Betulaceae*

**K:** Baum mit glatter weißer Rinde, Zweige hängend mit dreieckigen zugespitzten Blättern. Einhäusig. Männliche Blüte als hängende Kätzchen, weibliche in Knospenform.
**V:** In lichten Laub- und Nadelwäldern, in Mooren und Heiden.
**L:** Der lichtbedürftige Baum ist eine Pionierart auf sauren humosen Böden. Als Humuszehrer verbessert er die Böden. Die Birke wird vielfach genutzt: Holz in der Sperrholz- und Papierindustrie, Saft in der Kosmetik, Blätter als Heiltee. „Insektenbaum". Auf den Blättern und an den Kätzchen entwickeln sich die Birkenwanze (S. 235), der Birkenblattroller (S. 248), 16 Großschmetterlingsarten und Blattwespen.

**Grünerle**
*Alnus viridis*
Birkengewächse
*Betulaceae*

**K:** Holzart des Hochgebirges. Der vielästige Baum (1–3 m) verzweigt sich schon am Boden und trägt braungrüne Triebe. Einhäusig. Männliche Blüten als Kätzchen, weibliche Blüten als grüne Zapfen.
**V:** Über der Waldgrenze bildet sie in den Alpen und Karpaten geschlossene Bestände und schützt gegen Lawinen.
**L:** Als Pionierpflanze von wenig fruchtbaren Rohböden festigt und verbessert die Grünerle den Boden und wird gerne als „Vorwald" gepflanzt. An der Gattung *Alnus* wurden 46 Kleinschmetterlingsarten gefunden. Zusätzlich leben hier zahlreiche Blattwespen und Großschmetterlinge.

**Grauerle**
*Alnus incana*
Birkengewächse
*Betulaceae*

**K:** Strauchartiger Wuchs mit Stockausschlägen (5–20 m). Blätter zugespitzt, unterseits graugrün. Männliche Blüten als Kätzchen, erscheinen schon nach dem Laubfall, weibliche Blüten als grüne Zapfen.
**V:** Bestandsbildend in Auenwäldern, besonders an Gebirgsbächen und Alpenflüssen. In Hochlagen oft als Bodenverbesserer angepflanzt.
**L:** Die Grauerle kann mit Strahlenpilzen in Wurzelknollen den Luftstickstoff binden und zur Ernährung verwenden. Deshalb ist sie ein wichtiger Vorwaldbaum auf schlechten Böden, vor allem auf Überschwemmungsböden, die gefestigt werden sollen. Auf der Erle leben zahlreiche Insektenarten.

**Schwarzerle**
*Alnus glutinosa*
Birkengewächse
*Betulaceae*

**K:** Baum mit geradem Stamm und rissiger Rinde. Blätter verkehrt eiförmig. Männliche Blüten als Kätzchen, weibliche Blüten als Zapfen mit Luftkammern, die der Verdriftung durch Fließwasser dienen.
**V:** Häufig bestandsbildend in Auen- und Buchenwäldern, begleitet Bäche.
**L:** Die Schwarzerle besiedelt als Waldpionier Flachmoore und Ufer. Als Tiefwurzler festigt sie Böden und reichert sie mit Stickstoff an. Dieser schnellwachsende Baum wird 120 Jahre alt und erreicht eine Höhe von 25 m. Auf den Blättern lebt der Erlenblattkäfer, der nicht selten Kahlfraß verursacht (S. 246 l.). Entwicklungspflanze für viele Blattwespenarten.

**Rotbuche**
*Fagus sylvatica*
Buchengewächse
*Fagaceae*

**K:** Stattlicher Baum mit kuppelförmiger Krone bis zu 35 m Durchmesser. Stämme und Äste silbergrau berindet. Die frischen zartgrünen Blätter sind behaart, entwickelte Blätter eiförmig. Buchen blühen im Mai, die männlichen Blüten als hängende Kätzchen, die weiblichen als stehende Knospen mit rosa Griffeln. Bucheckern dreikantig und meist zu zweit in der stacheligen Hülle, die bei Reife aufspringt.

**V:** Schattenholzart, bildet reine Bestände, in der Ebene oft mit Tanne und Eiche gemischt.

**L:** Der wichtige Forstbaum weist nur wenige Schädlinge auf und wird wegen seines harten Holzes geschätzt. Von der Buche leben viele Tierarten, die ihre Blätter oder die Früchte nutzen. Zur Keimung nimmt der Same Wasser auf und quillt. Einige Tage später durchbricht die Keimwurzel die Samenschale und dringt in den Boden ein. Einige Tage später entfalten sich zwei Keimblätter. Zwischen diesen wächst ein zarter Sproß, der die ersten richtigen Blätter trägt. Nach dem ersten Sommer schließt das Wachstum mit der Bildung einer Winterknospe an der Sproßspitze ab. Im nächsten Frühjahr treibt die Knospe aus, das Wachstum setzt sich nach oben und nach den Seiten fort. Buchen blühen erst nach 25 Jahren und erreichen eine Höhe von über 40 Metern. Heute die wichtigste Holzart.

**Stieleiche**
*Quercus robur*
Buchengewächse
*Fagaceae*

**K:** Baum mit ausladender Krone und mächtigen, gekrümmten Ästen. Blätter blaugrün mit kennzeichnender Lappung. Männliche Blüten im Mai als Kätzchen, weibliche Blüten sind gestielte Knospen mit roten Narben.
**V:** Bestandsbildend in Laubmischwäldern der tieferen bis mittleren Lagen.
**L:** Diese Lichtholzart wird 500–800 Jahre alt und bis zu 50 m hoch. Die Eiche ist ein wichtiger Baum für viele Tierarten. An Blättern und Früchten entwickeln sich über 300 Schmetterlingsarten, von Eicheln leben Wildschweine und Eichhörnchen. Eichelhäher „pflanzen" Eichen durch Verstecken der Früchte.

**Traubeneiche**
*Quercus petraea*
Buchengewächse
*Betulaceae*

**K:** Blattlappen nicht so deutlich ausgeprägt wie bei Stieleiche, Blätter gestreckter und verkehrt-eiförmig. Eicheln sitzen zu mehreren direkt am Zweig. Männliche Blüten als unscheinbare, grüne Kätzchen, weibliche Blüten in einer Hülle. Oft bis 40 m hoch. Alter bis zu 800 Jahre.
**V:** Bestandsbildend in tieferen Gebirgslagen und im Hügelland. Im Schwarzwald bis in 1000 m Höhe, im Bayerischen Wald nur bis 700 m.
**L:** Diese Lichtholzart benötigt lokkere Stein- und Lehmböden. Als Tiefwurzler scheut sie Staunässe. Auf der Eiche leben viele Insektenarten, darunter 18 Großschmetterlinge. Wertvoller Forstbaum.

**Flaumeiche**
*Quercus pubescens*
Buchengewächse
*Fagaceae*

**K:** Junge Zweige und Blätter flaumig behaart (Name), ab Mitte Juni verliert sich der Flaum und ist unterseits der Blätter nur noch in den Winkeln der Blattnerven zu erkennen. Blätter mit auffallend regelmäßigen Lappen.
**V:** In warmen Gegenden an sonnigen Hängen gelegentlich bestandsbildend. Kommt vor an der Mosel, im Ahrtal, am Mittelrhein und auf der mittleren Schwäbischen Alb.
**L:** Diese Lichtholzart ist als Relikt aus Warmzeiten anzusehen, das an den Hängen der warmen Flußtäler überlebt hat. Die Hauptverbreitung dieser Art liegt in Südosteuropa, bei uns erreicht sie ihre Verbreitungsgrenze.

**Roteiche**
*Quercus rubra*
Buchengewächse
*Fagaceae*

**K:** Blattzipfel im Gegensatz zu anderen Eichenarten nicht rund, sondern stark zugespitzt. Zusätzlich sind die Blätter insgesamt länger. Im Herbst auffällige, weithin sichtbare Rotfärbung des Laubes. Blüten gleichen den übrigen Eichen, die Früchte sitzen in flachen, kahlen Bechern.
**V:** Ursprungsland dieser Eichenart ist das östliche Nordamerika und Kanada. Häufig in Parks.
**L:** Roteichen gehören zu den ertragsreichen Eichen. Sie wachsen mit 2 Metern pro Jahr durchschnittlich schneller als einheimische Arten, das Holz hat jedoch die gleiche Festigkeit. Benötigt lockere, kalkarme Böden.

**Feldulme**
*Ulmus minor*
Ulmengewächse
*Ulmaceae*

**K:** Am leichtesten läßt sich diese Art an den ungleich großen Blatthälften erkennen. Die Blüten erscheinen als grünrote Büschel vor dem Laub und sitzen direkt an den Zweigen. Die Früchte sind grüne, dünne Scheiben mit unzentriert darin sitzenden Samen. Dadurch entsteht beim Flug eine Drehbewegung, die Samen verdriftet.

**V:** Natürlich vorkommend in Auwäldern und in feuchten Hangwäldern. Oft als Alleebaum angepflanzt.

**L:** Diese Art benötigt nährstoffhaltige, feuchte Überschwemmungsböden. Das Ulmensterben, ausgelöst durch den Pilz *Ceratocystis ulmi*, erfaßt mittlerweile auch diese Ulmenart.

**Bergulme**
*Ulmus glabra*
Ulmengewächse
*Ulmaceae*

**K:** Stattlicher Baum mit ungleichen Blatthälften. Die Blätter sind im Gegensatz zur Feldulme oberseits rauh. Die Blüten erscheinen vor dem Laub im März und April und sitzen in Büscheln direkt am Zweig. Die Samen liegen genau in der Mitte der scheibenartigen Früchte.

**V:** Zerstreut in Schluchtwäldern und schattigen Hangwäldern mittlerer Gebirgslagen. In den Alpen bis 1400 m aufsteigend. In Nordwestdeutschland selten. Gelegentlich als Alleebaum angepflanzt, wo diese Art sich stattlich entfaltet (bis 30 m hoch und 300 Jahre alt werdend).

**L:** Die Bergulme braucht steinige Lehm- oder Tonböden. Auch vom Ulmensterben betroffen.

**Mistel**
*Viscum album*
Mistelgewächse
*Loranthaceae*

**K:** Pflanze wächst auf anderen Bäumen und fällt wegen ihrer buschigen, hexenbesenartigen Struktur sofort auf. Die grünen Zweige sind gabelförmig verzweigt und tragen am Ende je ein Blattpaar. Blüten (ab April) sind unscheinbar grün, die Früchte weiße, klebrige Kugeln.

**V:** Kiefernwälder, Bachgehölze, Laubwälder, Obstgärten.

**L:** Diese Pflanze schmarotzt mit Senkwurzeln an verschiedenen Baumarten. Die Verbreitung erfolgt durch Vögel, vor allem durch die Misteldrossel. Nach dem Verzehr der klebrigen Früchte werden die Samen unverdaut ausgeschieden und landen mit dem Kot auf den Zweigen. Dort keimen sie aus.

**Eberesche**
*Sorbus aucuparia*
Rosengewächse
*Rosaceae*

**K:** Kleiner Baum mit typischen Blättern. 9–15 kleinere Fiederblätter sitzen an einer Achse. Blüten in schafwollweißen Dolden, duften süßlich schwer. Die orangeroten Früchte hängen oft bis zum Winter.

**V:** Vor allem in lichten Laub- und Nadelwäldern der Gebirge, in Moorwäldern und an der Waldgrenze häufig.

**L:** Der mit dem Weißdorn verwandte Baum braucht nährstoffarme Böden und hohe Luftfeuchte. In den Blütenknospen findet man oft die Gespinste von Wicklerraupen (S. 261 l.), in den Früchten fressen die Larven mehrerer Kleinschmetterlinge. Die Beeren sind ein wichtiges Winterfutter für Drosseln.

**Mehlbeerbaum**
*Sorbus aria*
Rosengewächse
*Rosaceae*

**K:** Kleiner Baum oder Strauch mit blaugrünen, ovalen Blättern. Oberseits sind sie glatt und glänzend, unterseits graufilzig behaart. Die Blüten stehen in flachen Dolden, insgesamt aber weniger Einzelblüten als bei der Eberesche. Die Früchte sind orangerot und mehlig.
**V:** Die Mehlbeere kommt in Süddeutschland in sonnigen Eichen- und Buchenmischwäldern, in den Alpen an felsigen Gebüschhängen bis etwa 1000 m Höhe vor. Im Norden fehlt der Baum.
**L:** Diese Baumart neigt zu Bastardierung. Die Blüten bieten mit ihren leicht zugänglichen Blütentellern vielen Insekten Nektar und Pollen.

**Elsbeere**
*Sorbus torminalis*
Rosengewächse
*Rosaceae*

**K:** Mittelgroßer Baum mit ahornähnlichen Blättern, die 3–7 spitze Lappen aufweisen. Die weißen Blüten stehen in kugeligen Dolden, Früchte rund und fleischig, sind orangebraun und hell gepunktet.
**V:** Kommt in warmen Eichen-Hainbuchenwäldern südlich der Linie Rheinisches Schiefergebirge – Teutoburger Wald vor. Oft zusammen mit der Flaumeiche.
**L:** Die Elsbeere kommt auf frischen Lehm- und Tonböden vor, von der Ebene bis in mittlere Gebirgslagen. Die Blüten sind eine wichtige Bienenweide und werden von vielen Fliegenarten besucht, die Beeren sind Herbst- und Winternahrung für Drosseln.

**Traubenkirsche**
*Prunus padus*
Rosengewächse
*Rosaceae*

**K:** Im Mai blühender Baum oder Strauch mit auffälligen, weißen Blüten, die in reichen Trauben aus 20 und mehr Einzelblüten hängen. Die Blätter sind eiförmig und zugespitzt.
**V:** Dieser häufige Baum bildet oft den Waldmantel von feuchten Laubmisch- oder Auenwäldern. Er gilt als Erlen- und Eschenbegleiter.
**L:** Trotz ihrer bodenfestigenden Leistung wird die Traubenkirsche nicht gern gesehen. Sie ist der Überwinterungswirt der Traubenkirschenlaus, einer Blattlaus, die im Frühsommer auf Getreide wechselt und dort Erträge mindert. Doch gerade in Waldrändern leben auch die natürlichen Feinde der Blattläuse, die man fördern sollte.

**Vogelkirsche**
*Prunus avium*
Rosengewächse
*Rosaceae*

**K:** Sieht wie ein Kirschbaum im Garten aus, nur sind die Früchte viel kleiner. Wildform der Herzkirschen und der Knorpelkirschen.
**V:** Natürlich kaum noch verbreitet. Als ausgewilderte Bäume jedoch häufig an Waldrändern und in krautreichen Laub- und Nadelmischwäldern. Im Schwarzwald zur Kirschwassererzeugung angepflanzt.
**L:** Das wärmeliebende Halbschattenholz steht gerne auf nährstoffreichen Lehmböden. Die Blüten werden bevorzugt von pollensammelnden Bienen bestäubt, die Samen werden von Vögeln verbreitet, die das Fruchtfleisch nutzen und den unverdauten Kern an anderer Stelle ausscheiden.

**Bergahorn**
*Acer pseudoplatanus*
Ahorngewächse
*Aceraceae*

**K:** Stattlicher Baum mit dreieckiger Kontur. Der Baum blüht vor dem Laubausbruch, die gelben, unscheinbaren Blüten hängen in einer langen Traube. Blätter wie eine Hand geformt mit 5 Lappen ohne scharfe Spitze. Früchte mit symmetrischen Flügeln.
**V:** Häufiger Baum von Buchenmischwäldern im Gebirge und von Schluchtwäldern, in der Nähe der Waldgrenze oft größere Bestände bildend. Im Schwarzwald steigt die Art bis in 1500 m Höhe.
**L:** Der Baum lockt mit Zuckersäften aus Blattdrüsen Insekten an, die auch die Blüten bestäuben. Die Verbreitung der Samen erfolgt durch den Wind.

**Spitzahorn**
*Acer platanoides*
Ahorngewächse
*Aceraceae*

**K:** Mittelgroßer Baum mit eiförmiger Krone. Blüht kurz vor dem Laubausbruch, die gelben Blüten sitzen in doldigen Trauben. Die Blätter sind handförmig geformt, die einzelnen „Finger" jedoch sehr spitz ausgezogen. Die Früchte tragen waagerecht ausgebreitete Flügel. Anfangs sind sie grün, bei Reife gelb. Von dieser Art gibt es zahlreiche Gartenformen.
**V:** Von der Ebene bis in mittlere Gebirgslagen in Linden-Ahorn-Wäldern, im Eichen-Ulmen-Auenwald und in Schluchtwäldern. Im nordwestdeutschen Tiefland fehlt der Baum als Wildform.
**L:** Die Halbschattenpflanze wird von Bienen bestäubt, die geflügelten Samen werden windverdriftet.

**Feldahorn**
*Acer campestre*
Ahorngewächse
*Aceraceae*

**K:** Sommergrüner, buschiger Baum, oft nur 3–4 m hoch. Blätter kleiner als bei den übrigen Ahornarten. Die zwittrigen Blüten stehen in unscheinbaren, aufrechten, gelbgrünen Dolden. Blütezeit etwa Mitte Mai, nach der Laubentfaltung. Die Früchte tragen waagerecht ausgebreitete Flügel.

**V:** Häufig in krautigen Eichen-Hainbuchenwäldern, in Auen- oder Buchenwäldern und besonders in Hecken. Überall im Flachland, im Bergland kaum über 800 m vorkommend.

**L:** Die wärmeliebende Halbschattenpflanze wird von Insekten bestäubt, die geflügelten Samen werden im Oktober vom Wind verdriftet.

**Faulbaum**
*Frangula alnus*
Kreuzdorngewächse
*Rhamnaceae*

**K:** Buschiger Baum (1–4 m) mit auffällig glatten, eiförmigen Blättern, deren Blattnerven unterseits deutlich hervortreten. Blüten (Mai–Juni) weiß und sehr klein. Sie stehen in Gruppen von 2–10 in den Blattachseln. Zweige stets ohne Dornen. Die Früchte sind beerenähnliche Steinfrüchte, anfangs rot, im reifen Zustand schwarz.

**V:** Weit verbreitet und häufig, vor allem in Erlenbrüchen, Weidenbeständen und Birkenmooren. Gelegentlich auch in feuchten Bereichen von Buchenmischwäldern und Kiefern-Eichenbeständen.

**L:** Auf dem Faulbaum, seltener auf dem Kreuzdorn, entwickelt sich der Zitronenfalter (S. 286).

**Winterlinde**
*Tilia cordata*
Lindengewächse
*Tiliaceae*

**K:** Baum mit großer, dichter Krone und überhängenden Zweigen. Blätter etwas schief herzförmig, unterseits mit sehr typischen orangefarbenen Haarbüscheln in den Nervenachseln („Milbenhäuschen"). Die hellgrünen Blüten hängen in Gruppen zu 5–11 in einem Blütenstand (Juni).

**V:** Die wärmebedürftige Winterlinde kommt vor allem in Eichen-Hainbuchenwäldern, in Eichen-Auenwäldern und in Ahornwäldern der mittleren Berglagen vor.

**L:** Die Blüten werden von Insekten bestäubt, die Samen vom Wind verbreitet. Das Laub der Linde zersetzt sich leicht und fördert die Humusbildung.

**Sommerlinde**
*Tilia platyphyllos*
Lindengewächse
*Tiliaceae*

**K:** Ausladender Baum mit schwärzlicher Borke. Sehr ähnlich der Winterlinde mit folgenden Unterschieden: Die schief herzförmigen Blätter sind etwas größer, vor allem aber sind unterseits die Haarbüschel in den Blattnerven („Milbenhäuschen") nicht gelb, sondern weiß.

**V:** Häufig in Ulmen-Ahorn-Eschenwäldern, in Schluchtwäldern und in Buchen-Linden-Bergwäldern mittlerer Gebirgslagen bis etwa 1000 m. Entscheidend sind Standorte mit hoher Luftfeuchte und geringer Luftverschmutzung.

**L:** Die Blüten werden von Insekten bestäubt, die geflügelten Samen werden vom Wind verdriftet.

## Gewöhnliche Esche

*Fraxinus excelsior*
Ölbaumgewächse
*Oleaceae*

**K:** Einer der höchsten Laubbäume Europas (bis 45 m). Knospen auffallend schwarz. Die Blätter sind aus 9–13 Fiederblättern, die an einer Achse stehen, zusammengesetzt. Die Blüten stehen gebüschelt an einer unscheinbaren Rispe direkt an den Zweigspitzen. Die büschelig hängenden und geflügelten Früchte verbringen oft den Winter am Baum.

**V:** Typischer Baum und dort oft bestandsbildend in Feuchtwäldern, an Bächen und Flüssen und in feuchten Laubmischwäldern.

**L:** Der Wind bestäubt die Blüten und verdriftet die Samen. An den Blättern entwickeln sich die Raupen von 6 Groß- und 15 Kleinschmetterlingsarten.

## Eibe

*Taxus baccata*
Eibengewächse
*Taxaceae*

**K:** Immergrüner, baumförmiger oder buschförmiger Nadelbaum, selten als Bestand, meist einzeln stehend. Oft sehr alte Exemplare (bis zu 1000 Jahre alt). Zweihäusig: Blüten im März/April gelb, Früchte fleischig, rot.

**V:** Wild nur noch in Mittelgebirgen und in Schluchtwäldern der Alpen. Oft als Zierbaum angepflanzt.

**L:** Die Eibe wächst bevorzugt auf felsigen, kalkhaltigen Böden. Nadeln und Samen enthalten das Alkaloid Taxin und weitere Glykoside als Fraßhemmer gegen pflanzenfressende Insekten. Die rote Samenhülle ist giftfrei und lockt Vögel an, die den Samen nach der Darmpassage ausscheiden und weiterverbreiten.

**Weißtanne**
*Abies alba*
Kieferngewächse
*Pinaceae*

**K:** Rasch wachsender Nadelbaum, bis zu 70 m hoch. Einhäusig, blüht im Frühjahr. Zapfen im Wipfelbereich, aufrecht stehend, nach der Reife zerfallend.
**V:** Natürliche Verbreitung in Mittelgebirgen mit Nordgrenze im Erzgebirge.
**L:** Leistungsfähiger Nadelbaum, wird bis zu 600 Jahre alt, bevorzugt hohe Luftfeuchte und humose, nährstoffreiche Böden. Seit den siebziger Jahren tritt ein noch immer rätselhaftes Tannensterben auf. Symptome: Naßkern im sonst trokkenen Holz mit vermehrtem Pilzbefall, Verlichtung der Krone und vorzeitige Ausbildung einer „Storchennestkrone".

**Rotfichte**
*Picea abies*
Kieferngewächse
*Pinaceae*

**K:** Immergrüner Nadelbaum mit spiralig um den Zweig laufenden Nadeln. Einhäusig. Männliche Blüten im Mai, anfangs erdbeerfarben, später beim Verstäuben gelb. Weibliche Blüten nach der Bestäubung hängend, Zapfen 10–15 cm lang.
**V:** Wichtiger Ertragsbaum, natürlich in regenreichen Mittelgebirgs- und Alpenlagen bis 2000 m Höhe.
**L:** Die Halbschattenart mit flachem Wurzelwerk braucht frische Böden. Seit 1980 großflächig auftretendes Kränkeln und Absterben mit Symptomen: Verlichtung der Krone, Bildung von Angsttrieben, Nadelverfärbungen und Totwurzeln. Verantwortlich ist die Gesamtheit aller Luftverunreinigungen.

**Europäische Lärche**
*Larix decidua*
Kieferngewächse
*Pinaceae*

**K:** Sommergrüner Nadelbaum mit weichen, büschelig stehenden Nadeln, die im Herbst abgeworfen werden. Einhäusig, Blüte im April. Männliche Blüten gelb, weibliche rot. Zapfen bleiben mehrere Jahre am Baum.

**V:** Heimisch in allen Höhenlagen der Mittelgebirge und Alpen.

**L:** Schnellwüchsige Lichtholzart sonniger Lagen, widerstandsfähig gegen Frost und Wind. Fruchtet schon mit 15 Jahren. Wird etwa 30–40 m hoch. In den letzten Jahren Schadsymptome in Süddeutschland mit Kronenverlichtungen, Veränderung der Nadelfarbe und Nachtrieben grüner Nadeln in den Spitzenbereichen alter Bäume.

**Gemeine Kiefer, Föhre**
*Pinus sylvestris*
Kieferngewächse
*Pinaceae*

**K:** Hoher Nadelbaum mit langgestreckter, spitzer Krone (Mittelgebirgskiefer) oder breiter, flacher Krone (Rhein-Main-Kiefer). Nadeln paarweise, steif, 3–6 cm lang und oft gedreht. Einhäusig. Blüht im Mai. Die Zapfen reifen erst im 2. Jahr.

**V:** Weitreichende Verbreitung, von Norwegen bis in die Mongolei.

**L:** Baumart mit geringen Ansprüchen an Nährstoff- und Wasserhaushalt sowie an Böden. Bevorzugt jedoch lockere Sandböden, in denen sie mit kräftiger Pfahlwurzel fest steht. Ist sehr lichtbedürftig. Seit 1982 vermehrt Schadensymptome: Nadelverluste im Sommer, Nadelverfärbungen (Punktnekrosen), Kronen vergilben.

**Bergkiefer, Latsche**
*Pinus mugo*
*Kieferngewächse*
*Pinaceae*

**K:** Immergrüner Nadelbaum unterschiedlicher Wuchsform: An der Waldgrenze und in Mooren kriechend (Latsche) oder als aufrechter, 10–20 m hoher Baum (Spirke). Nadeln paarweise steif, Innenseiten gerieft. Blüten im Juni, männliche Blüten hellrot bis gelb, weibliche purpurfarben.

**V:** Nur in Mittel- und Südeuropa, im Hochgebirge.

**L:** Lichtholzart mit wenig Ansprüchen an Böden und an Nährstoffgehalt. Braucht jedoch viel Feuchtigkeit. Wichtigster Baum als Bodenschutz gegen Lawinen und Bodenerosion in den Alpen. Schadensymptome: Braunfärbung, Nadelverluste im Sommer.

**Schwarzkiefer**
*Pinus nigra*
Kieferngewächse
*Pinaceae*

**K:** Kiefer mit auffallend dunkelgrünen Nadeln. Krone anfangs eiförmig, später schirmartig. Nadeln paarweise, 8–15 cm lang. Einhäusig. Blüte im Mai, männliche goldgelb, weibliche rot. Zapfen glänzend hellbraun.

**V:** Heimat rund um das Mittelmeer, in den Ostalpen Unterart „*austriaca*". Bei uns angebaut auf sonnigen, warmen Hängen, vor allem als Windschutz und zur Festlegung von Sanddünen (z.B. auf Amrum).

**L:** Diese Art stellt kaum Ansprüche an den Nährstoffgehalt und die Bodenfeuchtigkeit. Deshalb besonders auf Sandböden aufgeforstet. Ihre tiefgreifende Pfahlwurzel verleiht ihr Standfestigkeit.

**Zirbelkiefer, Arve**
*Pinus cembra*
Kieferngewächse
*Pinaceae*

**K:** Immergrüner Nadelbaum des Hochgebirges mit knorrigem Stamm und eiförmiger Krone. Meist nur in kleinen Beständen zusammen mit Lärche, Latsche oder Fichte. Harz sehr wohlriechend. Nadeln in Fünfergruppen. Blüte im Mai. Die eiförmigen Zapfen fallen im 3. Jahr ab, öffnen sich aber nicht, Samenfreigabe erst bei Verrottung.
**V:** Wächst an der Waldgrenze der Alpen und Karpaten, 1500–2400 m.
**L:** Langsam wachsende Art mit geringer Frostempfindlichkeit und hohem Lichtbedarf. Sehr widerstandsfähig gegen Wind und Schneelast. Die Arve liefert ein leichtes, lange duftendes Holz. Lawinenschutzbaum.

**Weymouthkiefer, Strobe**
*Pinus strobus*
Kieferngewächse
*Pinaceae*

**K:** Sehr harziger, immergrüner Nadelbaum mit auffallend langen weichen Nadeln in Fünfergruppen. Blüte im Juni, männliche in dichten gelbgrünen Büscheln, weibliche rötlich grün. Zapfen sehr lang (8–20 cm), harzig, die Schuppen öffnen sich weit. Krone kegelförmig.
**V:** Heimisch im östlichen Nordamerika, in Mitteleuropa auch forstlich eingeführt, meist jedoch als Einzelbäume in Parks und Gärten.
**L:** Beispiel für fehlerhaftes Einführen fremder Pflanzen: Erfährt hohe Verluste durch Rinden-Blasenrost, der von der Johannisbeere übertragen wird. Mittlerweile in die USA gelangt, bedroht der Pilz diese Baumart.

Zitterpappel

Hainbuche

Gemeine Birke

Schwarzerle

Rotbuche

Stieleiche

Bergulme

Eberesche

Vogelkirsche

Bergahorn

Spitzahorn

Sommerlinde

Gemeine Esche

Eibe

Gemeine Fichte

Europ. Lärche

Gemeine Kiefer

Schwarzkiefer

# Gallen

Abnorme Veränderungen von Pflanzenteilen wie Wucherungen, Verdickungen oder blasige Gebilde auf Blättern, an Stengeln oder Wurzeln nennt man **Gallen.** Im Spätsommer treten sie gehäuft auf und sind besonders in Waldökosystemen und in Hecken häufig. Man kennt heute 15000 Formveränderungen, die unter den Begriff „Gallen" fallen. Verursacher dieser Wucherungen sind oft Tiere, denen es gelungen ist, die Entwicklung von Pflanzenteilen „umzuprogrammieren". Die wichtigsten Verursacher sind Fadenwürmer, Milben und Insekten. Im Forstbereich sind die Schäden durch Wachstumseinbußen teilweise so hoch, daß schon vor vielen Jahren damit begonnen wurde, im Rahmen der Biologischen Schädlingsbekämpfung diese Gallenerreger genauer zu untersuchen. Unter den Insekten gibt es ausgesprochene Spezialisten, die Gallen erzeugen können, vor allem Gallwespen, Gallmücken, Blattläuse und Blattwespen. Neuere ökologische Untersuchungen zeigen, daß Gallen oft artenreiche Miniökosysteme aus mehreren Dutzend Arten darstellen. Der Verursacher lebt meist nicht allein in seinem Pflanzenhaus. Untermieter nisten sich ein, oder eine Vielzahl von parasitischen Hautflüglern schmarotzt auf den Wirten. Da diese Kleinsysteme einigermaßen überschaubar sind, wurden in den letzten Jahren die Wechselbeziehungen der beteiligten Insekten häufiger untersucht. Man erhofft sich davon Einblicke, wie in Ökosystemen die ökonomische Regulation von Energie geschieht. Amerikanische Forscher nehmen sogar an, daß die Gallbildung eine raffinierte Strategie der Pflanzen darstellt, pflanzenfressende Insekten einzuschließen und sogar mit einem Nährgewebe zu umgeben. Der Sinn dieser Gallengefängnisse? Die Pflanze begrenzt die Fraßschäden auf kleinere Bereiche und erhält sich damit ihre Blätter zur Photosynthese.

**Blick in die Lebensgemeinschaft**

Die lehrreichste Methode, die Zusammenhänge in ökologischen Systemen besser kennenzulernen, ist das Züchten der Gallbewohner. Am besten eignet sich die in Laubmischwäldern in großen Massen vorkommende Eichenapfelgalle *Cynips quercusfolii.* Die Galläpfel befinden sich an der Unterseite der Blätter und sind kirschengroß. Bester Zeitpunk zum Sammeln ist der Spätherbst während des Laubfalls. Dann liegen die Gallen zu Millionen am Boden. Einige davon werden eingesammelt und in einem Beutel aus Gardinengaze aufbewahrt. Sie müssen den Winter über luftig und kalt hängen. Ab Ende Februar kann die Zucht beginnen. Als Zuchtbehälter kann man ein Weckglas oder einen Kunststoffbehälter mit etwas feuchtem Sand beschicken. Darauf werden die Galläpfel gelegt. Eine leichte Schimmelbildung stört die Zucht nicht. Wichtig ist, die Gefäßöffnung mit luftdurchlässiger Gaze zu verschließen. Nach 2–3 Wochen an einem nicht zu warmen Ort werden die Gallwespen schlüpfen. Die kleinen Wespen mit dem tropfenförmigen, grünmetallisch schimmernden Hinterleib sind die Gallenverursacher. Die übrigen Insekten sind Schmarotzer, die mit dem langen dünnen Legebohrer am Hinterleib die Gallbewohner im Sommer angestochen haben. Auch sie glänzen metallisch grün und blau, gehören zu den Erzwespen und sind an dem langen Bohrer leicht zu erkennen.

Vorige Doppelseite: Die Gallen der Buchengallmücke (*Mikiola fagi*) sind „Miniökosysteme". In ihnen leben 12 verschiedene Insektenarten.

**Ahorn-Gallmilbe**
*Aceria macrorrhyncha*
Gallmilben
*Eriophyidae*

**K:** Rote Pusteln auf der Blattoberseite, unterseits mit Haarbesatz.
**V:** Während der gesamten Vegetationsperiode sehr häufig an Blättern des Feldahorns.
**L:** Die Milben greifen in den Hormonhaushalt der Pflanze ein und verursachen eine vermehrte Auxinproduktion. Dieses Pflanzenhormon bewirkt ein lokales Streckungswachstum einiger Zellbereiche der Blattoberfläche. Es entsteht eine Tasche, die sich aus der Blattoberfläche herauswölbt. Die Milben entwikkeln sich in dem darunterliegenden Hohlraum. Da alle Nachkommen durch Anstechen und Saugen Gallen erzeugen, nimmt die Gallenhäufigkeit während des Sommers zu.

**Rote Fichtengallenlaus**
*Adelges laricis*
Fichtenläuse
*Adelgidae*

**K:** Ananasähnliche Gallen mit grünen Zipfeln an den Triebspitzen, blaßgrün, haselnußgroß.
**V:** An Triebspitzen von Fichte und Lärche in ganz Europa.
**L:** Gefürchteter Forstschädling. Die befallenen Triebe wachsen meist nicht durch, am Scheitel wird die Nadelbildung blockiert. Komplizierte Entwicklung mit Wirtswechsel. Auf Lärchen unter Wachswolle überwinternde Läuse saugen an den Nadeln, ergeben geflügelte Weibchen, die teilweise an die Fichte zurückwandern. Eiablage an Fichte mit Gallenbildung. Mehrere Arten in Mitteleuropa mit der Fichte als Hauptwirt, aber auch auf andere Nadelbäume übergehend.

**Grüne Fichtengallenlaus**
*Sacchiphantes viridis*
Fichtenläuse
*Adelgidae*

**K:** Grüne, ananasähnliche Gallen mit roten Schüppchenrändern, häufig am Grunde von Maitrieben. Bis zwetschgengroß.

**V:** An Triebspitzen von Fichte und Lärche in ganz Europa. Ab Juli.

**L:** Gefürchteter Forstschädling. Die befallenen Triebe wachsen meist durch, am Scheitel wird die Nadelbildung blockiert, wenn die Galle am Scheitel sitzt. Komplizierte Entwicklung mit Wirtswechsel. Auf Lärche unter Wachswolle überwinternde Läuse saugen an den Nadeln, ergeben geflügelte Weibchen, die teilweise an die Fichte zurückwandern. Dort Eiablage mit Gallenbildung. Mehrere Arten in Mitteleuropa mit der Fichte als Hauptwirt.

**Weidenblattwespen**
*Pontania* spp.
Echte Blattwespen
*Tenthredinidae*

**K:** Meist bohnenförmige Gallen beiderseits von Weidenblättern, grün bis rot angelaufen, etwa 15–20 mm, häufig mehrere Gallen.

**V:** Überall häufig, stets nur auf Weidenarten.

**L:** Bislang 35 verschiedene Arten bekannt, am auffälligsten *P. vesicator* mit roten Blasengallen, *P. viminalis* mit Kugelgallen bildenden Formen. Die von den Weibchen abgegebenen Sekrete erzeugen die Gallen, in denen die an Schmetterlingsraupen erinnernden Larven fressen. Die Larven werden von 44 parasitischen Hautflügelarten parasitiert. Zusätzlich treten ein Rüsselkäfer und die Fruchtfliege *Euphranta toxoneura* als Larvenräuber auf.

**Gemeine Rosen-Gallwespe**
*Diplolepis rosae*
Gallwespen
*Cynipidae*

**K:** Bekannte Galle, meist rot, mit zipfelartigen Auswüchsen, stets auf Wildrosen, häufig auf Hundsrose (*Rosa canina*), im Volksmund „Schlafapfel" genannt.

**V:** Gallen ab Mai, Larven ab Juli–August, Wespen (5 mm) im folgenden Mai. Häufig an Waldrändern, in Hecken und Knicks.

**L:** Die Weibchen stechen im Frühjahr Rosenknospen an und legen Eier. Larven verursachen durch Fraß Gallenwachstum. Junge Gallen grün, später leuchtend gelb bis rot. Im Spätherbst und Winter findet man in den aufgeschnittenen Gallen (Foto) die ausgewachsenen Larven der Gallwespen, aber auch Larven anderer Hautflügler mit verschiedenen Lebensformen: Die Gallwespe *Periclistus* als „Untermieter", parasitische Erzwespen (*Torymus, Eurytoma, Habrocytus, Oligosthemus*) und Schlupfwespen (*Orthopelma*) treten als Schmarotzer mit komplizierten Wechselbeziehungen auf. Oft stehen sie in Konkurrenz untereinander. Der Zeitpunkt der Verholzung der Galle entscheidet mit darüber, welche parasitischen Hautflügler in das „Miniökosystem" gelangen. Die Rosengallwespe pflanzt sich meist parthenogenetisch fort (Jungfernzeugung). Deshalb sind Männchen sehr selten zu finden. Alle Gallenbewohner schlüpfen im Frühjahr, wenn die Hundsrosen neu ausschlagen.

**Eichen-Gallwespe**
*Diplolepis longiventris*
Gallwespen
*Cynipidae*

**K:** Auffallende, kugelige Gallen an der Unterseite von Eichenblättern. Gelblich mit roten Streifen.
**V:** An allen sommergrünen Eichenarten in ganz Europa häufig.
**L:** Rötlich schwarze Gallwespe mit Generationswechsel. Aus den Kugelgallen an den Eichenblättern schlüpft das sich durch Jungfernzeugung fortpflanzende Weibchen im Spätherbst oder Winter. Es sticht Eichenknospen an, die Larven veranlassen durch noch unbekannte Stoffe die Eiche, kleine, unscheinbare Knospengallen zu bilden. In diesen entwickeln sich Männchen und Weibchen. Nach der Begattung belegen die Weibchen Eichenblätter, die wiederum Kugelgallen bilden.

**Pfennig-Gallwespe**
*Neuroterus numismalis*
Gallwespen
*Cynipidae*

**K:** Bräunlich glänzende Seidenknopfgallen an der Unterseite von Eichenblättern, 2–3 mm breit, meist zu Hunderten pro Blatt. (Im Bild zusätzlich eine rotgestreifte Galle von *Cynips longiventris*.)
**V:** Überall im Herbst auf allen Eichenarten häufig. Von norddeutscher Tiefebene bis nach Südosteuropa.
**L:** Erreger der bekannten Gallenform ist eine unscheinbare Gallwespe mit Generationswechsel. Die eingeschlechtliche Generation erzeugt im Herbst die Pfenniggallen, die zweigeschlechtliche die ab Mai auftretenden, grünen Pustelgallen im Blatt. Die Pfenniggallen fallen im Spätherbst ab.

**Eichen-Gallwespe**
*Neuroterus quercus-baccharum*
Gallwespen
*Cynipidae*

**K:** Gallen in zwei Formen: Im Herbst bräunliche, flache Linsengallen an der Unterseite von Eichenblättern, im Frühjahr kugelige, grüne Gallen von Weinbeerengröße.
**V:** Überall häufig, stets nur auf Eichenarten beschränkt.
**L:** Erreger der Gallen ist eine winzige, schwarze Gallwespe mit interessantem Generationswechsel: Im März erzeugt ein unbegattetes Weibchen durch den Anstich Kugelgallen, in denen die Larven bis Frühsommer fressen. Aus den Puppen schlüpfen Männchen und Weibchen. Nach der Begattung erzeugen die Weibchen Linsengallen, in denen die Larven den Winter über fressen.

**Eichen-Gallwespe**
*Andricus kollari*
Gallwespen
*Cynipidae*

**K:** Hellbraune, glatte, kugelige Gallen bis zu 28 mm Durchmesser. In der Mitte mit einer Larvenzelle, die von schwammigem Gewebe umgeben ist. Wespe etwa 6 mm, schwarzrot glänzend.
**V:** Stets nur an Eichenarten, Europa.
**L:** Gallwespe mit Generationswechsel. Aus den Kugelgallen entwickeln sich Männchen und Weibchen, die im Herbst oder Winter schlüpfen. Nach der Begattung stechen die Weibchen Eichenknospen an und erzeugen bis 2 mm große, unscheinbare Knospengallen. Die im Juli/August schlüpfenden, unbefruchteten Wespen erzeugen wieder Kugelgallen an Eichentrieben. Früher zur Ledergerbung geerntet.

**Eichen-Gallwespe**
*Cynips quercusfolii*
Gallwespen
*Cynipidae*

**K:** Kugelige Galläpfel an der Unterseite von Eichenblättern, 15–25 mm groß.
**V:** Überall häufig, stets nur auf Eichenarten beschränkt.
**L:** Erreger der bekannten Gallenform ist eine unscheinbare Gallwespe mit Generationswechsel. Im Winter schlüpft ein geflügeltes Weibchen, legt ein Ei in schlafende Knospen. Während der Larvenentwicklung entsteht unauffällige Knospengalle. Daraus schlüpfen im Mai/Juni sehr kleine Männchen und Weibchen (1–3 mm). Nach der Begattung Eiablage in Blattnerven der Unterseite. In der Kugelgalle entsteht eine Larvenkammer mit Nährgewebe für die Larve.

**Eichen-Schwamm-Gallwespe**
*Biorhiza pallida*
Gallwespen
*Cynipidae*

**K:** Knollige bis kartoffelgroße Gallen an Jungtrieben.
**V:** Häufig an mehreren Eichenarten in ganz Europa. An einzelnstehenden Bäumen auffallend.
**L:** Der Erreger ist eine rötlich glänzende, kleine Gallwespe mit merkwürdigem Generationswechsel. In den mehrkammerigen Zweiggallen entwickeln sich Larven, die im Sommer geflügelte Männchen und kleine, teils ungeflügelte Weibchen ergeben. Nach der Begattung gehen die Weibchen in die Erde und legen Eier in die Eichenwurzeln. Ausschlüpfende, unbefruchtete Weibchen sind flügellos. Sie stechen noch im Winter Eichenknospen an und erzeugen Kartoffelgallen.

**Buchengallmücke**
*Mikiola fagi*
Gallmücken
*Cecidomyiidae*

**K:** Anfangs grüne, später rote, zipfelige Galle auf Rotbuchenblättern, meist oberseits.
**V:** Überall häufig, im gesamten Verbreitungsgebiet der Buche auftretend.
**L:** Die winzigen, unscheinbaren Gallmücken schlüpfen im zeitigen Frühjahr und belegen jüngste Buchenblätter während der Entfaltung mit Eiern. Die Junglarve veranlaßt das Buchenblatt eine Galle zu bilden, in der sie von Nährgewebe lebt. Im Oktober fallen die Gallen ab. Massenauftreten im Abstand von 7–10 Jahren. Schwankungen werden durch 10 konkurrierende Arten parasitisch lebender Hautflügler verursacht.

**Buchengallmücke**
*Hartigiola annulipes*
Gallmücken
*Cecidomyiidae*

**K:** Rundliche, pustelartige, meist behaarte Gallen, etwa 3–4 mm groß, stets auf der Blattoberseite von Rotbuchenblättern.
**V:** Überall häufig, im Verbreitungsgebiet der Buche auftretend.
**L:** Die unscheinbaren, sehr zarten Gallmücken schlüpfen im Frühjahr aus dem Boden und belegen die Blätter mit Eiern. Die Larven veranlassen die Pflanze, Gallen zu bilden, in denen sie sich entwickeln. Ähnlich wie *Mikiola fagi* wird diese Art von parasitisch lebenden Hautflüglern, meist Erzwespen ausgebeutet. Unterschiedliche Befallsraten der Wirte führen zu auffälligen Schwankungen der Gallenhäufigkeit von Jahr zu Jahr.

# Bodenleben

Die wichtigste Funktion von Bakterien, Pilzen und Tieren des **Bodens** ist die Rückführung von Mineralien in den Stoffkreislauf, die Dekomposition. Wozu? Pflanzen benötigen für die Photosynthese Sonnenlicht, Kohlendioxid und Wasser. Alle diese Faktoren stehen meist unbegrenzt zur Verfügung. Aber die Pflanzen benötigen zusätzlich Mineralien wie Phosphorverbindungen, Magnesium und vor allem Stickstoff zur Synthese von Aminosäuren und Eiweiß. Diese Stoffe sind Mangelware im Wald. Deshalb ist ein Recycling dieser Minerale aus totem Material zum Weiterleben eines Waldes unbedingt notwendig. Wer betreibt Recycling? Trocknet man eine Bodenprobe aus dem Wald, so entfallen 10% auf organisches Material. In diesem kleinen Anteil von Material, das aus Lebensprozessen stammt, sind 80% tote Pflanzen, 15% lebende Wurzeln und 5% Bodenlebewesen. Die wiederum besitzen die Schlüsselfunktion eines Waldes, sie schließen die Minerale für das Leben auf: Sie bestehen aus Algen und Pilzen (40%), Bakterien (40%) und 20% Regenwürmern, Tausendfüßlern, Asseln, Springschwänzen und anderen Insekten.

Wenn nur eine dieser Gruppen im Boden fehlt, ist das Ökosystem Wald empfindlich gestört. Der Energiefluß und die Stoffkreisläufe sind unterbrochen. Der naturnahe Wald kann ohne Jäger und Förster, ohne Vögel und Wild auskommen – er würde dennoch im Urzustand weiter funktionieren. Das Ökosystem Wald kann aber nie ohne Zersetzer auskommen, die das tote Material zu Humus aufbereiten. Die einzelnen Mitglieder an der Dekomposition arbeiten wie hintereinandergeschaltete Mahlsteine einer großen Mühle. Sie leben zum größten Teil in der Laubstreu und im Erdreich.

Die großen Mahlsteine (Makrofauna): Diese Lebensformen öffnen als erste Blatt und Holz und schaffen Pforten für Pilze und Bakterien. Das Mahlwerk des Waldes beginnt bereits auf dem lebenden Blatt und im lebenden oder toten Holz. Viele Phytophage (pflanzenfressende Lebensformen) benagen das Blatt oder fressen die Chlorophyllschicht. Beispiele sind Schmetterlingsraupen, der Buchenspringrüssler oder Grünrüssler. Im Holz leben die Larven von Bockkäfern, unter der Rinde der Borkenkäfer. Das Totholz durchtunneln Ameisen (*Lasius*).

Mittelgroße Mahlsteine (Mesofauna): Diese Lebensformtypen zerstören stufenweise Laub und Holz. Hierzu gehören die Fadenwürmer, Asseln, Schnurfüßer, Regenwürmer, Milben, Springschwänze, Fliegen- und Käferlarven. Springschwänze öffnen das Blatt auf der gesamten Fläche, Regenwürmer und Insektenlarven zerstückeln es und transportieren es in die feuchten Schichten des Bodens.

Kleinste Mahlsteine (Mikrofauna): Die kleinsten Zersetzer brechen die organischen Verbindungen auf und zerlegen sie. Zu ihnen gehören Einzeller, Bakterien und Pilze. Bäume nutzen die Pilze in einer Partnerschaft. Deren Myzele durchziehen den Boden mit einem viel feineren Geflecht, als es Bäume mit Wurzeln könnten, und sammeln deshalb mehr Stickstoffverbindungen ein. Pilze vermitteln den Bäumen über eine Wurzelgemeinschaft (Mykorrhiza) den notwendigen Stickstoff. Die Bäume wiederum liefern den Pilzen, die selbst keine Photosynthese betreiben können, Zucker und Eiweißbausteine. Die im Bestimmungsteil dargestellten Arten sind leicht auffindbare Repräsentanten dieser Lebensformtypen in der Laubstreu.

**Waldform und Laubstreu**

Jede Waldform besitzt einen anderen Aufbau der Laubstreu und damit der hier lebenden Organismen. Im Buchenwald liegen rund sechs Blattschichten übereinander, im Eichenwald dagegen nur etwa drei Blattschichten. Das Lückensystem ist also anders aufgebaut. Außerdem bewirkt der bei der Rotbuche sehr starke Stammablauf des Regenwassers eine Vernässung des Wurzelhalses. Das führt zu einer Verschiebung der Tierwelt. An solchen Stellen leben vermehrt feuchtigkeitsliebende Trauermückenlarven und Springschwänze. Die Bäume selbst beeinflussen mit ihren unterschiedlichen Inhaltsstoffen (z.B. Gerbstoffe) die Zusammensetzung der abbauenden Arten wie Regenwürmer, Tausendfüßler und Fliegen. Die Nadelstreu zersetzt sich wegen des hohen Harzanteiles langsamer als die Laubstreu. Daher bildet sich in Nadelwäldern vermehrt der „Moderboden" mit weitreichenden Einflüssen auf die Käferfauna des Waldbodens. Meist deswegen, weil sich ihre Beute ändert. In Nadelwäldern ändert sich auch die Pilzflora. Viele Insektenarten wie Pilzmücken und Kurzflügelkäfer sind an die Ausnutzung bestimmter Pilzgruppen gebunden. Daher ändert sich auch die Zusammensetzung der Bodeninsekten je nach Waldtyp.

**Räuber-Beute-Beziehungen**

Die meisten Waldinsekten wechseln im Laufe eines Jahres ihren Wohnort. Zum Großteil überwintern sie als Eier, Larven oder Puppen im Boden, da unter der Laubstreu auch in kalten Wintern Temperaturen über dem Gefrierpunkt konstant vorherrschen. Nach der Laubentfaltung wandern die Insekten in den Kronenbereich zum Fressen.

Dort verbraucht die Gesamtheit der Pflanzenfresser während eines Jahres im Schnitt nur etwa 5% der Blätter und Nadeln. Ökologen vermuten, diese Menge sei von den Bäumen ertragbar und habe sich im Laufe der Entwicklung des Ökosystems Wald aus mehreren Faktoren eingependelt. Zum einen sorgen die Bäume mit fraßhemmenden Stoffen für eine Begrenzung der Fraßschäden. Zum anderen sorgt eine hohe Dichte an räuberischen Tieren in der Laubstreu für eine notwendige Verringerung der pflanzenfressenden Insekten während des Winters.

Nach einer Massenvermehrung der Kiefernblattwespe fand man, daß 77% der Puppen dieses Forstschädlings in der Laubstreu von Mäusen und Drahtwurmlarven verzehrt wurden. Offensichtlich kommt den räuberischen Organismen der Laubstreu eine wichtige Rolle bei der Einregulierung eines Gleichgewichtes zwischen Pflanzenfressern und ertragbaren Blattschäden zu. Da eine Veränderung der Waldform auch die Bodenfauna verändert, liegt sicher auch eine Zunahme einzelner Schädlinge in den veränderten Räuberdichten des Bodens. Das trifft besonders die Rolle der meist winzigen „Parasitoide", das sind vor allem Hautflügler, deren Larven in anderen Insekten schmarotzen und diese dann abtöten. In den Wäldern Mitteleuropas leben rund 3000 verschiedene Arten. Aus einem Quadratmeter Buchenwald schlüpften rund 250 Zehrwespen, die Insekteneier befallen. Beim Kiefernspanner beispielsweise wurden über 90% der Eier des Schädlings durch diese Wespen verzehrt. Somit spielt die Laubstreu die wichtigste Rolle in Waldökosystemen.

Vorige Doppelseite: Die wichtigste Funktion von Pilzen wie dem Stockschwämmchen ist die Rückführung von Mineralien in den Stoffkreislauf.

**Schuppiger Porling**
*Polyporus squamosus*
Seitlingsartige
*Polyporaceae*

**K:** Großer, nierenförmiger Pilz mit seitlich gestieltem, ockergelben Hut, bis zu 50 cm Durchmesser. An Baumstümpfen und lebenden Laubbäumen. Oft mehrere Fruchtkörper übereinander.
**V:** An Laubbäumen.
**L:** Stellvertretend für die große Vielfalt an Porlingen in Waldökosystemen: Dieser Pilz lebt parasitisch von Laubbäumen, erzeugt Weißfäule und leitet das Absterben und die Zersetzung ein. Er gehört damit in die Gilde der lebensnotwendigen Zersetzer im Wald. Hutpilze sind ökologische Kleinsysteme: Im Pilz entwickeln sich mindestens 50 verschiedene Insektenarten, vor allem Zweiflügler (*Diptera*).

**Breitblättriger Rübling**
*Megacollybia platyphylla*
Ritterlingsartige
*Tricholomataceae*

**K:** Ab Ende Mai sehr häufiger Pilz des Buchenwaldes. Hut graubraun, faserig, rissig. Myzel strangartig, läßt sich im Boden verfolgen.
**V:** In feuchten Buchenwäldern.
**L:** Stellvertretend für die vielen hundert Pilzarten eines Waldes: In den Hutkörpern vieler Pilzarten entwickelt sich eine spezielle, artenreiche Insektenfauna. Deren Larven, als Maden bekannt, fressen im Hutfleisch und im Stiel. Nach der Verpuppung im Boden unter dem Pilz streut dieser seine Sporen aus. Die schlüpfenden Insekten beladen sich mit den Sporen und transportieren diese zu anderen Myzelen. Pilze betreiben den Abbau im Wald (Stickstoff-Recycling).

**Regenwurm**
div. Arten
Regenwürmer
*Lumbricidae*

**K:** Drehrunde, gleichgegliederte Ringelwürmer.
**V:** In allen humosen Böden, in Waldböden je nach Untergrund verschiedene Arten, z.B. *Dendrobaena rubida* und *Lumbricus rubellus* in gekalkten Buchenwäldern.
**L:** Regenwürmer sind Fresser von organischer Substanz, die bereits von Bakterien und Pilzen besiedelt wurden, so von Pflanzen im Fäulniszustand und von Tierkot. In einem Laubwald leben pro Hektar bis zu 250000 Regenwürmer, die beim Zersetzungs-und Recyclingsprozeß der Laubstreu mitarbeiten. Den Winter verbringen viele Arten in einer kleinen, mit Schleim ausgekleideten Erdhöhle.

**Pseudoskorpion**
*Neobisium muscorum*
Pseudoskorpione
*Chthoniidae*

**K:** Sehr kleine (2–4 mm) Spinnentiere der Laubstreu mit sehr typischem Körperbau (Foto).
**V:** In der Laubstreu, unter Rinde und unter Steinen.
**L:** Pseudoskorpione leben räuberisch von Springschwänzen und Staubläusen. Die Nahrung wird vor dem Mund verflüssigt und mit einer Vorderdarmpumpe eingesogen. Viele Arten vollführen eine Balz, bei der das Weibchen über ein vom Männchen abgesetztes Samenpaket gezogen wird. In der Laubstreu eines Quadratmeters Buchenwald oder eines Fichtenforstes leben etwa 100 Pseudoskorpione. Sie werden hauptsächlich von Steinläufern (*Lithobius*) gefressen.

**Wolfspinne**
*Pardosa lugubris*
Wolfspinnen
*Lycosidae*

**K:** Rund 6 mm große Spinne mit einem typischen hellen Rückenstrich auf dem graubraunen Körper.
**V:** Überall an sonnigen Waldrändern, an Wegrändern und auf sonnigen Lichtungen, stets in Bodennähe.
**L:** Diese Art lebt räuberisch in der sonnenbeschienenen Laubstreu. Die Wolfspinne erbeutet im schnellen Lauf Insekten bis zur eigenen Körpergröße. Beim sehr häufig zu sehenden Sonnenbaden ruhen die Tiere mit vorgestreckten Vorderbeinen auf niedrigen Pflanzen und lassen sich kaum stören. Im Frühsommer tragen sie einen papierartigen Kokon am Hinterende herum.

**Weberknecht**
*Mitopus morio*
Schneider
*Phalangiidae*

**K:** Kleiner Weberknecht der Laubstreu (4–8 mm), oft mit roten Milben besetzt.
**V:** Diese Art lebt vor allem zwischen niedriger Vegetation in Wäldern.
**L:** Weberknechte besitzen sehr lange Beine, mit denen sie in der Vegetation nach toten und kleineren lebenden Insekten suchen. Diese Art klettert sogar Stämme hoch. In Eichenmischwäldern der Alpen wurden bis zu 32 Tiere pro Quadratmeter gefunden. Weberknechte besitzen an den Beinen Sollbruchstellen, an denen die Tiere ihre Beine bei Gefahr abwerfen können. Die abgeworfenen Glieder zucken sogar noch nach, um die Räuber abzulenken.

**Mauerassel**
*Oniscus asellus*
Mauerasseln
*Oniscidae*

**K:** Flaches, ovales Tier mit Rückenplatten, schmutzig graubraun mit Antennen.
**V:** In feuchten, kalkreichen Laubwäldern in der Laubstreu, in zerfallenden Stubben. Gelegentlich unter Steinen.
**L:** Diese Landassel gehört zur Gilde der Primärzersetzer eines Waldes. Nach den Springschwänzen öffnen die Asseln das abgefallene Laubblatt weiter, nagen Löcher hinein und sind so ein wichtiger „Mahlstein" bei der Laubzersetzung. Die Asseln gehören zu den Krebstieren und decken ihren Sauerstoffbedarf durch Kiemen und „Behelfslungen" an den Beinen. Sie sind sehr feuchtebedürftig.

**Rollassel**
*Armadillidium vulgare*
Rollasseln
*Armadillidiidae*

**K:** Flaches Tier mit Rückenplatten, rollt sich bei Trockenheit und Berührung zusammen. Blaugrau, häufig.
**V:** In der obersten Bodenschicht von Ruderalstellen, unter Steinen.
**L:** Die Anpassung der einst wasserbewohnenden Asseln an das Landleben ging in Stufen vor sich. Die Rollasseln haben bereits zurückgebildete Kiemen, ihr Panzer bietet Verdunstungsschutz, ihr Rollvermögen schützt bei Trockenheit. Rollasseln sind die Mahlsteine des Waldes, sie fressen Löcher in abgestorbene Blätter und ermöglichen Bakterien und Pilzen den Zugang. In feuchten Wäldern lebt häufig *A. opacum*, während *A. vulgare* in trockeneren Böden vorkommt.

**Saftkugler**
*Glomeris marginata*
Saftkugler
*Glomeridae*

**K:** Schnurfüßer mit hartem Außenskelett, rollt sich bei Berührung mehrere Stunden lang zusammen. Glänzend schwarz, ungefleckt. Hinterränder der Ringe gelblich.
**V:** In nährstoffreichen Buchenwäldern, häufig in der obersten Laubstreu.
**L:** Wie viele Schnurfüßer gehören die Saftkugler zu den Primärzersetzern des Laubes. Sie öffnen das Blatt an der Oberfläche mechanisch und ermöglichen Pilzen und Bakterien den Zugang. Die Vermehrung erfolgt über Eier, die Larven leben ebenfalls in der Laubstreu und entwickeln sich innerhalb von 4 Wochen. Geschlechtsreif werden Saftkugler erst nach dreieinhalb Jahren.

**Doppelfüßer**
*Cylindroiulus silvarum*
Doppelfüßer
*Iulidae*

**K:** Drehrunde langgestreckte Tiere (50 mm) mit starker Panzerung. Rollen sich bei Berührung zu einer Scheibe. Mit rund hundert Beinpaaren.
**V:** In den obersten Schichten humoser Laubstreu und in Stubben.
**L:** Schnurfüßer wühlen sich durch den Boden, wobei sie den Kopf als „Rammbock" verwenden. Die Schubkraft entsteht durch die vielen Beinpaare, die sich von vorne nach hinten wellenartig nacheinander bewegen. Sie können so Gänge durch morsches Holz und Humusschichten fressen. Mit dieser Tätigkeit durchlüften sie den Boden, bringen Mikroorganismen ein und zerkleinern morsches Holz.

**Steinläufer**
*Lithobius* spec.
Steinläufer
*Lithobiidae*

**K:** Wie bei allen Hundertfüßern trägt jedes der abgeflachten Körpersegmente je ein Beinpaar (Ausnahme: erstes und die drei letzten). Beweglicher und schneller Läufer im Lückensystem der Laubstreu.

**V:** Modrige Stubben, Laubstreu, Hohlräume unter Bäumen, Steinen.

**L:** Dieser sehr häufige Räuber jagt nachts Springschwänze und Bodeninsekten. Die Beute ergreift er mit Kieferfüßen, die zu Giftklauen umgewandelt sind. Der Biß eines Steinläufers kann die Wirkung eines Bienenstichs haben. Die Dichte in feuchten Buchenwäldern reicht von 10–100 Individuen/qm. Bei Trockenheit verkriechen sich Steinläufer in tiefere Bodenschichten.

**Erdläufer**
*Geophilus longicornis*
Erdläufer
*Geophilidae*

**K:** Wurmartiger, abgeflachter Hundertfüßer (30–40 mm), sehr wendig. Bewegt sich wurmähnlich. Meist gelblich.

**V:** In Hohlräumen von Wald-, Wiesen- und Ackerböden.

**L:** Der Erdläufer zwängt sich durch Bodenhohlräume und Lücken von grasigen, humosen Bodenschichten. Bei Berührung versucht er sich so aufzuwinden, daß die Unterseite mit zahlreichen Wehrdrüsen nach außen kommt. Erdläufer fressen fast ausschließlich Regenwürmer und andere kleinere Bodenwürmer (Enchytraeiden). Die Entwicklung vom Ei bis zum geschlechtsreifen Tier dauert 3 Jahre. Das Lebensalter kann 6 Jahre betragen.

**Doppelschwanz**
*Campodea* spec.
Doppelschwänze
*Diplura*

**K:** Kleine, weiße Urinsekten, die beim Zerbröseln feuchter Rinde davonhuschen. Länglich mit 2 typischen Anhängen. Etwa 10 mm groß, lichtscheu.

**V:** In der Humusschicht unter Laub, in feuchten, bröseligen Stubben.

**L:** Diese blinden Urinsekten leben im Lückensystem der Laubstreu und zerfallender Stubben und ernähren sich räuberisch von Springschwänzen, Mückenlarven und Fadenwürmern. Einige sollen auch pflanzliche Nahrung annehmen. Die Fühler und Anhänge dienen zum Abtasten der Lücken. In Buchenwaldböden leben rund 140 Individuen/qm. Sie sind sehr feuchteliebend und sterben bei Trockenheit sofort ab.

**Springschwanz**
div. Arten
Springschwänze
*Collembola*

**K:** Sehr kleine Urinsekten, 0,2–10 mm, meist weißlich, fallen im Humus auf, weil sie lebhaft springen.

**V:** In den obersten Schichten der Humusauflage aller Böden. Häufig in Pilzlamellen und Rinde.

**L:** Die flügellosen Urinsekten gehören zu den wichtigsten Primärzersetzern eines Waldbodens. Sie öffnen das Blatt und ermöglichen den weiteren Abbau durch Asseln, Pilze und Bakterien. Hohe Individuenzahlen in Böden: In Buchenwäldern bis zu 17 000/qm, in Fichtenforsten bis zu 68 000/qm, in Wiesenböden sogar bis zu 109 000/qm. Ohne diese Tiergruppe wäre eine Rückführung der Nährstoffe in den Stoffkreislauf unmöglich.

**Waldschabe**
*Ectobius silvestris*
Kleinschaben
*Ectobiidae*

**K:** Sehr ähnlich den Kakerlaken, nur kleiner. Gelblichbraun, Fühler lang und ständig tastend in Bewegung. Flügeldecken bedecken kaum Hinterleib (Weibchen).

**V:** In der Kraut- und Bodenschicht überall häufig in Laub- und Nadelwäldern. In Mitteleuropa nur wenige freilebende Schabenarten.

**L:** Waldschaben sind wärmeliebende Allesfresser. Die Weibchen sind tagaktiv und leben mehr in der Laubschicht, die Männchen klettern oft auf Büsche. Bei der Paarung nähert sich das Männchen der Partnerin rückwärts mit angehobenen Flügeln. Die Eikokons werden vom Weibchen eine Weile mitgetragen. Überwintern als Larven.

**Waldgrille**
*Nemobius silvestris*
Grillen
*Gryllidae*

**K:** Kleine, dunkle Grillenart mit stark verkürzten Flügeln. Weibchen mit Legesäbel.

**V:** Lichte Laubwälder, Waldschneisen, Stellen mit viel Fallaub.

**L:** Diese kleine Grille wird häufig übersehen und überhört, da die Männchen nur leise zirpen, was mehr an „Schnurren" erinnert. Sie ist sehr schnell und springt beim kleinsten Schatten. Die Weibchen legen ab August bis zu 200 Eier in den Boden. Die Larven sehen bereits wie kleine Grillen aus und überwintern. Sie sind bereits im Frühjahr aktiv und ernähren sich von Fallaub. Die erwachsenen Waldgrillen fressen auch lebende, weichhäutige Insekten.

**Waldohrwurm**
*Chelidurella acanthopygia*
Ohrwürmer
*Forficulidae*

**K:** Langgestreckter, abgeflachter Körper, Flügel reduziert, Hinterleib mit langen Zangen. Körper braun.
**V:** Laub-Mischwälder. Im Frühjahr und Herbst in der Laubstreu, im Sommer häufig auf Sträuchern.
**L:** Ohrwürmer sind harmlose Insekten. Tagsüber leben sie in Ritzen versteckt, nachts gehen sie auf Suche nach Insekten, Blattlaushonig, den Ausscheidungen von Blattflöhen und zarten Pflanzenteilen. Die Zangen dienen zusammen mit einem stinkendem Sekret zur Feindabwehr, zum Ergreifen der Beute und zum Entfalten der Hinterflügel (bei flugfähigen Arten). Ohrwürmer betreiben Brutpflege. Das Weibchen bewacht das Eigelege.

**Larven von Mistkäfern**
*Geotrupes* spec.
Mistkäfer
*Scarabeidae*

**K:** Meist gekrümmte Larven (Engerlinge) mit kräftiger Kopfkapsel und drei Beinpaaren am Brustabschnitt.
**V:** Im Herbst in der Laubstreu, besonders unter Kotresten.
**L:** Die weiblichen Mistkäfer graben im Sommer unter Kotballen zweimal sechs Stollen in den Boden und füllen diese mit Dungwürsten. Nach der Eiablage entwickeln sich die Larven in dem vergrabenen Substrat. Die engerlingsähnlichen Larven fressen bis zum Herbst und überwintern. Die winterliche Larvenruhe wird häufig im Herbst durch die abnehmende Tageslänge ausgelöst, die eine innere, meist hormonelle Uhr steuert.

**„Drahtwürmer"**
Larven von Schnellkäfern
Schnellkäfer
*Elateridae*

**K:** Gelbliche, auch braune Larven mit harter Chitinhülle und kurzen Beinen. Kopf in einer Kapsel mit zangenartigen Mundwerkzeugen.
**V:** Ab Sommer häufig in Holzmulm oder in humosen Böden.
**L:** Die Käfer leben während der Vegetationsperiode von oberirdischen Pflanzen. Nach der Eiablage in den Boden entwickeln sich die Larven vieler Schnellkäfer im Holzmulm oder an Wurzeln. Die Arten im Holzmulm leben meist räuberisch von Würmern und anderen Insekten. Die Entwicklung kann sich über mehrere Jahre hinziehen. Nach mehreren Häutungen verpuppen sich die Larven meist im Frühsommer oder Frühling. Sehr häufig.

**Larve des Eichenbocks**
*Cerambyx cerdo*
Bockkäfer
*Cerambycidae*

**K:** Kräftige, fleischige Made, meist weiß bis gelblich, Beine fehlen. Kräftiger Kopf mit starken Mundwerkzeugen. Larvenkörper mit Querwülsten zur Fortbewegung in den Gängen. Gänge mit braunem Nagemehl vollgestopft.
**V:** Im Kernholz von überständigen oder geschädigten Eichen. Meist an umgestürzten und zerfallenden Bäumen mit sich ablösender Rinde.
**L:** Die Larven des Eichenbocks nagen anfangs oberflächige Gänge unter der Rinde, später Gänge ins Splintholz. Die Wände der Gänge färben sich meist durch Pilzmyzel dunkel. Die 90 mm großen Larven werden bevorzugt von Spechten gesucht.

**Larven von Haarmücken**
*Bibio/Penthetria* spec.
Haarmücken
*Bibionidae*

**K:** Dunkle, längliche Larven (10–25 mm) mit Kopfkapsel und kräftigen Mundwerkzeugen.
**V:** Unter Fallaub in der Humusschicht, in der Nähe von Stöcken.
**L:** Die Larven der Haarmücken leben gesellig in oberen Bodenschichten von abgestorbenem Pflanzenmaterial, manchmal auch von Wurzeln. Durch das kolonieweise Vorkommen erfolgt eine rasche Umsetzung des Fallaubs in Humus. Damit haben die sehr häufigen Haarmücken eine bodenbiologisch wichtige Rolle im Wald. Einige Arten leben im Mulm zerfallender Stubben und sind eine wichtige Lebensform in den Abbauprozessen der Wälder.

**Schmetterlingspuppe**
*Hadena* spec.
Eulen
*Noctuidae*

**K:** Mumienpuppe in einer Erdhöhle.
**V:** In der Humusschicht, oft in der Nähe vom Stammfuß.
**L:** Die Puppen aller höherentwikkelten Schmetterlinge sind Mumienpuppen (Pupa obtecta). Bei diesem Typ, der meist im Boden oder im Moos angelegt wird, sind die Mundteile, Beine und Flügelscheiden fest mit der Puppenhülle verwachsen. Nur der Hinterleib ist beweglich. Die Puppen reagieren auf Berührung mit kreisenden Bewegungen des Hinterleibs. Im Inneren findet der Umbau der Organe statt, der durch ein Wechselspiel verschiedener Hormone gesteuert wird.

**Waldköcherfliege**
*Enoicyla pusilla*
Köcherjungfern
*Limnophilidae*

**K:** Larven in einem Köcher (8 mm) aus feinen Sandkörnchen. Imagines (11–16 mm) unterschiedlich: Männchen glänzend schwarz, Vorderflügel rauchfarben, fliegen selten. Weibchen braun, mit Flügelstummeln. Einzige Köcherfliegengattung mit an Land lebenden Larven.

**V:** In feuchten Laubwäldern Norddeutschlands sehr häufig.

**L:** Die Imagines sitzen im September/Oktober in großer Zahl in der niederen Waldvegetation. Die Männchen suchen die Weibchen zur Begattung. Die Eier werden in Gallerten zwischen Moos abgelegt. Die Imagines sterben nach 2 Wochen, ohne Nahrung aufzunehmen. Die Larven beginnen sofort mit dem Köcherbau aus kleinen Sandkörnchen, den Köcher kleiden sie innen mit einer glasartigen Kittmasse aus. Die Larven ernähren sich ausschließlich von Fallaub und Moos. Meist sind die Köcher in großer Zahl am Stammfuß bemooster Buchen zu finden. Ab Juli spinnen die Larven ihren Köcher hinten zu und bleiben bis zur eigentlichen Verpuppung im Herbst ohne Nahrung. Dann wird auch der Vordereingang zugesponnen. Die Puppenruhe dauert 4 Wochen in Form einer beweglichen Puppe. Danach beißt die bewegliche Puppe mit kräftigen Beißwerkzeugen den Deckel ab und verläßt den Köcher. Die Imagines schlüpfen unmittelbar folgend.

# Schnecken

Die Mehrzahl der **Schnecken** ernährt sich von vermoderndem Pflanzenmaterial. Deshalb sind sie in das Mahlsystem der laubabbauenden Lebensformen eines Waldes mit eingebunden. Sie fressen auch Algen, Flechten, Samen und Früchte, vielfach auch Pilze. Schnecken sind übrigens kein Maßstab dafür, ob Pilze genießbar oder giftig sind. Diese Organismen verfügen über andere Enzymsysteme als wir Menschen und können auch hochgiftige Pilze schadlos fressen. Lebende grüne Pflanzen werden weniger häufiger angenommen. Einige Waldarten fressen auch Aas, obwohl es nur wenige fleischfressende oder gar räuberische Formen gibt wie die auch in Wäldern lebende Familie der Glanzschnecken, die häufig andere Schneckenarten erbeutet. Da die Landschnecken kaum auf bestimmte Nahrung spezialisiert sind, wirken auf sie Waldveränderungen und unterschiedliche Feuchtebedingungen stärker ein als das Fehlen einer Nahrungspflanze.

Die Sterblichkeit von Schnecken ist in den ersten Lebenstagen nach dem Schlupf aus den Eiern sehr hoch. Kaum 5% erreichen die Geschlechtsreife. Unter den Feinden ist besonders die Singdrossel ein eifriger Schneckenjäger. Sie greift die Häuser mit dem Schnabel und zertrümmert sie auf einem Stein, den sie längere Zeit als Amboß benutzt. Spitzmäuse und Igel fressen mit Vorliebe Schnecken, und manche Laufkäferarten der Laubstreu sind auf Schnecken spezialisiert. Die Larven des Glühwürmchens leben ausschließlich von diesen Weichtieren.

**Ansprüche an den Lebensraum:** Waldgebiete bieten den Landschnecken von allen für sie besiedelbaren Lebensräumen die größte Vielfalt an Habitaten. Ihre ausgeglichenen Wetterbedingungen mit stets hoher Luftfeuchte, vielen Versteckmöglichkeiten und unterschiedlichen Nahrungsquellen bieten rund 40 Schneckenarten Lebensmöglichkeiten. Allerdings verringern die Waldbewirtschaftung und der durch Nadelforste versauernde Boden die Artenvielfalt. In solchen Wirtschaftswäldern sind nicht mehr als 10 Schneckenarten zu erwarten.

Landschnecken sind ständig bemüht, hohe Feuchteverluste und Vertrocknen zu vermeiden. Deshalb sind sie meist nach Regenfällen oder nachts aktiv. Die nächtliche Lebensweise schützt sie auch vor tagaktiven Räubern, vor denen sie keine Fluchtmöglichkeiten haben. Viele Arten leben dauernd auf der Bodenoberfläche, einige jedoch, die Nacktschnecken gehören dazu, klettern auf Bäume und weiden dort den Algenbewuchs der Rinden ab. Bei kühlem und trockenem Wetter vergraben sich Nacktschnecken im Boden, in Steinspalten oder unter Baumstubben. Diese Wendigkeit besitzen die Gehäuseschnecken nicht. Sie können sich jedoch in das wasserdichte Kalkgehäuse zurückziehen und so ihre Oberfläche verringern. Während länger andauernder Trockenperioden verschließen die Gehäuseschnecken ihr Haus mit einem Kalkdeckel (Diaphragma) und fallen in eine Art Trockenstarre. Auf diese Art überwintern auch viele Arten. Die Gehäuseschnecken haben einen bestimmten Kalkbedarf, um ihr Haus aufbauen zu können. Folglich werden Wälder mit kalkhaltigem Untergrund häufiger von Schnecken besiedelt als saure Moor- oder Nadelwaldböden.

Vorige Doppelseite: Die Weißmündige Bänderschnecke (*Cepaea hortensis*) lebt vorzugsweise in feuchten Wäldern und in Hecken.

**Schließmundschnecke**
*Clausilia* spec.
Schließmundschnecken
*Clausiliidae*

**K:** Kleine Gehäuseschnecken (Gehäuse: 2 cm lang) mit auffällig gewundenem, spindelförmigen, turmähnlichen Haus.
**V:** In Mitteleuropa in feuchten Wäldern mit bemoosten Bäumen, Felswänden oder Steinen überall häufig.
**L:** Der Name Schließmundschnekke rührt von der Fähigkeit her, das Haus bei Trockenheit mit einer löffelförmigen Kalkplatte (Clausilium) zu verschließen. Die bei uns häufigeren Arten sind Pflanzenfresser und weiden in Wäldern vor allem bemooste Baumstubben ab. Dort findet man sie meist recht zahlreich. Gelegentlich sieht man diese Kleinschnecken den Algenbewuchs von Buchen abweiden.

**Kleine Turmschnecke**
*Ena obscura*
Turmschnecken
*Enidae*

**K:** Gehäuse turmförmig, hellbraun mit feingerieften Umgängen. Mundöffnung verbreitert und weiß.
**V:** Häufig in Wäldern und Hecken, auch an schattigen Felsen und Mauern. In den Alpen bis 2000 m.
**L:** Diese Art lebt auf feuchteren Waldböden, steigt aber auch Stämme hoch und beweidet den Algenbewuchs der Bäume. Die ausgewachsenen Schnecken sind wegen ihrer auffallenden Gehäuseform leicht zu finden. Die Gehäuse von Jungschnecken sind oft mit Erdkrümeln getarnt. Schnecken wachsen, indem sie laufend Zuwachsstreifen an der Gehäusemündung anlegen, bis die arttypische Größe erreicht ist.

**Große Wegschnecke**
*Arion ater*
Wegschnecken
*Arionidae*

**K:** Große Nacktschnecke mit 10–15 cm Länge, Körper meist schwarz, orangerot oder ziegelsteinfarben.
**V:** Überall häufig in feuchten Wäldern, Hecken, Parks, Gärten.
**L:** Hält sich bevorzugt in Bodennähe auf, steigt gelegentlich an Stämmen ein Stück hoch. Diese Nacktschnecke frißt bevorzugt frisches Grün, aber auch Fallaub und Hutpilze, darunter auch giftige Arten. Die Zwitter begatten sich gegenseitig, die Eier mit Kalkschale werden unter Moospolstern, Steinen oder im Laub abgelegt. Typisches Verhalten dieser Art: Bei Störung zieht sie sich in der Längsrichtung zusammen. Andere Arten winden sich.

**Braune Wegschnecke**
*Arion subfuscus*
Wegschnecken
*Arionidae*

**K:** Mittelgroße Nacktschnecke mit dunkelbraunen Seitenbinden. Sohle weißlichgrau, Schleimspur farblos.
**V:** In ganz Europa sehr häufig in Laubwäldern, Hecken, aber auch in Gärten und Parks.
**L:** Die Wegschnecken halten sich vorwiegend am Boden auf. Besonders nach Regenschauern kriechen sie umher und suchen Hutpilze auf, von denen sie viele Arten (auch giftige!) befressen. Sie nehmen auch zarte Jungpflanzen an. In Schweden verursachten sie große Schäden an Nadelholz-Keimpflanzen. Als Zwitter begatten sie sich gegenseitig. Die Eier werden unter Steinen, Laub oder Moos abgelegt.

**Knoblauch-Glanzschnecke**
*Oxychilus alliarius*
Glanzschnecken
*Zonitidae*

**K:** Gehäuse zart gelblich oder grünlich, glänzend und durchscheinend. Schnecke dunkel graublau. Bei Berührung des Weichkörpers und des Schleims sehr starker, penetranter Knoblauchgeruch.
**V:** Vor allem im norddeutschen Tiefland und in Westeuropa in Fichtenkulturen und Laubwäldern.
**L:** Diese Art wurde mit Zier- und Nutzpflanzen weithin verschleppt und lebt mittlerweile auch in Gewächshäusern. Wie die meisten Schnecken sind sie Pflanzenfresser, können sich aber auch von anderen Tieren ernähren. So wurde diese Art beobachtet, häufiger Regenwürmer und gelegentlich andere Schnecken zu erbeuten.

**Weinbergschnecke**
*Helix pomatia*
Schnirkelschnecken
*Helicidae*

**K:** Größte landlebende Gehäuseschnecke Mitteleuropas. Gehäuse cremig gelb bis braun, oft mit unregelmäßigen Bändern. Kugelförmiges Gehäuse bis 5 cm hoch.
**V:** Schnecke braucht kalkigen Untergrund. In Laubwäldern, Gebüschen, Hecken, nur in Kalkgebieten.
**L:** Die Zwitter begatten sich ab Mai. Danach Eiablage der erbsengroßen, kalkschaligen 40–60 Eier in einer Erdhöhle. Nach einigen Wochen Ausschlüpfen der Jungschnecken, die bereits ihr Haus tragen. Erst nach 2–3 Jahren sind die Schnecken geschlechtsreif. Ernährung von vielen krautigen Pflanzen. In vielen Gebieten als Delikatesse (?) bereits ausgerottet.

**Weißmund-Bänderschnecke**
*Cepaea hortensis*
Schnirkelschnecken
*Helicidae*

**K:** Gehäuse leuchtend gelb mit zahlreichen, bräunlich schwach oder deutlich gebänderten Varianten. Mündung mit einer auffälligen weißen Lippe.

**V:** In feuchten und lichten Laub- und Mischwäldern, in Hecken und Knicks, aber auch an Felsen und Mauern. Seltener als *C. nemoralis.*

**L:** Im Gegensatz zu *C. nemoralis* ist diese Art häufiger in natürlichen Lebensräumen zu finden. Dort befrißt sie Blätter und Früchte und klettert an Sträuchern und Baumstämmen empor. Bei Trockenheit verschließt sie das Gehäuse mit einem Schleimdeckel. Diese Art hieß früher häufig Garten-Schnirkelschnecke, obwohl sie lichte Wälder vorzieht.

**Schwarzmund-Bänderschnecke**
*Cepaea nemoralis*
Schnirkelschnecken
*Helicidae*

**K:** Gehäuse gelblich bis braun glänzend mit unregelmäßiger, meist schwacher Bänderung. Die kräftige Lippe am Mundsaum ist meist dunkelbraun (bei *C. hortensis* weiß!).

**V:** In Westeuropa selten am Rande von Laub- und Mischwäldern, sehr häufig in Kulturgelände.

**L:** Fressen bevorzugt grüne Blätter, Nutzpflanzen, Früchte und sogar Rinde. Bei Trockenheit verschließen sie das Gehäuse mit einem Schleimdeckel und bleiben an einem Zweig kleben. Die Eier werden im Boden abgelegt. Die beiden häufigeren *Cepaea*-Arten sind die Hain- und Gartenschnirkelschnecke. Allerdings lebt die *C. hortensis* eher im Wald.

**Gefleckte Schnirkel- oder Baumschnecke**
*Arianta arbustorum*
*Schnirkelschnecken*
*Helicidae*

**K:** Kugelförmiges Gehäuse mit einem konischen Gewinde. Gehäuse meist bräunlich bis kastanienbraun, selten gelblich. Oft gesprenkelt, seltener mit einer dunklen Bänderung. Klettert oft hoch in Bäume oder Sträucher.

**V:** Lichte feuchte Wälder, vor allem Waldränder und Heckenriegel, aber auch in Krautbeständen. Häufiger in Auen- und Laubwäldern mit reich entwickeltem Unterwuchs. In den Alpen bis 2700 m. West- und Mitteleuropa.

**L:** Diese Art liebt den Schatten. Sie klettert gerne auf Bäume und weidet an Blättern und Früchten. Am Boden nimmt sie aber auch Pilze und krautige Pflanzen an. Die Eier werden in einer selbstgegrabenen Höhle im Boden abgelegt. Über ihre Rolle in Waldökosystemen ist bislang wenig bekannt. Da Schnecken sehr unempfindlich sind, eignen sie sich besonders zur Beobachtung: Schnecken bewegen sich kriechend fort. Um auf einer rauhen Oberfläche wie einer Baumrinde vorwärts zu kommen, sondern sie aus einer Drüse im Fuß Schleim ab. Auf diesem Schleimteppich gleitet das Tier scheinbar dahin. In Wirklichkeit bewegt es sich durch wellenförmige Bewegungen der Fußsohle, die durch Zusammenziehen und Entspannen zahlreicher Längs- und Quermuskeln des Fußes entstehen.

# Spinnen

Viele Arten der räuberisch lebenden **Webspinnen** fangen ihre Beute mit Netzen. Die Entwicklung verschiedenster Netzformen wie Deckennetze, Baldachinnetze, Haubennetze und Radnetze ermöglichte den Webspinnen die Besiedlung der verschiedensten Lebensräume und die Nutzung unterschiedlichster Schichten – von der Laubstreu bis zur Baumkrone. Mit dieser reichen Entfaltung einer räuberischen Lebensform spielen Spinnen in Land-Ökosystemen eine wichtige Rolle. Als Räuber, die in fast allen Lebensräumen und fast während des gesamten Jahres aktiv sind, schaffen sie weitverzweigte Nahrungsnetze. Im wahrsten Sinne des Wortes wie auch in ökologischem Sinne. Sie verwerten Biomasse und geben sie in Form von Nachkommen oder selbst als Beute dienend weiter in die Energiekanäle des Ökosystems. Weltwelt gibt es etwa 30000 Webspinnen, in unseren Breiten leben etwa 800 Arten. Die auffälligsten von ihnen gehören zur Familie der Radnetzspinnen (*Araneidae*).

An einem Herbstmorgen lassen sich die verschiedenen Netztypen gut beobachten. Im Laubwald ist dann die gesamte Bodenvegetation fast flächendeckend mit den unregelmäßigen Deckennetzen der **Baldachinspinnen** zugewoben. Diese Spinnen erreichen ihre höchste Dichte, wenn die pflanzenfressenden Insekten den Kronenbereich verlassen und den Boden zur Überwinterung aufsuchen. Neben den auffälligeren, netzbauenden Arten gibt es jedoch mehrere Spinnenfamilien, die ihren Beutefang anders organisieren. Die **Wolfspinnen** fangen ihre Beute, indem sie regungslos lauern oder sich anpirschen. Häufig tragen die meist braun gefärbten Wolfspinnen ihren Eikokon mit sich. Nach dem Schlüpfen klettern die Jungen auf den Rücken der Mutter und werden bei der Bodenjagd mitgetragen. Die **Jagdspinnen** lauern in der dichten Vegetation von sonnigen Waldrändern ihrer Beute auf. Die **Krabbenspinnen** lauern mit seitlich ausgestreckten Beinen oft in Blüten auf landende Insekten. Meist sitzen sie auf gelben Blumen. Mit vorsichtigem Anschleichen und schnellem Zuspringen aus kurzer Distanz fangen die **Springspinnen** sitzende Insekten. Ihre großen Frontalaugen sind für diese Familie charakteristisch. Häufig wird man im Heidekraut den Eikokons von **Sackspinnen** der Art *Agroeca brunnea* begegnen. Diese im Volksmund als „Feenlämpchen" bekannten Eikokons werden wie kleine Laternen an Pflanzen gehängt. Nur eine einzige Spinne kann mit ihrem Gift gefährlich werden. Der **Dornfinger** bevorzugt in wärmeren Gebieten Waldränder und Gebüsch. Er ist zwar ziemlich selten, aber trotzdem sollte man ihn kennen. Vor allen anderen Wald-Spinnen muß man sich in keiner Weise fürchten; man kann sie aus der Nähe betrachten und ihre biologische Rolle als Räuber verstehen lernen.

Zu den Spinnentieren gehören auch die **Weberknechte**. Sie leben ebenfalls räuberisch und können mit ihren langen Beinen besonders gut über dichte Bodenvegetation hinwegklettern. Häufiger begegnen wird dem Waldbesucher der Holzbock. Er gehört zu den an Warmblütern schmarotzenden **Milben**. Die meisten anderen Milbenarten erfüllen in der Laubstreu wichtige abbauende Tätigkeiten.

Vorige Doppelseite: Spinnen wie die Kreuzspinne (*Araneus diadematus*) spannen im Wald ihre weit verzweigten Netze.

**Haubennetzspinne**
*Theridion pictum*
Haubennetzspinnen
*Theridiidae*

**K:** Haubennetz mit waagerechter bis tassenförmiger Decke und mit Stolperfäden zum Boden. Sehr auffallend gezeichnet: Hinterleib braun mit hell eingerahmten Dreiecken.
**V:** Netze in Bodennähe, in niedriger Vegetation und in Büschen. Häufig an feuchteren Stellen.
**L:** In Mitteleuropa leben etwa 30 Arten der Gattung. Sie weben typische Netze mit Schlupfwinkeln aus Seide. Die Weibchen fangen mit den Stolperfäden des Netzes laufende oder niedrig fliegende Insekten, oft auch Ameisen. Der Eikokon wird in der Nähe des Schlupfwinkels aufgehängt, die ausschlüpfenden Jungen werden bewacht und gefüttert.

**Baldachinspinne**
*Linyphia triangularis*
Baldachinspinnen
*Linyphiidae*

**K:** Weibchen erkennbar an dem dunklen, glänzenden, gezähnten Mittelband auf hellem Hinterleib. Typisch vor allem Netzform: Waagerecht aufgehängte Seidendecke mit einem Gewirr zahlreicher Halte- und Stolperfäden nach oben und unten.
**V:** Sehr häufig im Herbst in Laubwäldern in der Vegetation. Am Morgen taubehängt oft zu Tausenden den Waldboden überziehend.
**L:** Die Spinne sitzt bauchoben unter dem Baldachin und lauert auf Beute, die sich oberseits in die Stolperfäden verirrt. Dann rüttelt die Spinne solange an dem Gespinst, bis die Beute auf die Netzdecke fällt. Diese wird durch die Decke gepackt und sofort gefressen.

**Gartenkreuzspinne**
*Araneus diadematus*
Radnetzspinnen
*Araneidae*

**K:** Mit 15 mm Körperlänge eine der größten einheimischen Spinnen. Hinterleib oberseits mit charakteristischer weißer Kreuzzeichnung. Große kreisförmige Netze in etwa 1,5–2,5 m Höhe. Spinne sitzt meist in Netzmitte mit gespreizten Beinen kopfunter und hält mit den Vorderbeinen die Signalfäden. Zu verwechseln mit *A. quadratus* und *A. marmoreus,* diese jedoch häufiger auf feuchten Wiesen.
**V:** Sehr häufige Spinne, Netze oft zwischen Bäumen im Wald.
**L:** Reife Tiere ab August. Im Herbst spinnen die Weibchen gelbe, an Watte erinnernde Eikokons und deponieren sie im Gras. Die Jungspinnen schlüpfen im Frühjahr.

**Kürbisspinne**
*Araneus cucurbitinus*
Radnetzspinnen
*Araneidae*

**K:** Treffender Name. Der kugelige Hinterleib leuchtet hellgrün und ist gelb durchsetzt. Beine und Rückenschild hellbraun. Jungtiere oft mehr rötlich oder orange. Typisch für diese Art sind beiderseits der Mittellinie 4–5 Paar dunkle Grübchen auf dem gelben Hinterleib.
**V:** Sehr häufige einheimische Spinne, lebt auf Bäumen, handtellergroßes Netz meist flach auf Blätter oder zwischen aufgehenden Knospen gewebt.
**L:** Die häufigste, aber nur 4–6 mm große Spinne wird oft übersehen. Spielt als Räuber im Blattbereich eine wichtige Rolle. Beute: Zuckmücken, Tanzfliegen oder Florfliegen.

**Streckerspinne**
*Tetragnatha extensa*
Streckerspinnen
*Tetragnathidae*

**K:** Stabförmige Spinne mit rötlichen Wellenlinien auf dem silbrig glänzenden Hinterleib. Radnetze mit wenigen Speichen und wenigen Spiralen, Netze oft schräg gestellt. Typisches Kennzeichen sind besonders lange, bezahnte Cheliceren.

**V:** Im Juni und Juli typische Spinne von Gewässerrändern und feuchten Waldsäumen. Häufigste Streckerspinne, wird in Fichtenforsten von verwandten Arten abgelöst.

**L:** Die Streckerspinnen nehmen in Ruhestellung eine typische Körperhaltung ein: Die langen Beine werden nach vorne und hinten ausgestreckt. Dadurch erscheint die Spinne auf Grashalmen fast unsichtbar.

**Spinnenfresser**
*Ero furcata*
Spinnenfresser
*Mimetidae*

**K:** Kleine, schwer zu entdeckende Art mit 2 Höckern auf dem Hinterleibsrücken, Beine gelblichbraun geringelt.

**V:** In Fichten- und Kiefernwäldern. Häufig ruhig auf abgestorbenen Fichtenzweigen lauernd.

**L:** Die kleinen Spinnen sitzen häufig an der Blattunterseite oder an niedrigen Zweigen und lauern auf vorüberkommende Beutetiere, häufig Kugelspinnen. Die Beute wird mit bestachelten Vorderbeinen ergriffen. Im Juni/Juli und im September/Oktober wird ein auffälliger Kokon gebaut. Dieser besteht aus einem Geflecht welliger brauner Fäden und wird am Seidenfaden aufgehängt.

**Listspinne**
*Pisaura mirabilis*
Raubspinnen
*Pisauridae*

**K:** Braungraue Spinne mit typischem, weißen oder gelben Mittelstreif auf dem Rückenschild.
**V:** Sehr häufig in lichtem, offenen Gelände, auf Waldlichtungen oder an Waldrändern. Diese Art sonnt sich gerne mit ausgestreckten Beinen auf niedrigen Blättern von Brombeeren, Brennesseln oder anderen Pflanzen.
**L:** Die Listspinne zeigt ein aufregendes Paarungsverhalten. Das Männchen nähert sich einem Weibchen mit eingesponnenem Beutetier als Brautgeschenk. Während des Ablenkungsmanövers begattet es die Partnerin (Name: Listspinne). Im Juli bewachen die Weibchen Brutglocken.

**Wolfspinne**
*Trochosa ruricola*
Wolfspinnen
*Lycosidae*

**K:** Kräftige, dunkelbraune Spinne mit auffallendem rotbraunen Mittelband, das sich nach vorne erweitert und mit zwei halbmondförmigen, schwarzen Flecken verziert ist.
**V:** Vorwiegend an feuchten Plätzen unter Steinen oder Moospolstern in Laub- und Nadelwäldern.
**L:** Wie alle Wolfspinnen jagt diese Art zu Fuß. Neben Erschütterungsreizen spielen beim Beutefang der Wolfspinnen auch optische Reize (Kontrastfärbung der Beute und Bewegung) eine Rolle. Die Weibchen bauen sich kleine Erdhöhlen, an deren Eingang sie auf Beute lauern. Eilen oft davon, wenn man im Wald Steine oder Moderäste umdreht.

**Dornfinger-Spinne**
*Cheiracanthium punctorium*
Sackspinnen
*Clubionidae*

**K:** Einzige Giftspinne Deutschlands, die man kennen muß. Etwa 15 mm groß, kräftig, Rückenschild rotbraun, Hinterleib gelblich bis grünlich. Beine mit schwarzen „Schuhen". Auffallend sind die großen Kiefertaster.

**V:** Art lebt an sehr warmen, offenen Stellen, an Waldrändern und in Gebüschen warmer Gebiete, selten.

**L:** Spinne wohnt tagsüber in taubeneigroßen Gespinsten zwischen Gräsern und Blättern (Sackspinne). Das Weibchen legt im Spätsommer einen Eikokon in dem Gespinstsack an, den es, wie auch die Jungspinnen, sehr aggressiv verteidigt. Bisse haben Schüttelfrost und Lähmungen zur Folge.

**Feenlämpchen-Spinne**
*Agroeca brunnea*
Sackspinnen
*Clubionidae*

**K:** Etwa 8 mm große, braune Spinne mit Goldglanz auf dem tonnenförmigen Hinterleib. Nachtaktiv. Häufig: Aufgehängte Eikokons (Feenlämpchen).

**V:** Häufig in Laubwäldern auf feuchten Moospolstern oder in der Laubstreu, tagsüber aber selten zu sehen.

**L:** Bekannter als die Spinnen sind ihre Eikokons. Die Weibchen bauen diese zweikammerigen Eikokons nachts und befestigen sie wie Laternen an Zweigen und Grashalmen. In den Feenlämpchen liegen in der oberen Kammer 40–60 Eier. Die darunterliegende Kammer dient zur Häutung und als Aufenthaltsraum für die Jungspinnen.

**Chamäleon-Krabbenspinne**
*Misumena vatia*
Krabbenspinnen
*Thomisidae*

**K:** Sehr variable Spinne. Weibchen meist gelb, gelbgrün oder weiß. Etwa 10 mm groß. Die Weibchen können sich der Blütenfarbe ihres Lauerverstecks perfekt anpassen und bevorzugen meist gelbe Blüten (Löwenzahn) oder weißgelbe Blumen (Anemone, Margerite). Männchen kleiner (4 mm), grünlich mit dunkelbrauner Zeichnung.

**V:** Sonnige Waldränder und Trokkenrasen.

**L:** Die Weibchen lauern tagsüber auf Blüten der Gelbgruppe und überwältigen blütenbesuchende Bienen, Schwebfliegen und Wespen mit einem lähmenden Biß in den Nacken. Die farbliche Anpassung variiert mit der Nahrung.

**Krabbenspinne**
*Xysticus ulmi*
Krabbenspinnen
*Thomisidae*

**K:** Durch Kombination von Färbung mit Lebensraumangaben zu erkennen. Typische Lauerhaltung (Name: Krabbenspinne), hellbraun bis ockerfarben, mit typischem hellbraunem Dreieck auf dem Rückenschild.

**V:** Nur an feuchten Stellen. Im Auwald, an Fluß- und Bachufern.

**L:** Diese Krabbenspinne baut keine Netze, sondern lauert in der niedrigen Vegetation mit breit gespreizten Beinen und registriert jede Bewegung. Beutetiere, meist landende Insekten, werden mit den Vorderbeinen blitzschnell ergriffen. Nach der Paarung legt das Weibchen im Hochsommer einen flachen Eikokon auf Gräser und bewacht ihn.

**Laufspinne**
*Philodromus aureolus*
Laufspinnen
*Philodromidae*

**K:** Ockerbraune Spinne (6 mm) mit einem helleren Hinterleib, der an den Seiten dunkelbraun wird. Die Männchen sind kleiner und schimmern manchmal purpurgrün.
**V:** Häufig im Gebüsch und auf Bäumen aller Art.
**L:** Laufspinnen bauen keine Netze. Die Spinne lauert selten, sondern erjagt meist die Beute in schnellem, zielstrebigem Lauf. Die Weibchen bauen einen Kokon in einem Blattwinkel und bedecken ihn mit einer Lage aus weißer Seide. Zur Bewachung des Kokons bauen sich die Weibchen gelegentlich ein weißes Seidendach. Auffällig sind die sehr agilen Spinnen, wenn sie Blüten nach Insekten absuchen.

**Zebraspinne**
*Salticus cingulatus*
Springspinnen
*Salticidae*

**K:** Kleinere Art (6 mm) mit deutlicher Schwarzweiß-Zeichnung. Hinterleib eigentlich schwarz, Muster entsteht durch weiße Härchen. Auffällig große Vorderaugen.
**V:** Häufig auf besonnten Rinden von Nadelbäumen.
**L:** Die sonnenliebenden, sehr agilen Spinnen erjagen ihre Beute im Sprung. Geduckt wie eine Katze kauern sie sich vor dem Sprung, der 4-5 cm weit reicht. Die Beute ergreifen sie mit den vorgestreckten Vorderbeinen. Beim Umherlaufen ziehen Springspinnen ständig einen Sicherheitsfaden hinter sich her. Bei schlechtem Wetter halten sie sich hinter Rinde auf, wo sie auch ihre Kokons anlegen und bewachen.

**Insekten und Pflanzen**

Vor etwa 250 Millionen Jahren begannen Insekten an Blättern zu fressen – der „Beruf" der Phytophagen (Blattfresser) entstand. Seit dieser Zeit wehren sich die Gefäßpflanzen gegen die Blattverluste mit zwei verschiedenen Methoden: Zum einen versuchen Pflanzen Reserven zu mobilisieren und den erlittenen Schaden wieder zu beheben – sie treiben also neu aus. Die andere Methode besteht in einer breiten Palette von Abwehrmaßnahmen gegen angreifende Insekten. Diese Verteidigungsmaßnahmen führten im Laufe der Zeit bei den Insekten zur Herausbildung von neuen Angriffsstrategien. Dieser Wettlauf um das Grün hat gerade bei vielen Waldinsekten erstaunliche Formen angenommen: Die Kieferngewächse haben gegen Insektenfraß von Blattwespen den Harzfluß entwickelt. Harz verklebt den Insekten die Mundwerkzeuge. Als Gegenstrategie zeigen die Buschhornblattwespen erstaunliche Anpassungen ihres Verhaltens. Sie legen „Harzdrainagelöcher" an und lassen die Nadeln erst einmal „leerlaufen", bevor sie mit dem Fraß beginnen.

Das Harz der Nadelbäume stellt viele Insekten trotz Gegenmaßnahmen vor schwerwiegende Probleme. Der in den Kiefernknospen lebende Kieferntriebwickler (*Rhyaconia buoliana*) gerät regelmäßig in eine Pattsituation. Weder gelingt es der Kiefer, die Raupe abzuschütteln, noch gelingt es dem Schmetterling, sich gegen den Harzfluß zu wehren. Er lebt in einer Art Harzkugel an Kieferntrieben und befrißt den Jungtrieb. Ob die Raupe ihre Entwicklung erfolgreich abschließen kann, hängt von vielen, meist zufälligen Faktoren ab. Auf die Eichen haben sich Hunderte von Kleinschmetterlingsarten gestürzt. Die Eichen reagierten im Laufe der langen gemeinsamen Evolution mit der Einlagerung von Gerbstoffen in die Blätter. Diese Tannine haben die Eigenschaft, das Insektenwachstum zu hemmen. Gemeinerweise sogar dosisabhängig. Je mehr eine Schmetterlingsraupe davon frißt, um so langsamer wächst sie. Allerdings können Tannine als Stoffwechselprodukte erst im Laufe des Sommers aufgebaut werden. Die Antwort der Schmetterlinge auf diese Schwäche in der Gerbstoffproduktion war eine Umstellung der Fraßzeit – sie wurden zu Frühjahrsfressern. Das führte zu einer weiteren Eskalation: Die Stickstoffverbindungen in den Frühjahrsblättern wurden mit Giftstoffen (im weitesten Sinne Glycoside) gekoppelt. Einige Schmetterlingsarten schafften es, Enzyme zu bilden, mit deren Hilfe sie diese Giftstoffe entgiften konnten. Solche Pflanzenfresser gelten heute als Spezialisten oder als monophage Arten, da sie nur eine Pflanzenart ausbeuten. Der Großteil unserer heimischen Spezialisten sind Oligophage, also Pflanzenfresser, die wenige, meist verwandte Pflanzenarten befressen können. Andere Insekten sind „polyphag". Ihr Nahrungsspektrum ist sehr groß. Der Frostspanner (*Operophtera brumata*) beispielsweise ist ein ausgesprochen vielseitiger Schmetterling – seine Raupen fressen an allen Laubbaumarten.

Auch das unterschiedliche Austreiben der Eichen im Frühling gehört zu den Maßnahmen gegen Insekten. Es gilt, die Jungraupen des Eichenwicklers abzuschütteln. Sie verhungern, wenn der Baum später austreibt.

Im Laubwald begegnet man oft großen Zuckmückenschwärmen. Bei diesen harmlosen Insekten tanzen die Männchen im Schwarm, um Weibchen anzulocken.

Vorige Doppelseite: Zuckmücken (*Chironomus anthracinus*).

**Insekten – die erfolgreichste Tiergruppe**

Bis vor wenigen Jahren nahmen Biologen an, daß auf der Erde etwa 2–3 Millionen Tierarten leben. Als Forscher die wenig zugängliche Kronenregion tropischer Wälder näher untersuchten, fanden sie auf Schritt und Tritt bislang unbekannte Tiere, meist Insekten. Aufgrund neuer Erkenntnisse müssen wir heute davon ausgehen, daß auf der Erde 20–30 Millionen Arten leben. Die meisten sind jedoch noch unbekannt. Den größten Anteil stellen die Insekten. Man könnte sagen, wir leben im Zeitalter der Insekten. Sie sind vielgestaltig und zeigen in ihren Lebensweisen eine solch phantastische Fülle von ungewöhnlichen Anpassungen, daß man aus dem Staunen nicht herauskommt. In einem Buchenwald leben etwa 7000 Tierarten. Auch hier sind die Insekten dominierend. Sie beherrschen mit einer ungewöhnlichen Artenfülle den Wald. Ein Biologe allein kann sie nicht alle genau kennen, dazu reicht ein Leben nicht. Deshalb gibt es für die verschiedensten Ordnungen Spezialisten. Etwas leichter ist es, sich dieser großen Tiergruppe zu nähern, wenn man sie in Lebensformtypen einteilt: In Waldökosystemen gibt es Blattfresser, Holzverwerter, Blütenbesucher, Räuber, Raubparasiten, Aasbeseitiger und andere Recyclingspezialisten, um nur die wichtigsten „Berufe" zu nennen. Allerdings ist diese Einteilung nur sehr grob. Viele Insektenarten wechseln ihren Beruf im Laufe ihres Lebens. So ist eine Schmetterlingsraupe ein Pflanzenfresser, der Falter aber ein Blütenbesucher.

Betrachtet man die **ökologische Rolle der Insekten** in mitteleuropäischen Wäldern, so erfüllen sie verschiedene Funktionen: Beim Stoffumsatz ist ihre Rolle eher gering. Nur etwa 5–10% der Blätter landen in den Insektenmägen. Viel wichtiger sind die Rollen der Insekten im Funktionsablauf des Ökosystems Wald: Vielfach sitzen sie an den Schlüsselpositionen der Lebensgemeinschaft, steuern und beeinflussen Lebensprozesse: Rüsselkäfer beispielsweise öffnen schon während des Sommers mit ihrem Lochfraß das Blatt. Damit können dessen Inhaltsstoffe später in der Laubstreu leichter von Bakterien und Pilzen recycelt werden. Wieder andere durchtunneln totes Holz und bringen holzabbauende Pilze mit ein. Manche parasitisch lebenden Insekten regulieren sogar die Dichte anderer Arten, was Räubern am Ende von Nahrungsketten nie möglich ist.

Man sollte den Insekten eines Waldes unvoreingenommen begegnen und sie nicht in die Nützlings- oder Schädlingsschublade stecken. Sie erfüllen alle eine wichtige Funktion im Wald.

Die Schwebfliegen ahmen mit der Körperfärbung oft Wespen, Bienen oder Hummeln nach, um Freßfeinde fernzuhalten. Sie selbst sind meist harmlose Pollenfresser und Nektarsauger (oben).

Das Weibchen der Birkenwanze bewacht ihre Larven auf einem Blatt (unten links).

Feuerwanzen sitzen häufig im Frühjahr an Lindenstämmen. Hier eine Paarung (unten rechts).

# Käfer

Die **Käfer** gehören mit weltweit 300 000 beschriebenen Arten zu der größten Insektengruppe. Etwa 10–15% der Arten kommen in Europa vor und zeigen eine fast unglaubliche Vielfalt an ökologischen Lebensformen. Vom Pflanzenfresser bis zum Kotroller, vom Holzbohrer bis zum Totengräber sind alle „Berufe" vertreten. Einen Käfer erkennt man meist auf den ersten Blick. Als Hauptmerkmal sind die Vorderflügel zu mehr oder weniger harten Flügeldecken umgewandelt. So sind die häutigen Flügel nicht wie bei den meisten anderen Insekten sichtbar. Diese, nur als Hinterflügel entwickelt, werden erst beim Flug entfaltet. Zur besseren Übersicht seien hier einige in Wäldern häufige Familien vorgestellt:

Die **Laufkäfer** sind, abgesehen von den bei Sonnenschein jagenden Sandlaufkäfern und dem Puppenräuber, meist dämmerungs- und nachtaktiv. In der Dunkelheit streifen die Larven und Imagines auf dem Boden umher und fangen Würmer, Schnecken und andere Insekten. In Waldökosystemen gehören sie zu der wichtigen Gruppe der Bodenräuber.

Die **Weichkäfer** sind häufig auf Doldenblüten zu beobachten. Die häufig rostfarbenen Käfer sind teilweise Räuber und Pflanzenfresser. Die **Schnellkäfer** fallen wegen ihres Sprungapparates auf. Sie können sich durch schnellende Bewegungen aus der Rückenlage befreien. Ihre Larven sind als „Drahtwürmer" bekannt. Einige von ihnen sind an Wurzeln schädlich, manche leben räuberisch in der Laubschicht. Die **Prachtkäfer** sind meist prächtige, buntmetallische Käfer. Ihre kochlöffelförmigen Larven leben vielfach unter Rinde oder im morschen Holz. Die **Blatthornkäfer** sind an flächenartigen Fühlern leicht zu erkennen. Zu ihnen gehört der Maikäfer. Viele Arten sind Pflanzenfresser; ihre Larven entwickeln sich meist im Boden. In diese Familienreihe stellt man auch die Mistkäfer mit ihrer wichtigen „abfallbeseitigenden" Lebensweise. Bei diesen tragen die Fühler eine Endkeule. Auch die **Bockkäfer** sind an ihrer recht typischen Gestalt leicht zu erkennen. Am Kopf entspringen meist lange Fühler, die nach hinten gebogen sind. Manchmal sind sie länger als der Käfer. Ihre fleischigen Larven sind meist weiß. Von den heimischen Arten leben 50% an Laubhölzern, 26% in Nadelholz und 13% an krautigen Pflanzen. Meist bevorzugen sie morsches Holz.

Nach den Rüsselkäfern sind die **Blattkäfer** die artenreichste Käferfamilie der Welt. Der größte Teil lebt an niedrigen, krautigen Pflanzen, nur ein kleiner Teil wird an Forstpflanzen schädlich.

Die mittelgroßen Käfer sind auffallend bunt gefärbt oder metallisch glänzend. Die Käfer sind meist polyphag, also ohne Vorliebe für eine bestimmte Pflanze; einige wenige Arten wie der Erlenblattkäfer sind Nahrungsspezialisten. Die Larven mancher Blattkäfer versprühen bei Beunruhigung eine übelriechende Flüssigkeit. Die **Rüsselkäfer** bilden mit etwa 4000 Arten in Europa und 40 000 weltweit die umfangreichste Käferfamilie. Kennzeichen dieser Familie ist der zu einem Rüssel verlängerte Kopf, an dessen Spitze sich die Mundwerkzeuge befinden. Die Fühler sind „gekniet", also abgeknickt, und können in Vertiefungen des Rüssels versteckt werden. Die Larven und Imagines sind ausnahmslos pflanzenfressend. Als Nahrung dienen Blätter, Blüten, Holz, Rinde, Wurzeln oder Samen.

Zahlreiche Arten spielen im Wald eine große Rolle als Schädling, beispielsweise der Große Braune Rüsselkäfer oder der Schwarze Fichten-Dickmaulrüßler. Die kleinen **Borkenkäfer** mit einer Körpergröße von nur 1–9 mm stellen die forstwirtschaftlich wichtigste Käfergruppe dar. Deshalb ist ihre Biologie auch am besten untersucht. Die Borkenkäfer befallen mit wenigen Ausnahmen Holzpflanzen, in Mitteleuropa vor allem Koniferen. Unter ihnen gibt es Rindenbrüter und Holzbrüter. Ein typischer Rindenbrüter wie der Kleine Waldgärtner fliegt nach der Überwinterung im Frühjahr auf seinen Nahrungsbaum. Nach der Begattung nagt das Weibchen einen Gang durch die Rinde, anschließend einen „Muttergang". In kleinen Einischen entlang des Ganges werden die Eier gelegt. Die fußlosen Larven nagen seitlich abgehende Gänge, an deren Ende sie sich verpuppen. Die schlüpfenden Käfer bohren sich ins Freie. Am häufigsten werden kränkelnde oder tote Bäume befallen. Nach Windbruchschäden oder in Waldschadensgebieten ist deshalb sofortiger Holzeinschlag dringend notwendig. Bei manchen Arten verwenden die Männchen einen Lockstoff, der durch die Luft getragen, andere Männchen und auch Weibchen anlockt und so oft die Befallsherde verstärkt. Man stellt diese Lockstoffe künstlich her, um sie in Borkenkäferfallen einzusetzen. Leider erwiesen sie sich nicht immer als artspezifisch, der Lockstoff hatte also nicht immer die gewünschte Wirkung auf eine Borkenkäfer-Art. Mittlerweile werden auch Pilze eingesetzt, die Borkenkäferlarven abtöten.

**Gefährdung und Schutz**

Mittlerweile hat das überholte Nützlings-Schädlingsdenken viele Großkäfer des Waldes an den Rand des Aussterbens gebracht. Die großen holzbewohnenden Arten wie der Hirschkäfer und der Moschusbock benötigen als Larven je nach den Wintertemperaturen 3–8 Jahre, bis das fertige Insekt schlüpfen kann. Der Käfer lebt dagegen nur wenige Wochen. Während dieser langen Entwicklungszeit brauchen sie Totholz und Stubben. Gerade diese Lebenselemente eines naturnahen Waldes werden in Wirtschaftswäldern nicht geduldet. In Staatsforsten beginnt man zwar zu einer naturnahen Bewirtschaftung zurückzukehren und auch den Hirschkäfern wieder eine Lebensmöglichkeit zu schaffen, in Privatwäldern herrscht aber oft noch sterile Reinlichkeit. Dabei würde ein vernetztes Denken und Handeln viele Massenvermehrungen von „schädlichen" Insekten verhindern. Massenvermehrungen, sogenannte Gradationen, laufen langsam an und gewinnen wie bei der Zinseszinsrechnung plötzlich an Geschwindigkeit. Sind während der Anlaufphase genügend räuberische Partner im Nahrungsnetz (S. 34/35) des Waldes vorhanden, kann die Massenvermehrung gestoppt werden. Solche schnell reagierenden Räuber sind weniger Vögel oder Laufkäfer, sondern die Schlupfwespen und ihre Verwandten. Bei reichlichem Wirtsangebot vermehren sie sich vielfach schneller als ihre Wirte und können bei günstigen Witterungsbedingungen regulierend eingreifen. Diese „Feuerwehr des Waldes" muß aber ständig anwesend sein, das heißt, sie muß sich ständig in Wirten entwickeln können. Das ist nur in naturnahen Wäldern mit einer großen Insektenvielfalt möglich.

Vorige Doppelseite: Pappelblattkäfer (*Melasoma populi*) bei der Paarung.

**Kupferbrauner Sandlaufkäfer**
*Cicindela hybrida*
Sandlaufkäfer
*Cicindelidae*

**K:** Sehr schnelle, unruhig laufende Art (14–18 mm), braun mit hellen Mustern auf den Flügeldecken.
**V:** Auf sonnigen, sandigen Heidelichtungen in trockenen Wäldern.
**L:** Diese Art ist nur an sehr warmen Tagen aktiv, läuft sehr schnell über Sandflächen, fliegt kaum. Sie erbeutet mit mächtigen Oberkiefern Insekten und Spinnen. Die Larven leben in senkrechten Sandröhren und verschließen die Öffnung mit dem Kopf. Vorbeieilende Insekten werden mit den Oberkiefern erfaßt und in die Röhre gezogen. Die Larve braucht etwa 16 Monate zur Entwicklung. Ähnliche Lebensweise: Grünschillernder Feldsandlaufkäfer und brauner Waldsandlaufkäfer.

**Großer Puppenräuber**
*Calosoma sycophanta*
Laufkäfer
*Carabidae*

**K:** Auffallende Art mit metallisch grünem Glanz auf dem Hinterleib und blaumetallischem Brustabschnitt. Klettert gerne auf Bäume und Sträucher.
**V:** Häufiger in wärmeliebenden Eichenmischwäldern, im Norden und Westen selten, im Mittelmeerraum sehr häufig in Macchie.
**L:** Käfer und Larven jagen tagsüber auf Bäumen und Büschen nach Insekten, besonders nach Schmetterlingsraupen. Als eifriger Vertilger von Forstschädlingen wurde diese Art mit recht gutem Erfolg nach Nordamerika zur Schwammspinner-Bekämpfung eingeführt. Die Käfer können gut fliegen, ihre Lebensdauer beträgt 2–3 Jahre.

**Lederlaufkäfer**
*Carabus coriaceus*
Laufkäfer
*Carabidae*

**K:** Großer, mattschwarzer Käfer mit ledrig gerunzelten Flügeldecken (40 mm), häufig nach Regenfällen aktiv.

**V:** In ganz Europa ohne den hohen Norden in feuchten Wäldern, gelegentlich auf regennassen Straßen.

**L:** Meist ist der große, schwerfällige, aber trotzdem behende Käfer nachts aktiv. Mit guten Geruchssinnen ausgestattet, erbeutet er Schnecken, weshalb er wie seine Beute häufiger nach Gewitterschauern gesehen wird. Von Juni bis Juli hält diese Art eine Sommerpause, häufig ist sie im August zu finden. Der Großlaufkäfer ist kaum noch flugfähig, jagt zu Fuß. Die Beute wird mit Verdauungssäften bespuckt und dann aufgeschlürft. Der Verdauungssaft dient auch der Feindabwehr. Der Lederlaufkäfer kann ihn bei Störung bis zu 1 m weit spritzen. Die Eier werden einzeln in kleine Erdhöhlen gelegt. Bei der Eiablage kann der Hinterleib wie ein Teleskop ausgezogen werden. Die Larven leben in der obersten Bodenschicht ebenfalls räuberisch. Lebensdauer des Käfers: Etwa 2–3 Jahre. Im Buchenwald wurden etwa 10 Laufkäfer pro Quadratmeter gefunden. Viele Arten hilfreich bei der biologischen Bekämpfung von Forstinsekten. Förderung: Keine landwirtschaftliche Nutzung der Waldstreu.

**Goldglänzender Laufkäfer**
*Carabus auronitens*
Laufkäfer
*Carabidae*

**K:** Goldrot oder goldgrün glänzender, behender Käfer (24–36 mm).
**V:** In Wäldern mittlerer und alpiner Höhenlagen von Mai bis September.
**L:** Die guten Läufer mit schlanken Beinen leben räuberisch in der Bodenstreu. Der keilförmige Körper erleichtert das Vorwärtskommen im Lückensystem der obersten Bodenschicht. Käfer können auch klettern. Erbeuten mit kräftigen Oberkiefern andere Insekten wie Schmetterlingsraupen und Käferlarven. Überfallen auch Schnecken und Regenwürmer. Viele Arten hilfreich bei der Reduzierung von forstschädlichen Insekten. Die Art steht unter Naturschutz.

**Eichenweichkäfer**
*Cantharis obscura*
Weichkäfer
*Cantharidae*

**K:** Halsschild und Ränder der Flügeldecken rötlich, sonst schwarz (9–13 mm). Larven samtartig, braunschwarz behaart. Heißen „Schneewürmer", weil sie an milden Wintertagen nicht selten auf dem Schnee umherlaufen.
**V:** Häufig an einzelnstehenden Jungeichen oder in Eichenwäldern von 5- bis 15jährigen Eichen. Seltener im Obstbau.
**L:** Die Weichkäfer, auch Soldatenkäfer, finden sich sehr häufig auf Doldenblüten ein, nehmen Nektar und Pollen auf, fangen aber auch andere Insekten. Diese Art frißt ab Mai bevorzugt junge Eichentriebe und kann bei Massenvermehrungen erhebliche Schäden anrichten.

**Totengräber**
*Necrophorus vespillo*
Aaskäfer
*Silphidae*

**K:** Unverwechselbar, mit orangen Binden auf dunklen Flügeldecken.
**V:** In Wäldern häufig, stets an Kadavern.
**L:** Die Käfer finden mit gut entwikkeltem Geruchssinn die Leichen kleinerer Tiere. Die zuerst eintreffenden Männchen besetzen das Aas und locken mit Duft Weibchen herbei. Zwischen mehreren Aaskäfern kommt es zu Kämpfen, bis ein Paar pro Tierleiche übrigbleibt. Dieses gräbt unter dem Kadaver eine kleine Grube und zwängt ihn, zu einer Kugel geformt, hinein. Das Weibchen erwartet in der Grube den Schlupf der Larven ab, füttert und bewacht sie bis zur Verpuppung.

**Rothals-Aaskäfer**
*Oeceoptoma thoracica*
Aaskäfer
*Silphidae*

**K:** Unverwechselbare Art, flach oval mit rotbraunem Halsschild, Flügeldecken schwarz. Meist träge laufend.
**V:** In ganz Europa in Laub- und Mischwäldern sehr häufig an Aas, Kot und vor allem an den Fruchtkörpern der Stinkmorchel *Phallus impudicus*.
**L:** Die Vertreter dieser Familie gehören zu den Recyclingspezialisten eines Waldes. Die Art frißt häufig an Pilzen und Aas. Das Auffinden erfolgt mit Duftstoffen, die bei der Eiweißzersetzung frei werden. Ähnliche Düfte verströmt die Stinkmorchel und lockt die Aaskäfer an. Diese lecken dort klebrige Sporenhülle ab und verbreiten so die Pilzsporen.

**Bunter Kurzflügler**
*Staphylinus caesareus*
Kurzflügelkäfer
*Staphylinidae*

**K:** Braune Flügeldecken, gelbe Haarflecke auf dem Hinterleib.
**V:** In Bodenschichten der Wälder Mitteleuropas häufig, fehlt im Norden.
**L:** Diese räuberische Art lebt im Lückensystem der Laub- und Nadelstreu. Bei Störung zeigen die Käfer für diese Familie typische Drohgebärden: Der Kopf wird angehoben, die Oberkiefer gespreizt, der Hinterleib wird mit windenden Bewegungen über den Vorderkörper geklappt. Tagsüber sind die Käfer meist unter Holz und Steinen versteckt. Eiablage in den Boden. Die Larven überfallen aus der Deckung kleiner Erdröhren ihre Beutetiere, Bodenwürmer und Urinsekten.

**Kurzflügelkäfer**
*Atheta* spec.
Kurzflügelkäfer
*Staphylinidae*

**K:** Stark verkürzte Flügeldecken, die den Hinterleib freilassen, sehr agil. Bei Berührung typisches Hochbiegen des Hinterleibes und Verspritzen von Abwehrsekreten, die auf der Haut ätzend wirken.
**V:** In der Laubstreu, an Aas und Hutpilzen sehr häufig. Sommeraktiv.
**L:** Die meisten Arten der sehr zahlreichen Kurzflügelkäfer leben als Allesfresser im Lückensystem der Laub- und Nadelstreu. Viele *Atheta*-Arten kommen häufig an Aas vor, wo sie Fliegenmaden und Fadenwürmer erbeuten. Sie zählen zu den Nahrungsgeneralisten in Waldökosystemen, indem sie viele Bodenorganismen verwerten, aber sich auch von Abfällen ernähren.

**Waldmistkäfer**
*Geotrupes stercorosus*
Blatthornkäfer
*Scarabaeidae*

**K:** Träge laufender, kräftiger Käfer mit prächtigem, blauschwarzem Metallglanz. Beine mit kräftigen Dornen zum Graben, Fühler mit runder Endkeule.

**V:** In allen Laub- und Mischwäldern sehr häufig. Oft in der Nähe von Tierkot und Pilzen zu sehen.

**L:** Die Käfer fliegen ab dem Frühjahr laut brummend gegen den Wind durch den Wald. Nehmen sie den Duft von Eiweißzerfallsstoffen wahr, landen sie und finden das Substrat zu Fuß. Das Weibchen gräbt in der Nähe Stollen in die Erde, füllt sie mit einer „Dungwurst" und legt ein Ei in eine kleine Vertiefung. Die Larve frißt fast ein Jahr und verpuppt sich im nächsten Sommer.

**Nashornkäfer**
*Oryctes nasicornis*
Blatthornkäfer
*Scarabaeidae*

**K:** Kräftiger Käfer mit auffälligem „Nashorn" auf dem Kopf. Hinterflügel braun. 20–40 mm. Unverwechselbar.

**V:** Gelegentlich massenweise auf Friedhöfen und in Eichenwäldern.

**L:** Diese Art stammt aus Südeuropa und wanderte bei uns zur Blütezeit der Gerberei mit Eichenlohe ein. Nach der Verwendung von Chemikalien beim Ledergerben nahm die Art rapide ab. Neuerdings lokal häufigere Vorkommen auf Friedhöfen mit großen Komposthaufen oder in Sägewerken mit Mulchhaufen von Eichenrinde. In diesen durch Gärungswärme temperierten Substraten entwickeln sich die fingerdicken weißen Larven.

**Junikäfer, Sonnenwendkäfer**
*Amphimallon solstitiale*
Blatthornkäfer
*Scarabaeidae*

**K:** Wirkt wie ein kleiner Maikäfer (14–18 mm). Gelbbraun, Körper dicht behaart.

**V:** In ganz Europa ohne den hohen Norden. Häufig in Wäldern und Parks mit lockeren Böden.

**L:** Fast schlagartig am ersten warmen Abend im Juni schwärmen die männlichen Käfer zu Tausenden und fliegen auf dunkle Silhouetten (Waldränder, Hecken) zu. Der Massenflug stoppt ebenso plötzlich gegen 21 Uhr. Die Eiablage erfolgt in lockere Böden, die Larven leben von Wurzeln junger Laub- und Nadelbäume. Bei Massenvorkommen können die Käfer Fraßschäden an Kiefern und Laubbäumen verursachen. Gelegentlich in Stadtnähe.

**Walker**
*Polyphylla fullo*
Blatthornkäfer
*Scarabaeidae*

**K:** Unverwechselbare, große Art (25–36 mm) mit weißen Flecken auf dunkelbraunem Grund. Das Männchen mit 7 stark verbreiterten Fühlerblättern.

**V:** In Mittel- und Westeuropa in Kiefernwäldern auf sandigem Untergrund und an den Küsten im Dünenbereich.

**L:** Die Käfer fliegen in der Dämmerung im Juni/Juli. Sie fressen an Kiefernnadeln, auch Laubblättern, und können an Kiefernkulturen auf nährstoffarmen, schlechten Böden erhebliche Schäden anrichten. Die 25–40 Eier eines Weibchens werden im Boden abgelegt, die Larven fressen an Wurzeln von Gräsern und in Südeuropa auch an Rebstöcken.

**Feldmaikäfer**
*Melolontha melolontha*
Blatthornkäfer
*Scarabaeidae*

**K:** Häufigste Maikäferart mit typischer Verlängerung am Hinterende. Antenne des Männchens mit 7, des Weibchens mit 5 „Blättern“.

**V:** In Mitteleuropa nach wie vor häufig, jedoch lokal begrenzt.

**L:** Die bereits im Herbst aus der Puppe schlüpfenden Jungkäfer überwintern in oberen Bodenschichten. Im Frühling schwärmen sie auf dunkle Silhouetten (Waldränder, Baumgruppen) zu. Orientierung mit Himmelskompaß und Magnetfeldern. Fraß an Eiche, Ahorn, Buche, aber auch Weide und Hasel. Entwicklung der Engerlinge an Wurzeln von Löwenzahn und Wegerich. Massenentwicklungen in rund 4–5jährigem Zyklus.

**Goldkäfer**
*Potosia cuprea*
Blatthornkäfer
*Scarabaeidae*

**K:** Kräftiger, kantiger Käfer mit metallisch grünem Kupferglanz. Fühler blättrig, Beine mit kräftigen Krallen.

**V:** In Laubmischwäldern von Mai bis Juli noch relativ häufig an Blüten oder austretenden Baumsäften zu sehen. Steht unter Naturschutz.

**L:** Eigenart und Kennzeichen der Rosenkäfer (Goldkäfer) ist eine seitliche Einbuchtung der Deckflügel, aus denen die darunterliegenden Hinterflügel beim Flug gestreckt werden. Zur Eiablage dringt diese Art in Ameisennester ein. Die Larven leben in den Nestern als Untermieter und ernähren sich von vermodernden Holzteilen. Schutz: Erhaltung blütenreicher Waldränder.

**Hirschkäfer** (Männchen)
*Lucanus cervus*
Hirschkäfer
*Lucanidae*

**K:** Größter und imposantester Käfer Mitteleuropas. Geweihartig verlängerte Oberkiefer.

**V:** Mittlerweile nur noch in urwaldähnlichen Eichenwäldern. Dort häufiger an ausfließenden Baumsäften.

**L:** Die Käfer fliegen von Juni bis August an warmen Abenden in Laubwäldern. Die Männchen vollführen mit den Oberkiefern Rivalenkämpfe. Die Eier werden in mächtige, alte Baumstümpfe gelegt, die Larven entwickeln sich im Holz während 5–8 Jahren und zerschroten das Holz zu Mulm (Name auch „Schröter"). Zu ihrem Schutz sind großflächige Urwälder ohne jede Nutzung notwendig.

**Balkenschröter**
*Dorcus parallelopipedus*
Hirschkäfer
*Lucanidae*

**K:** Großer kräftiger Käfer mit auffallend vergrößerten Oberkiefern.

**V:** Recht häufig in alten Laubmischwäldern mit großen Totholzanteilen. In Baumstümpfen.

**L:** Wegen seiner nächtlichen Aktivität wird der Balkenschröter nur selten gesehen, obwohl er recht häufig ist. Von April bis September suchen die Käfer verrottende Stubben von Buche, Eiche, Ulme und Esche auf und legen dort ihre Eier ab. Die Larven leben in den Stümpfen und ernähren sich von Holz. Die Entwicklungszeit dauert 3–4 Jahre. Die Käfer bahnen sich mit ihren Oberkiefern einen Weg aus der Puppenwiege ins Freie. Schutz: Dicke Stubben stehenlassen.

**Buchenprachtkäfer**
*Agrilus viridis*
Prachtkäfer
*Buprestidae*

**K:** Langgestreckter Käfer (5–11 mm), metallisch grün, viele Farbvarianten, die als Rassen an verschiedenen Baumarten leben. Larvengänge unter Rinde zickzackförmig, geschlängelt.
**V:** In ganz Europa an Altbuchen.
**L:** Die Käfer fliegen im Juni/Juli im vollsten Sonnenschein und besuchen Blüten. Eiablage in Rindenrisse von durch Trockenheit geschwächten starken Rotbuchen. Die Larven fressen zwei Jahre lang unter der Rinde mit gelegentlichen Luftlöchern nach draußen, aus denen Saft austritt. Ergibt typisch weiße Flecken auf der Rinde (Erkennungszeichen des Befalls). Oft Bockkäfer als Folgeschädlinge.

**Blutroter Schnellkäfer**
*Ampedus sanguineus*
Schnellkäfer
*Elateridac*

**K:** Unverwechselbare Art mit schwarzem Kopf- und Brustabschnitt sowie einem leuchtend rotem, längsgerieften Hinterleib (12–17 mm). Kann sich durch Gelenk an der Brust hochschnellen.
**V:** Sehr häufig in Kiefernwäldern, aber auch in Mischwäldern mit hohem Buchen- und Eichenanteil und mit vielen morschen Stubben.
**L:** Die Käfer sieht man im Frühsommer häufig auf Gräsern und Blüten. Die Eiablage erfolgt in Holzmulm, wo die Larven räuberisch leben. Die auffälligen, drehrunden Larven mit recht großen Zangen am Kopf findet man häufig beim Zerlegen eines sehr morschen, feuchten Kiefernstubbens.

**Mausgrauer Schnellkäfer**
*Adelocera murina*
Schnellkäfer
*Elateridae*

**K:** Wegen einzigartiger Form und Färbung unverwechselbare Art. Flach, Halsschild mit 2 Dornen, Hinterleib schwarz mit mausgrauer Musterung.
**V:** Überall unter Steinen des Waldrandes und auf krautigen Pflanzen häufig vom Frühjahr bis zum Sommer.
**L:** Diesen Käfer sollte man einmal mit dem Rücken auf die flache Hand legen. Als Schnellkäfer kann er sich durch ein plötzliches Einkrümmen des Körpers zwischen Vorderabschnitt und Hinterleib, verbunden mit einem klickenden Geräusch, emporschnellen. Die Larven leben im Boden und fressen Pflanzenwurzeln („Drahtwürmer").

**Trotzkopf**
*Anobium pertinax*
Pochkäfer
*Anobiidae*

**K:** Länglicher, kleiner Käfer (4–6 mm), schwarz mit Längsriefen.
**V:** In Kiefern- und Fichtenforsten des nördlichen Europas sehr häufig.
**L:** Die Käfer erscheinen ab Mai und legen ihre Eier in Holz- und Rindenrisse von geschädigten Fichten und Kiefern. Noch häufiger gehen sie in gelagertes Bauholz. Die Larven verursachen mit ihren Fraßgängen in nicht imprägniertem Holz große Schäden. Sie können es in kurzer Zeit zu Bohrmehl verarbeiten. Der Schaden in Balken und Naturholzmöbeln wird meist erst bemerkt, wenn die Käfer schlüpfen. Vor der Paarung pochen die Käfer als Balzritual auf die Unterlage.

**Ameisenbuntkäfer**
*Thanasimus formicarius*
Buntkäfer
*Cleridae*

**K:** Auffällig gefärbter Käfer (7–10 mm), Kopf schwarz, Brust rotbraun, Flügeldecken dunkel mit hellem, quer verlaufendem Zickzackband. Erinnert in Körperform an Ameisen, sehr flink.

**V:** Überall in Nadelwäldern. Häufig auch in der Nähe von borkenkäferbefallenen Fangbäumen und von nicht entrindetem Fallholz nach Sturmschäden.

**L:** Die Eiablage erfolgt bereits im März unter Rindenschuppen. Die stark behaarten Larven fressen zunächst Abfallstoffe, später vertilgen sie Borkenkäfer. Die rosenroten Larven sind gut zu erkennen. Hilfreich bei der biologischen Bekämpfung von Borkenkäfern.

**Augenmarienkäfer**
*Anatis ocellata*
Marienkäfer
*Coccinellidae*

**K:** Größter einheimischer Marienkäfer (8–9 mm) mit rötlichen Flügeldecken und unverkennbaren schwarzen Tupfen in weißen Höfen. Viele Farbvarianten, aber Halsschild stets gelbschwarz.

**V:** In der Nadelwaldzone auf der ganzen Erde verbreitet, bei uns in Nadelwäldern sehr häufig.

**L:** Diese Art jagt auf Nadelbäumen Blattläuse. Die Käfer überwintern oft gesellig in der Nadelstreu oder in Rindenritzen. Im zeitigen Frühjahr Ablage der Eier an Nadeln oder an Zweigen. Die Larven fressen ebenfalls Blatt- und Schildläuse. Puppe mit Sekret am Zweig befestigt. Hilfreich bei biologischer Schädlingsbekämpfung.

**Siebenpunkt**
*Coccinella septempunctata*
Marienkäfer
*Coccinellidae*

**K:** Roter Marienkäfer mit 7 schwarzen Flecken auf den Flügeldecken. Brust schwarz mit 2 gelben Seitenflecken.

**V:** Ubiquist. Überall dort, wo Blattläuse an Pflanzen saugen.

**L:** Lebt räuberisch von Blattläusen. Die leuchtenden Kontrastfarben dienen der Warnung von Freßfeinden, die zusätzlich mit einer bitteren, gelben Blutflüssigkeit aus den Beingelenken abgeschreckt werden. Käfer und Larven fressen Blattläuse, eine Larve rund 600. Als Räuber können sie Blattläuse nie regulieren, wohl aber dezimieren. Hecken und blütenreiche Waldränder fördern die Käfer und reduzieren Schädlinge im Feld.

**Scharlachroter Feuerkäfer**
*Pyrochroa coccinea*
Feuerkäfer, Kardinäle
*Pyrochroidae*

**K:** Unverwechselbare Art mit schwarzem Kopf und scharlachrotem Körper. Fühler kammartig gezähnt (14–18 mm).

**V:** Im Sommer in Laubmischwäldern überall häufig, besonders auf weißen Doldenblüten des Waldrandes und auf hell blühenden Sträuchern.

**L:** Die Käfer legen ihre Eier an Rindenrisse geschädigter Laubbäume, die schon von Bock- und Prachtkäfer befallen sind. Die sehr flachen Larven mit typischen, nach hinten gerichteten 2 Dornen am Hinterende jagen unter der Rinde die Larven von Bock- und Prachtkäfern. Schutz: Tote Altbäume stehenlassen.

**Leiterbock**
*Saperda scalaris*
Bockkäfer
*Cerambycidae*

**K:** Gestreckter Körper, Flügeldekken schwarz mit 5 Querbinden, Halsschild ohne Dorn, Fühler körperlang, guter Flieger.
**V:** Buchenwälder, Feuchtwälder und Obstgärten.
**L:** Der dämmerungsaktive Käfer frißt Blätter und Rindenstücke. Eiablage in frischabgestorbene, feuchte Äste von Erle, Weide, Birke, Buche und auch Obstbäumen. Die Larve lebt ein Jahr unter der Rinde, bohrt sich erst spät ins Holz. Nach kurzer Puppenruhe schlüpft der Käfer Ende Mai und führt an Laubblättern einen Reifefraß durch. Trotz häufigen Auftretens kein Forstschädling, da frisch geschlagenes Holz sofort entrindet wird.

**Waldbock**
*Spondylis buprestoides*
Bockkäfer
*Cerambycidae*

**K:** Walzenförmiger Körper, Flügeldecken matt glänzend mit zwei Längsrippen, am Kopf kräftige Zangen, Fühler für Bockkäfer auffallend kurz. Halsschild seitlich abgerundet.
**V:** In alten Kiefernbeständen mit Stubben im Zersetzungsstadium.
**L:** Die Käfer legen ihre Eier nahe der Wurzeloberfläche alter Kiefernstubben, sehr selten in gelagertem Holz. Kein Forstschädling. Die Larven minieren rund 2 Jahre das Splintholz stehender Reste oder den unterirdischen Wurzelbereich. Da die Käfer pflanzliche Zellulose nicht aufschließen können, besitzen sie im Darm symbiontische Bakterien. Schutz: Alte Kiefernstubben nicht roden.

**Gefleckter Schmalbock**
*Strangalia maculata*
Bockkäfer
*Cerambycidae*

**K:** Flügeldecken schmal, hinten nach außen laufend, mit gelbschwarzen Flecken. Fühler fadenförmig und lang. Größe: 10–20 mm.
**V:** In ganz Europa einer der häufigsten Bockkäfer, oft im Juli/August an Waldrändern zu mehreren auf Doldenblüten zu finden.
**L:** Die Imagines fressen Blütenpollen und sitzen tagsüber träge auf Doldenblüten. Bevorzugte Tageszeit für den Blütenbesuch ist der Nachmittag. Die Larven leben in morschen und feuchten Stubben der verschiedensten Holzarten. Die Entwicklung dauert 3 Jahre. Kein Forstschädling. Bei uns derzeit nicht gefährdet. Schutz: Blütenreiche Waldränder.

**Moschusbock**
*Aromia moschata*
Bockkäfer
*Cerambycidae*

**K:** Metallisch grün, oft bläulich violett schimmernd, mit intensivem Moschusduft. Halsschild mit kegelförmigem Seitendorn.
**V:** Käfer im Sommer häufiger auf Doldenblüten oder am Saftfluß verletzter Weidenstämme. In Feuchtwäldern und Altauen Europas noch regelmäßig, zunehmend selten.
**L:** Die träge wirkenden Käfer mit gutem Flugvermögen suchen baumförmige Weidenarten (*Salix*) auf und legen Eier in Rindenrisse. Die Larven fressen vertikale Gänge in gesunde Stämme. Oft werden einmal befallene Bäume wiederholt angeflogen und bebrütet. Entwicklungsdauer etwa 2–3 Jahre. Schutz: Alte Kopfweiden stehen lassen.

**Widderbock**
*Clytus arietis*
Bockkäfer
*Cerambycidae*

**K:** Ähnelt in Gestalt und Färbung einer Wespe. Auch die schnellen Bewegungen und der gradlinige Flug sind wespenähnlich. Gelbschwarzzeichnung zur Abschrekkung von Vögeln. Fühler und Beine rotgelb.

**V:** Von Mai bis Ende Juli in ganz Europa, häufiger auf sonnigen Holzstößen und Blüten zu beobachten.

**L:** Die Käfer fliegen auf Waldlichtungen schnell von einer Doldenblüte zur anderen. Eier werden in kleinen Gruppen abgelegt. Die Larven entwickeln sich in sehr trockenem Holz von verschiedenen Sträuchern, häufig in Weißdorn und Weide. Schutz: Dickere Heckenäste liegenlassen.

**Großer Eichenbock**
*Cerambyx cerdo*
Bockkäfer
*Cerambycidae*

**K:** Braunschwarz mit gerunzelten Flügeldecken, Halsschild seitlich mit scharfem Dorn, Fühler körperlang oder länger.

**V:** Streng auf alte Eichenwälder spezialisiert. In Mitteleuropa selten geworden, in Südeuropa gefürchteter Eichenschädling.

**L:** Von Juni bis Juli fliegen die Käfer in der Dämmerung, bevorzugt an dickstämmige, einzelnstehende Eichen. Sehr standorttreu. Ein Weibchen legt bis 150 Eier in Rindenrisse. Die Larven bohren bis 1 m lange Gänge ins Holz. Die Entwicklung dauert 3–4 Jahre. Tagsüber verbergen sich die Käfer in alten Bohrlöchern. Schutz: Alteichen stehenlassen.

**Erlenblattkäfer**
*Agelastica alni*
Blattkäfer
*Chrysomelidae*

**K:** Schwarzblau metallisch glänzender Käfer auf Erlen (6–7 mm). Sehr häufig.
**V:** In ganz Europa bis Lappland.
**L:** Ab Ende Mai fressen die überwinternden Käfer Löcher in junge Erlenblätter. Die bis zu 900 gelben Eier eines Weibchens werden stets auf die Blattunterseite in Gruppen von 60–70 Stück gelegt. Die schwarzen Larven fressen gesellig und können bei häufig vorkommenden Massenvermehrungen Kahlfraß an Erlen, selten an Birken, verursachen. Feinde: Zwei Pilzarten und Eiräuber können über 90% der Individuen ausschalten, danach 3–4 Jahre geringere Dichten.

**Roter Pappelblattkäfer**
*Melasoma populi*
Blattkäfer
*Chrysomelidae*

**K:** Schöner, auffälliger Käfer mit roten Flügeldecken, Kopf und Beine metallisch blau bis dunkelgrün (8–12 mm). Larven milchig weiß mit schwarzen Flecken.
**V:** In ganz Europa auf Pappeln und Weiden, nach Süden häufiger, in Jugoslawien sehr schädlich.
**L:** Die Käfer erscheinen im Mai. Pro Weibchen werden 500–600 Eier auf der Unterseite der Blätter abgelegt. Die Larven fressen vom Rand her Löcher in die Blätter 1- bis 2jähriger Pappeln. Auf älteren Bäumen gehen sie zugrunde. Im Sommer gleichzeitig Käfer, Eier, Larven und Puppen zu beobachten. Feinde: Wanzen, Marienkäfer, Raupenfliegen, Erzwespen.

**Blauer Weidenblattkäfer**
*Phyllodecta vitellinae*
Blattkäfer
*Chrysomelidae*

**K:** Kleiner, metallisch bronzen oder kupfern glänzender Käfer (4–5 mm). Sehr häufig auf Weiden und Pappeln. Von April bis Oktober.
**V:** In ganz Europa bis Lappland, oft sogar über die Baumgrenze gehend.
**L:** Diese Art gehört zu den häufigsten Blattkäfern Europas, wird in wärmeren Gebieten vor allem in Pappel-Baumschulen und Windschutzanlagen schädlich. Anfang April erscheinen die Käfer aus dem Winterlager und nagen am frischen Grün. Danach Eiablage von rund 250 Eiern pro Weibchen. Die Larven skelettieren die Blätter. Oft 2 Generationen pro Jahr. Feinde: Spinnen, Wanzen, Schwebfliegen.

**Pappelblattroller**
*Byctiscus populi*
Rüsselkäfer
*Curculionidae*

**K:** Metallisch grün glänzender Rüsselkäfer auf Pappelblättern von April bis Oktober. Beine mit Haftlappen.
**V:** In ganz Europa an Zitterpappel häufig, gerne auf sonnigen Blättern am Waldrand von Mischwäldern.
**L:** Ab Mitte April bauen Männchen und Weibchen dieser kleinen (4–5 mm) Art gemeinsam Blattrollen aus je einem Blatt. Im Teamwork nehmen die Partner vom Rand her das Blatt zwischen die Beine und rollen das Pappelblatt seitlich wie einen Teppich auf. Zuvor wurde mit einem Stich in den Blattstiel der Saftfluß unterbrochen und das Blatt geschwächt. In der „Zigarrenrolle" (Volksmund) entwickelt sich jeweils nur eine Larve.

**Birkenblattroller**
*Deporaus betulae*
Rüsselkäfer
*Curculionidae*

**K:** Unauffälliger, kleiner (2,5–4 mm) schwarzer Rüsselkäfer mit aufregender Biologie. Ab Mai häufig auf besonnten Birkenblättern.
**V:** In ganz Europa, häufig an Birken des Randes feuchter Waldbiotope.
**L:** Wie alle Rüsselkäfer stanzen diese Rüsselkäfer Blattstücke aus Laubbäumen, vorzugsweise aus Birken. Besonders aufregend ist die Fortpflanzungsbiologie, eine raffinierte Form der Brutfürsorge: Die Weibchen bauen für die 1–6 Eier und die daraus schlüpfenden Larven eine Blatt-Tüte nach einem festen Schnittmuster. Zunächst schneidet ein Weibchen das Birkenblatt von links und rechts in einer S-Kurve bis zur Mittelrippe ein. Danach beginnt es am Schnittbeginn mit den Beinen das Blatt nach innen einzurollen. Auf diese Tüte wickelt es die andere Schnitthälfte des Blattes. Die Rolle wird von innen mit Vertiefungen im Blatt, die der Rüssel formt, „genietet". Nach der Eiablage in der innersten Rolle faltet das Weibchen die Blattspitze um und befestigt sie auf den äußeren Umgängen durch „Nähen" mit der Rüsselspitze. Die Tüten halten ohne Klebsekret zusammen. Ab etwa Mitte Juni fallen die Trichter ab, die Larven verpuppen sich im Boden. Nach dieser Methode arbeiten mehrere Arten, die man häufig auf Pappeln, Eichen und Haselsträuchern findet.

**Birkengrünrüßler**
*Phyllobius betulae*
Rüsselkäfer
*Curculionidae*

**K:** Grün beschuppter, manchmal auch graufleckiger Rüsselkäfer mit kurzer Schnauze und langen Fühlern. Füße mit Haftorganen. Läßt sich bei Störung fallen.

**V:** Im Frühjahr und frühem Sommer sehr häufig auf Laubbäumen, Sträuchern und Heckenpflanzen.

**L:** Rüsselkäfer sind die artenreichste Tierfamilie der Erde. Sie sind phytophag. Die meisten Grünrüßler befressen ein breites Pflanzenspektrum, diese Art bevorzugt Birke und Erle. Die Fraßschäden erkennt man als ovale Löcher in den Blättern, die der Käfer herausstanzt. Die Larven entwickeln sich im Boden an Pflanzenwurzeln. Fraßschäden harmlos.

**Fichten-Dickmaulrüßler**
*Otiorrhynchus niger*
Rüsselkäfer
*Curculionidae*

**K:** Leicht zu erkennende Art mit lackartig-tiefschwarzem Körper und dunkel-orangen Beinen. Rüssel kurz und dick.

**V:** Bedeutender Forstschädling der Mittelgebirge und der Alpen. Im Frühling häufig an Fichte, im Sommer an Schwarzerle.

**L:** Im Frühjahr kommen die Käfer aus dem Winterlager in der Nadelstreu und befressen zunächst Fichtennadeln. Eiablage in den Boden. Die Larven fressen an den Wurzeln junger Nadel-Kulturen und Pflanzgärten, verursachen große Schäden. Im Harz sind sie der Waldschädling schlechthin. Die im Sommer schlüpfenden Käfer fressen bevorzugt an Schwarzerle.

**Eichelbohrer**
*Curculio glandium*
Rüsselkäfer
*Curculionidae*

**K:** Kleiner Rüsselkäfer (4–7,5 mm) mit auffallend langem, schnabelförmigem, sehr dünnem Rüssel. Körper goldbeschuppt, Grundfarbe braunschwarz. Fühler am Rüssel abgeknickt.

**V:** Häufig auf fruchtenden Eichen in Mittel- und Südeuropa, gelegentlich auf Kastanie oder Hasel.

**L:** Die Käfer fliegen nach der Überwinterung blühende Eichen an, bevorzugt an sonnigen Stellen. Zur Zeit der Eichelreife konzentrieren sie sich auf die ersten Früchte und bohren diese mit den Rüsseln von oben her an. Die Larven, meist 2 pro Frucht, fressen die Eichel vollständig aus. Natürliche Feinde: Waldvögel, Käfer, Ameisen.

**Großer Brauner Rüsselkäfer**
*Hylobius abietis*
Rüsselkäfer
*Curculionidae*

**K:** Schwarzbrauner Käfer mit deutlichem Rüssel und geknieten Fühlern. Rücken mit Riefen und gelblichen Flecken. Forstschädling.

**V:** Von April bis Juni sehr häufig, im Herbst gelegentlich, in Jungkulturen von Nadelbäumen, besonders von Kiefern.

**L:** Nach der Überwinterung schwärmen die Käfer und besiedeln Schonungen. Orientierung nach Kiefern mittels Rindenduftstoff. Die Käfer fressen pockenartige Narben in die Rinde. Eiablage in vorgebohrte Löcher in die Rinde. Die Larven fressen im Bast Gänge bis in die äußeren Splintschichten. Biologische Bekämpfung bislang nicht erfolgreich.

**Großer Ulmensplintkäfer**
*Scolytus scolytus*
Borkenkäfer
*Scolytidae*

**K:** Rotbrauner bis schwarzer, abgeflachter Käfer.
**V:** Sehr häufig an Parkbäumen und in Mischwäldern. Auf Ulmen, seltener an Eschen, Pappeln und Hainbuchen in ganz Europa.
**L:** Ende Mai und Mitte August schwärmen die Käfer um die Bäume. Reifefraß in kurzen Gängen in Zweigachsen. Die Weibchen fressen einen Muttergang unter der Rinde und belegen ihn mit Eiern, vorzugsweise an geschädigten, aber auch an gesunden Ulmen. Die Larven fressen seitlich vom Muttergang eigene Gänge bis ins Splintholz. Käfer übertragen auf das Holz den Schlauchpilz *Ceratocystis ulmi*, der das Ulmensterben auslöst.

**Kleiner Waldgärtner**
*Blastophagus minor*
Borkenkäfer
*Scolytidae*

**K:** Flügeldecken, Fühler und Taster rot, Körper schwarz.
**V:** In ganz Europa an Kiefern, gelegentlich an Lärche und Fichte.
**L:** Der Kleine Waldgärtner befällt vor allem stehende und kaum geschwächte Bäume im Kronenbereich. Seine Gänge legt er unter dünner Rinde an. Der Muttergang wird als doppelarmige Querfurche von 6–8 cm Länge an der Oberfläche des Splintholzes angelegt. Die Larvengänge verlaufen senkrecht nach oben und unten, enden in senkrechten Vertiefungen im Splintholz, den Puppenwiegen. Die forstliche Bedeutung liegt vor allem in der Einschleppung von Bläuepilzen ins Holz, die den Wert mindern.

**Großer Waldgärtner**
*Blastophagus piniperda*
Borkenkäfer
*Scolytidae*

**K:** Flügeldecken rot, Fühler gelbrot, Stirn punktiert. Größe 3–5 mm.

**V:** In ganz Europa sehr häufig an Kiefern.

**L:** Als Rindenbrüter bohren die Weibchen einen längsverlaufenden Muttergang unter der Rinde, oft mit krückstockartiger Biegung. Das Einbohrloch zeigt oft einen Harztrichter. Larvengänge laufen vom Muttergang weg unregelmäßig auf der Oberfläche des Splintholzes. Am Ende mit länglicher Puppenwiege. Die Jungkäfer schlüpfen ab Juli und führen in einjährigen Kieferntrieben einen Reifefraß durch. Die ausgehöhlten Triebe fallen zu Boden, die Jungkiefern sehen wie beschnitten aus („Waldgärtner"). Käfer schwärmen an warmen Apriltagen. Nach dem Reifefraß bohren sich die Käfer einen Überwinterungsgang in dickborkige Kiefern. Der forstliche Schaden tritt bei Schlagholz oder an absterbenden Bäumen auf. Nach Sturmschäden oder Schneebruch kann es zu Massenvermehrungen kommen. Der Waldgärtner überträgt Bläuepilze auf Lagerholz, der wertmindernd wirkt. Bekämpfung: Anlage von Kontrollfangbäumen, baldige Abfuhr von Einschlagholz, Einsatz von Pheromonfallen. Teilerfolge in der biologischen Bekämpfung durch künstliche Überschwemmung mit dem räuberischen Ameisenbuntkäfer *Thanasimus formicarius*.

**Buchdrucker**
*Ips typographus*
Borkenkäfer
*Scolytidae*

**K:** Dunkel- bis schwarzbraun glänzender Käfer (4–5 mm), Seitenränder behaart, am Fühler eine kugelige Endkeule.
**V:** An Fichten in ganz Europa sehr häufig. Gefürchteter Forstschädling.
**L:** Der Borkenkäfer mit 2–3 Generationen im Jahr befällt vor allem die Rinde geschwächter oder toter, über 70jähriger Fichten. In warmen Sommern kann es zu Massenvermehrungen kommen. Die Weibchen fressen 2–4 Muttergänge in Längsrichtung unter der Rinde mit Luftlöchern zur Oberfläche. Die Larven bohren vom Muttergang wegführende, geschwungene Fraßgänge mit Puppenwiegen am Ende, die das Splintholz kaum berühren. Die Käfer überwintern im Boden. Als Rindenbrüter ist der Buchdrucker eigentlich forstwirtschaftlich von geringem Schaden. Katastrophale Verluste entstehen aber in Wind- oder Schneebruchjahren, wenn die gestürzten Bäume nicht sofort abtransportiert werden können. Von kleinen Käferherden ausgehend, weitet sich der Befall schlagartig aus und vernichtet ganze Wälder. Bekämpfung: Bei Befallsherden bleibt ein Fangbaum stehen, der hohe Käferdichten abschöpfen soll. Befallene Rinde wird verbrannt. Zusätzlich werden mit Sexuallockstoffen beköderte Pheromonfallen eingesetzt, die Käfer während der Schwärmphase anlocken und abtöten.

# Schmetterlinge

Das Überleben einer vielfältigen **Schmetterlingsfauna** hängt auch von der Vielfalt unserer Wälder ab. Spitzenreiter als Wald-Schmetterlingsbiotope sind lichte Eichenmischwälder mit einer blütenreichen Bodenflora. Allein an der Eiche entwickeln sich rund 200 Groß- und Kleinschmetterlingsarten. Das sind rund 10% der heimischen Schmetterlingsfauna. Besonders wichtig für Schmetterlinge sind die Weichhölzer. An der Birke leben beispielsweise 87 Falterarten, an der Zitterpappel 34 und an der Salweide mindestens 27 Arten. Größte Bedeutung für das Überleben unserer Schmetterlinge haben die Waldränder. Fast ein Viertel aller heimischen Spinner und Schwärmer leben im Mantelsaum der Wälder.

Je monotoner und dunkler unsere Nutzwälder werden, desto weniger werden auch die Schmetterlingsarten, die hier überleben können. In einer dunklen Fichtenmonokultur kommen nicht mehr als kümmerliche 15 Spinner- und Schwärmerarten vor. Unter ihnen sind gefürchtete Forstschädlinge wie Nonne und Kiefernspinner. Damit setzt sich der Artenschwund, der besonders katastrophal in Feuchtgebieten, in Mooren und auf Trockenrasen eingesetzt hat, auch in den Wäldern fort. Die Ursachen für den rapiden Artenschwund liegen nicht so sehr in den veränderten Nährstoffbedingungen der Lebensräume. Vielmehr sind es die massiven Verluste an speziellen Waldformen. Es fehlen zunehmend bach- und flußbegleitende Feuchtwälder sowie lichte Trockenwälder. Viele der ursprünglichen artenreichen Laub- und Mischwälder wurden in einheitliche Nadelholzbestände gleicher Altersklassen umgewandelt. Der Artenschwund ist somit „hausgemacht".

**Typische Gemeinschaften:**
Jede Waldform besitzt ihre typischen Schmetterlingsarten. In den Eichen-Hainbuchenwäldern leben vor allem der Große Schillerfalter, der Kleine Schillerfalter, der Eichenkarmin oder der Eichenwickler. In Rotbuchenwäldern lebt bevorzugt der Nagelfleck oder der Buchenfrostspanner. In den Feuchtwäldern mit ihren Rinnsalen und Bächen und den artenreichen Mosaiken aus den verschiedensten Strauch- und Baumarten leben Charakterarten wie die Pappelglucke, der Flechtenbär, Glasflügler und Bläulinge. Dazu gehören auch der Große Eisvogel, der C-Falter oder die gesellig fressenden Gespinstmotten. Die ökologische Gruppe der Waldrandfalter umfaßt den Kaisermantel, den Adlerfarnwurzelbohrer oder den Hummelschwärmer.

**Tarnen und täuschen:**
Vielfach sind die in den einzelnen Waldformen lebenden Schmetterlinge und ihre Raupen an die hier herrschenden Lebensformen besonders angepaßt. Der Mondvogel imitiert mit Sitzweise und Färbung ein dürres Stück Holz mit Bruchstellen. Die Spannerraupen imitieren trockene Ästchen und sitzen regungslos still. Die Kupferglucke ahmt ein dürres Blatt nach, und das Abendpfauenauge hebt sich in der Ruhehaltung kaum von der Rinde ab, auf der es sitzt. Sogar gefährliche Vorbilder werden imitiert. Der Hornissenglasflügler ahmt in Größe und Färbung den wehrhaften Hautflügler nach, und manche Raupen benutzen das gelb-schwarze Signal zur Abschreckung. Vom Birkenspanner gibt es neben der gefleckten Weißform, die auf Birkenrinde gut getarnt erscheint, in Industriegebieten Englands eine schwarze Mutante, die an rußgeschwärzten Rinden weniger auffällt als die Normalform.

**Die wichtigsten Familien**
Unsere heimischen Schmetterlinge werden je nach dem Zeitpunkt ihrer Aktivität in Tag- und Nachtfalter ein-

geteilt. In den Wäldern überwiegen die nachtaktiven Arten. Jede Familie besitzt meist typische Verhaltensweisen und typische Farbmuster, die schon bei der Beobachtung eine grobe Einteilung zulassen.

**Die Tagfalter**

Diese Schmetterlinge tragen deutlich keulenförmige Fühler und haben meist große, sehr farbige Flügel. Die **Weißlinge** sind weiße oder gelbe Tagfalter. Man findet sie häufig an Weg- und Waldrändern auf Blüten. Die **Ritterfalter** sind Tagfalter mit gelber oder weißer Flügelfärbung. Die Hinterränder ihrer Flügel tragen meist schwanzartige Fortsätze. Ihre Raupen besitzen eine Nakkengabel. Die **Edelfalter** gehören zu den vielgestaltigsten Waldschmetterlingen. Oft tragen die Männchen einen prachtvollen Blauschiller auf den Flügeln. Viele Arten sind rotblau gemustert oder braun gescheckt. Ihre Lebensräume sind die Waldlichtungen und die sonnigen Mantelsäume. **Bläulinge** sind kleinere Tagfalter, die durch schnellen, reißenden Flug auffallen. Sie besuchen oft die Blüten des Waldrandes.

**Die Nachtfalter**

Die meisten Nachtfalter fliegen nachts oder in der Dämmerung. Sie sind meist einförmig dunkel gefärbt. Ihre Fühler tragen keine Keule, die Flügel werden in der Ruhehaltung waagerecht oder dachförmig über dem Körper getragen. Einige wenige, dann bunte Arten, fliegen allerdings auch am Tag. Die **Eulen** sind meist matt gefärbt, die manchmal grellfarbenen Hinterflügel werden bei Störung plötzlich gezeigt und sollen abschrecken. Die **Schwärmer** sind sehr große Nachtfalter mit kräftigen Körpern und schmalen Flügeln. Sie fliegen schon in der Dämmerung und saugen mit sehr langen Saugrüsseln an Blüten mit langen Kelchröhren. Die **Zahnspinner** sitzen tagsüber mit dachförmigen Flügeln ruhig auf Zweigen. Viele tragen Haarbüschel auf dem Kopf. Der Körper der **Glucken** ist auffallend plump. Meist sind sie braun gefärbt. Die **Trägspinner** sind mittelgroße Nachtfalter, deren Brust und Hinterleib kräftig behaart sind. Sehr auffallend sind die lebhaft gebänderten und gemusterten **Bärenspinner**, die tagsüber meist mit ausgebreiteten Flügeln auf Rinde sitzen. Ebenso auffällig sind die großen **Spanner**, deren schlanke Körper und zarte, helle Flügel meist mit dunklen Flecken- und Wellenbändern gezeichnet sind. Die kleineren Arten der gleichen Familie zeigen eine trapezförmige Flügelstellung. Häufig sind sie rindenfarbig und sitzen still an Baumrinden. Viele Arten sehen sich ähnlich. Abweichend vom gängigen Schmetterlingstyp erinnern die **Glasflügler** an Bienen und Wespen, die sie nachahmen. Ihre Flügel sind fast schuppenlos und durchsichtig. Sehr typisch sind die **Wickler.** Diese artenreiche Kleinschmetterlingsfamilie ist in der Ruhehaltung an den trapezförmigen Flügeln zu erkennen, die am Hinterrand wie mit dem Messer abgeschnitten aussehen. Bei Störung fliegen sie meist nur ein kurzes Stück.

Von den etwa 3000 Schmetterlingsarten in Mitteleuropa sind etwa 88% Nachtschmetterlinge. Viele von ihnen kommen nachts ans Licht, schwirren um Straßenlaternen oder vor Fensterscheiben. Alle diese Arten sind in große Nahrungsnetze eingebunden und benötigen vielfältige Lebensräume und intakte Wälder.

Vorige Doppelseite: Baumweißlinge (*Aporia crataegi*). Rund 10% der heimischen Schmetterlinge leben in Wäldern.

**Farnwurzelbohrer**
*Hepialus fusconebulosus*
Wurzelbohrer
*Hepialidae*

**K:** Braune Falter mit hellen geringelten Fleckenmustern am Flügelrand. Männchen fliegen in der frühen Dämmerung niedrig und pendelnd über Farnbestände. Die Hinterbeine hängen während des Fluges nach unten.

**V:** Häufig in feuchten, farnreichen Wäldern der Vorgebirge und Alpen.

**L:** Während des Fluges (Juni/Juli) kurz vor der Dämmerung locken die Männchen mit Sexuallockstoffen aus Duftstoffen an den herabhängenden Hinterbeinen Weibchen an. Nach der Begattung lassen diese die Eier aus der Luft fallen. Die Larven leben an den Rhizomen von Farnen. Ihre Entwicklung dauert meist mehrere Jahre.

**Eichenminiermotte**
*Tischeria complanella*
Schopfstirnmotten
*Tischeriidae*

**K:** Sehr kleiner Schmetterling, Vorderflügel dottergelb mit bräunlicher Bestäubung. Larven fressen im Eichenblatt, erzeugen großflächige Minen.

**V:** In ganz Europa an Eichen.

**L:** Die sehr kleinen Falter fliegen im Mai/Juni. In Ruhehaltung wird der Vorderkörper aufgerichtet, die geschlossenen Flügel liegen an den Zweig gepreßt. Die Larven sind stark abgeplattet, die für Schmetterlingsraupen typischen Brust- und Bauchbeine fehlen. Die Raupen fressen nur die grüne Schicht im Blatt. Nach der Verpuppung in der typischen Platzmine fallen sie mit dem Blatt im Herbst zu Boden.

**Gespinste an Sträuchern**
*Yponomeuta* spec.
Gespinstmotten
*Yponomeutidae*

**K:** Kahlfraßschäden mit großflächigen seidigen Gespinsten, oft ist der ganze Baum davon überzogen.
**V:** Im Mai/Juni häufig an Auwaldrändern, in Hecken und auch an Straßenrändern.
**L:** Die Jungraupen dieser zu Massenvorkommen neigenden Schmetterlingsfamilie überwintern in Knospen. Im Frühjahr spinnen sie gemeinschaftliche Gespinstschleier, die mit zunehmendem Wachstum größer werden. Bei uns 7 häufigere Arten, die sich meist an Futterpflanzen bestimmen lassen. *Y. evonymellus* (Traubenkirsche), *Y. padellus* (Schlehe, Weißdorn), *Y. cognatellus, Y. plumbellus, Y. irrorellus* (Pfaffenhütchen).

**Buchenmotte**
*Chimabache fagella*
Faulholzmotten
*Oecophoridae*

**K:** Erster Kleinschmetterling des Buchenwaldes ab März. Sitzen tagsüber an Stämmen. Falter schmutziggrau, Weibchen mit Stummelflügeln.
**V:** Charakteristischer Falter des Buchenwaldes. Sehr häufig.
**L:** Im März schlüpfen die Falter aus den Puppen im Boden. Nach der Begattung steigen die flugunfähigen Weibchen am Stamm empor und legen die Eier an das erste Grün. Die graugrünen Raupen fressen nachts zwischen zwei zusammengesponnenen Blättern. Sie können zirpende Töne erzeugen. Verursachen trotz Häufigkeit weniger als 1% des Stoffumsatzes im Buchenwald.

**Eichenglasschwärmer**
*Sesia vespiformis*
Glasflügler
*Aegeriidae*

**K:** Wespenähnlicher Schmetterling, Flügel mit glasklaren Feldern, wenig beschuppt.

**V:** Überall in Mitteleuropa in Eichenmischwäldern, ab Mai/Juni.

**L:** Schmetterlingsfamilie, die meist wegen ihrer Ähnlichkeit mit Wespen oder Hornissen (Mimikry) übersehen wird. Die Falter fliegen tagsüber. Die Raupen leben im unteren Teil der Stämme und in stärkeren Wurzeln der Nahrungsbäume. Einige Arten dadurch schädlich. Die bewegliche Puppe kann sich vor dem Schlüpfen des Falters aus dem Kokon herauswinden. Natürliche Feinde der Raupen: Spechte und eine große Anzahl parasitischer Schlupfwespen.

**Hornissenschwärmer**
*Sesia apiformis*
Glasflügler
*Aegeriidae*

**K:** Falter ähnelt in Farbe und Form einer Hornisse (32–42 mm).

**V:** In Mitteleuropa nicht selten, oft in Pappelbeständen, Auwäldern in Bachnähe und in Parks. Ab Ende Mai.

**L:** Die Falter sitzen tagsüber träge an der Rinde, nachts sind sie recht aktiv. Die Eiablage mit bis zu 2500 Eiern pro Weibchen erfolgt frei auf den Boden. Die Jungraupen bohren sich in die Wurzelrinde und ernähren sich von den Baumsäften. Diese Art gehört zu den größten Schadinsekten von jungen Pappelkulturen, die auf ungeeigneten Böden angepflanzt wurden. In naturnahen Lebensräumen unterliegen sie zahlreichen Feinden.

**Weißdornwickler**
*Acleris rhombana*
Wickler
*Tortricidae*

**K:** Hellgrüne Raupen mit honigfarbenem Kopf in zusammengesponnenen Blatttrieben von Weißdornbüschen.
**V:** Ab April überall häufig an Waldrändern und Hecken.
**L:** Die überwinternden Raupen spinnen sich öffnende Blattknospen zusammen und leben im Gespinst. Aus dieser Art wurden ebenso wie aus anderen Wicklern von Waldrändern und Hecken zahlreiche parasitisch lebende Hautflügler gezogen. Die Befunde belegen, daß Hekken (sind Waldränder ohne Wald) ein breites Nützlingspotential für die umgebende Landschaft bereitstellen, z.B. für den biologischen Obstbau.

**Fichtentriebwickler**
*Parasyndemis histrionana*
Wickler
*Tortricidae*

**K:** Falter (8–10 mm), weißlichgrau mit dunkelbrauner Binde. Raupen grün.
**V:** In Mittel- und Westeuropa häufig in Fichtenwäldern. Falter ab Juni.
**L:** Die Raupen fressen an den Triebspitzen in den Nadeln und bewirken posthornähnliche Krümmungen. Diese Art wurde jedoch nicht zum gefährlichen Forstschädling wie der Kieferntriebwickler: Wie Ökologen fanden, entwickeln sich die Raupen dieser Art unterschiedlich schnell. Dadurch finden die natürlichen Gegenspieler (Schlupfwespen) stets Raupen, um in ihnen mehrere Generationen zu entwikkeln. Damit verhindern sie oft Massenvermehrungen.

**Kieferntriebwickler**
*Rhyacionia buoliana*
Wickler
*Tortricidae*

**K:** Kleiner, auffällig rostorange gefärbter Schmetterling. Tagsüber ruhig sitzend, abends lebhaft fliegend.
**V:** Sehr häufig in Kiefernwäldern ab Juni/Juli.
**L:** Diese Art wurde mit der Anlage unnatürlicher Monokulturen im Forst zum Schädling. Seine Raupen verursachen durch den Fraß an den Spitzentrieben junger Kiefern die „Posthornbildung" der Kiefernspitzen. Am stärksten gefährdet sind Kiefern im Dickungsalter. Wegen Umweltgefahr durch Insektizide viel Forschung in biologischer Bekämpfung. Teilerfolge durch Eiparasiten in der DDR; in USA Versuche mit Freisetzung steriler Männchen und Lockstoffen.

**Grüner Eichenwickler**
*Tortrix viridana*
Wickler
*Tortricidae*

**K:** Unverwechselbare Art. Vorderflügel einfarbig hellgrün (9–11 mm).
**V:** Im gesamten Verbreitungsgebiet der Eiche vorkommende, zu Massenvermehrungen neigende Art von forstlicher Bedeutung.
**L:** Die Falter sitzen im Sommer sehr häufig im Laubwerk und lassen sich durch Schütteln aufscheuchen. Aus den im Sommer gelegten Eiern schlüpfen die Raupen im nächsten April und fressen Knospen sowie später gerollte Blätter. In manchen Jahren Kahlfraß. Mittels Auszählen von Eiern lassen sich Schadensjahre vorhersagen (bei mehr als 1 Ei pro Knospe). Biologische Bekämpfung mit *Bacillus thuringiensis*-Präparaten erfolgreich.

**Fichtenzapfenzünsler**
*Dioryctria abietella*
Zünsler
*Pyralidae*

**K:** Kleiner unscheinbarer aschgrauer Falter. Auffällig nur durch typische Sitzhaltung mit aufgerichtetem Vorderkörper. Leicht zu finden: Befallene Fichtenzapfen mit Kotschnüren.
**V:** In Nadelwäldern Europas, Asiens und Nordamerikas.
**L:** Der kleine Falter fliegt von Juni bis September. Die Eiablage erfolgt an junge Zapfen und Endtrieben von mehreren Nadelbaumarten. Die Larven fressen meist zu mehreren die Samenanlagen und Zapfenschuppen. (Nicht verwechseln mit Zapfenwickler *Laspeyresia strobilella*, dessen Larve Zapfenspindeln frißt.) In Fichtenkulturen Schädigung der Zapfenproduktion.

**Frostspanner**
*Operophtera* spec.
Spanner
*Geometridae*

**K:** Weibchen graubraun mit Stummelflügel, oft im Spätherbst am Stammfuß von Laubbäumen sitzend.
**V:** In ganz Europa an Laubhölzern.
**L:** Wegen häufiger Massenwechsel in Eichenmischwäldern und großer Schadwirkung gut untersucht. Die Falter schlüpfen im Spätherbst und legen die Eier bei Temperaturen von 5–10 Grad an die Zweige. Die Raupen fressen im nächsten Frühjahr und sind bei Vollentwicklung der Eichen bereits erwachsen. Schadensprognosen anhand gezählter Jungraupen. Biologische Bekämpfung mit Parasiten und *Bacillus thuringiensis*-Präparaten erfolgversprechend. Aufwendig.

**Birkenspanner**
*Biston betularia*
Spanner
*Geometridae*

**K:** Normalform mit weißen Flügeln und dichtem Fleckenmuster. Raupen graubraun wie ein Zweig.
**V:** Falter fliegen ab Mai in lichten Laubwäldern, in Moorwäldern und in Parkanlagen und Gärten.
**L:** Die Falter sitzen mit Vorliebe tagsüber an Baumstämmen, wo sie vorzüglich getarnt sind. Nachtaktiv. Die Eier werden in Form einer Perlenreihe auf die Unterseite von Birkenblättern, anderen Laubgehölzen, aber auch an Lärchen gelegt. Die Raupen fressen frei am Blatt, bei Gefahr erstarren sie zur „Raupensäule" und imitieren ein Zweiglein. Bekannt wurde diese Art durch eine dunkle Mutation in den rußigen Industriegebieten Englands.

**Großer Frostspanner**
*Erannis defoliaria*
Spanner
*Geometridae*

**K:** Weibchen flügellos, Männchen gelblichbraun. Larven braun mit seitlichen, gelben und roten Flekken. Fortbewegung typisch „spannerartig".
**V:** In Europa häufig an Laubhölzern, meist Eiche, Buche, Ulme.
**L:** Die Falter fliegen im Spätherbst und werden vom flügellosen Weibchen mit einem Pheromon angelockt. Eiablage an Zweige, Raupen fressen ab Frühjahr frei an Blättern. Bei Störung seilen sie sich an Gespinstfaden aus dem Mundbereich ab, den sie mit Kiefern und vorderen Stummelbeinen wieder aufwickeln. Als Gegenspieler wurden mehrere Brackwespenarten, Schlupfwespen und Bakterienformen gefunden.

**Gemeiner Kiefernspanner**
*Bupalus piniarius*
Spanner
*Geometridae*

**K:** Falter mit unterschiedlichen Geschlechtern: Männchen schwarzbraun und hell gefleckt, Weibchen rostbraun.

**V:** In ganz Europa häufig in Kiefernwäldern.

**L:** Die Falter erscheinen im Spätfrühling und schwärmen tagsüber. Sie sind sehr ortstreu. Eiablage an Nadeln in der Krone. Die Raupen fressen rund 4 Monate lang gesellig an Nadeln. An Kiefernspannern ließen sich zur Bekämpfung wichtige Einflüsse insektenfressender Vögel und Kleinsäuger nachweisen, vor allem von Meisen, Drosseln, Grasmücken und Waldspitzmaus. Neu entwickelt wurden Biopräparate (Pilze, Bakterien).

**Kieferneule,** Forleule
*Panolis flammea*
Eulen
*Noctuidae*

**K:** Falter tagsüber an Kiefernstämmen sitzend, Vorderflügel variabel: Von zimtrot bis gelbbraun. Hinterflügel braun mit weißem Fransenrand. Raupen: Mattgrün mit 7 hellen Längsbinden.

**V:** In ganz Europa häufig in Kiefernwäldern. Massenvermehrungen etwa alle 10 Jahre.

**L:** Die Falter fliegen im April nach Einbruch der Dämmerung um die Kiefernkronen. Eiablage als Perlenschnüre an Nadeln. Die Jungraupen befressen zunächst die Maitriebe und Maiknospen, später Altnadeln. Biologische Bekämpfung: Am derzeit aussichtsreichsten ist der Einsatz von Schlupfwespen, die in Raupen und Puppen schmarotzen.

**Gammaeule**
*Autographa gamma*
Eulen
*Noctuidae*

**K:** Unverwechselbarer aschgrauer Falter mit dachförmigen Flügeln (Ruhehaltung) und einem hellen Zeichen (wie griechischer Buchstabe Gamma). Häufiger Besucher des Schmetterlingsstrauches *Buddleja*.
**V:** Überall häufig an Waldrändern, Parks, Gärten und Pappelalleen. Falter fliegen von Ende April bis September. Raupen an Taubnessel.
**L:** Dieser Falter wandert jedes Jahr aus dem Süden nach Mitteleuropa ein. Die Raupen entwickeln sich an mehreren krautigen Pflanzenarten des Waldrandes und der offenen Landschaft. Nur in günstigen Jahren können sie eine zweite Generation vollenden. Im September wandern die Eulen nach Südeuropa zurück.

**Weidenkarmin**
*Catocala electa*
Eulen
*Noctuidae*

**K:** Die Gruppe der Ordensbänder ist leicht zu erkennen an den farbigen, meist roten Hinterflügeln, die in Ruhe verdeckt, bei Störung aber plötzlich gezeigt werden. Raupen drücken sich stets an den Zweig.
**V:** Weidenkarmin nur noch in Süddeutschland stellenweise häufig an Auwaldrändern und in Weidengebüschen. Flugzeit Juli bis Oktober.
**L:** Ordensbänder fliegen in der Nacht, besuchen Saftquellen an beschädigten Bäumen und Fallobst. Eiablage Ende September in Rindenrissen von Pappeln und Weiden. Die Raupen ruhen tagsüber in Tarnhaltung, nachts fressen sie den Sommer über. Die Falter findet man häufiger an Rinde.

**Brauner Bär**
*Arctia caja*
Bärenspinner
*Arctiidae*

**K:** Auffallender Falter, häufig tagsüber an Rinde sitzend. Dachförmige Flügel (Ruhehaltung) braun mit hellem Linienmuster. Bei Gefahr zeigt er die rotschwarz gemusterten Hinterflügel. Beine rot behaart, Kopf mit rotem Kragen. Raupen bärenartig stark behaart. Rückenhaare schwarz, Seiten rötlichbraun.

**V:** Waldränder, lichte Laubwälder, buschreiche Hänge, Parks, Gärten.

**L:** Von Ende Juni bis August fliegt diese Art. Meist wird man sie tagsüber an Rinde sitzend sehen. Die Raupen leben an vielen Sträuchern und niedrigen Pflanzen wie Heidelbeere, Himbeere, Schafgarbe und sogar Löwenzahn. Im Juni laufen sie einem häufig über den Waldweg.

**Schlehenspinner**
*Orgyia antiqua*
Trägspinner
*Lymantriidae*

**K:** Männchen mit Fächerantenne, Flügel rostbraun mit weißem Fleck im hinteren Bereich. Weibchen nur mit hellen Stummelflügeln. Raupe grau mit vier gelben Haarbüscheln auf dem Rücken und einem „Federbüschel" am Hinterleibsende.

**V:** In Mitteleuropa überall häufig in Laubwäldern, Parks, Hecken, Gärten, auch in Nadelwäldern.

**L:** Das aus einem weißlichen Gespinst schlüpfende, flugunfähige Weibchen lockt mit Pheromonen ein Männchen an. Nach der Begattung legt es 200–300 Eier auf den Kokon. Die Raupen schlüpfen im nächsten Jahr und fressen an zahlreichen Laubarten. Die aktiven Männchen fliegen im Sommer tagsüber.

**Streckfuß**
*Dasychira pudibunda*
Trägspinner
*Lymantriidae*

**K:** In Ruhestellung streckt der weißliche, dreieckige Falter seine behaarten, weißen Vorderbeine nach vorne (Name Streckfuß). Die hellen Vorderflügel weisen eine Reihe von blassen, bräunlichen Querbinden auf. Hinterflügel heller. Die Raupen tragen 4 dichte gelbe Haarbüschel auf dem Rücken, am Hinterende einen langen roten Haarpinsel. Bei Störung rollen sich die Raupen zusammen und zeigen schwarze Häute zwischen den Körpersegmenten, die mit der gelben Körperfarbe gut kontrastieren.

**V:** In Laubmischwäldern Mitteleuropas sehr häufig. Bis in alpine Höhen von 1600 m. Der Falter fliegt ab Ende April bis Ende Juni. In warmen Jahren im Herbst noch eine 2. Generation. Futterpflanzen: Häufig Buche, auch Hainbuche, Eiche, Birke und Hopfen.

**L:** Die hellgelben Eier mit dem Punkt in der Mitte werden in Gruppen unterseits der Blätter abgelegt, die Larven fressen vereinzelt. Am Ende der Entwicklung verpuppen sie sich am Boden in einem Kokon, in den sie ihre Raupenhaare mit hineinweben. Die ruhig sitzenden männlichen Falter lassen sich leicht an den großen fächerigen Fühlern (Foto) erkennen. Mit diesen „Empfangsantennen“ riechen sie den Sexuallockstoff der Weibchen über eine Entfernung von einem halben Kilometer.

**Nonnenspinner**
*Lymantria monacha*
Trägspinner
*Lymantriidae*

**K:** Raupen blaß ockerweiß mit breitem dunklem Rückenband und seitlichen dunklen Borstenbüscheln.

**V:** Nadel- und Nadelmischwälder in ganz Europa. Raupen von Frühjahr bis Juni. In Fichtenmonokulturen (30–60 Jahre) oft Massenvermehrungen, besonders in spät eintreffenden Frühjahren und warmen Sommern.

**L:** Die Weibchen locken die Männchen mit einem Duftstoff über weite Strecken an. Eiablage in „Spiegeln" an rissige Rinde. Jungraupen fressen Maitriebe. Biologische Bekämpfung wenig aussichtsreich. Die Nonne wurde durch waldbauliche Anlagen von Monokulturen zum Problemtier.

**Schwammspinner**
*Lymantria dispar*
Trägspinner
*Lymantriidae*

**K:** Weibchen: Weißlicher, in Ruhestellung dreieckiger Falter mit dunklem Ziegelmuster. Hinterleib wollig. Fühler fadenförmig. Eigelege schwammartig, mit Wollhaaren des Weibchens bedeckt. Raupen: gelbbraun mit langen rotbraunen Haarbüscheln.

**V:** Von England bis Japan. Südgrenze Alpen. Lichte sonnige Waldränder, mannshohe Mischwaldkulturen. Obstkulturen, Parks, Heckenränder.

**L:** Raupen fressen von Mai bis Juni an über 400 Pflanzenarten. Junglarven lassen sich mit Ballonhaaren verdriften. Massenwechsel häufig in trockenen, warmen Jahren auftretend.

**Prozessionsspinner**
*Thaumetopoea* spec.
Prozessionsspinner
*Thaumetopoeidae*

**K:** Die Raupen dieser Familie sind durch ihr Verhalten gut erkennbar. Sie leben gemeinsam in großen Raupennestern an Kiefer (Kiefernprozessionsspinner) oder an Eiche (Eichenprozessionsspinner). Raupen braun mit Büscheln rötlichgelber Haare, Kopf schwarz. Raupen besitzen Gifthaare, die Entzündungen verursachen.

**V:** In Nadelwäldern der Schweiz, auch gelegentlich in Südwestdeutschland.

**L:** Großer Forstschädling, mit biologischer Bekämpfung gute Erfolge: Zusammenspiel von Kohlmeise, Pilz, Schlupfwespen und einem Virus (Kernpolyedrose), der ausgesprüht wird.

**Kiefernprozessionsspinner**
*Thaumetopoea pityocampa*
Prozessionsspinner
*Thaumetopoeidae*

**K:** Raupe blauschwarz, auf jedem Segment mit einem braungelben Haarbüschel. Lebt in Raupennestern.

**V:** In Nadelwäldern. Schweiz, Mittelmeerländer, Ungarn, Bulgarien.

**L:** Die Falter fliegen nachts von Mitte Juni bis Ende August. Eiablage in manschettenartigen Gelegen von 70–300 Eiern am Grunde eines Nadelpaares. Raupen zeigen soziales Verhalten, spinnen ein Gespinstnest, in dem sie in Wipfelpartien als Jungraupen überwintern. Die erwachsenen Raupen wandern in einer Prozessionsreihe zum Boden, folgen dabei einer „Leitraupe", die das Verpuppungslager auf einer Waldlichtung aussucht.

**Mondvogel**
*Phalera bucephala*
Zahnspinner
*Notodontidae*

**K:** Unverwechselbarer Falter mit großem, gelblichem Mondfleck am Ende des Vorderflügels. Wickelt beim Sitzen die Flügel um den Leib und täuscht so ein frisch abgeschnittenes Zweigende vor. Raupen auffallend gelbschwarz gezeichnet mit gelbem V auf der schwarzen Stirn. Gesellig. Länge bis 60 mm, Raupenkörper mit feinen, langen, weißen Haaren besetzt.

**V:** In ganz Europa in Laubmischwäldern, häufig an Linde, Pappeln, Weiden, Eiche, Ulme, Buche.

**L:** Flugzeit von Mai bis Juni. Eiablage in Gruppen von 250–300 Eiern an Blattunterseite. Die Raupen fressen ein bis zwei Monate gesellig und entlauben Zweige. Bei Störung zeigen sie durch Anheben des Kopfes eine typische Schreckstellung. Ältere Raupen vereinzeln sich und graben sich schließlich in Baumnähe einige Zentimeter tief in den Boden. Wiederholt Massenvermehrungen in Baumschulen und Kulturen. Der Schaden besteht vor allem im Verlust der Zuwächse, bei Jungpflanzen auch im Verlust ganzer Kulturen. In Bulgarien tauchte der Mondvogel sogar als Schädling von Rosenkulturen auf. Die Raupen unterliegen häufig natürlichen Gegenspielern wie Erzwespen, Schlupfwespen, Raupenfliegen und einem Virus. Offensichtlich werden die behaarten Raupen von Vögeln nicht angerührt.

**Buchenspinner**
*Stauropus fagi*
Zahnspinner
*Notodontidae*

**K:** Merkwürdigste Raupe des Buchenwaldes: Brustbeine verlängert, verdicktes Hinterende mit Fortsätzen. In Schreckstellung wird das Hinterende hochgeklappt.
**V:** In feuchten Buchenwäldern, in Augehölzen und in feuchten Parks. Raupen im Spitzenbereich von Jungbuchen, Birken, Haselnußbüschen.
**L:** Der Falter fliegt von Mai bis Juli und sitzt häufig auf Rinde in typischer Haltung: Die Vorderbeine werden nach vorn gestreckt. Die Eier werden einzeln auf Blätter gelegt, die bizarren Raupen fressen häufig „in Reiterstellung" am Blatt. Sie können zur Abwehr Ameisensäure versprühen.

**Zickzackspinner**
*Eligmodonta ziczac*
Zahnspinner
*Notodontidae*

**K:** Falter sitzt oft gut getarnt an Rindenverletzungen. Raupe graugrün, hintere Segmente orangebraun, mit drei Rückenbuckeln.
**V:** Häufig in feuchten Wäldern. Futterpflanzen sind Weiden, Pappeln, Birke und Eiche. In ganz Europa häufig.
**L:** Die Falter fliegen in zwei Generationen von April bis Juni und August bis September. Eiablage in kleinen Gruppen an die Futterpflanzen. Die Raupen sind extrem gut getarnt und sehen wie abgestorbene Blätter aus. Die gebuckelte Körperhaltung ähnelt der des Buchenspinners. Bei Störung wird ein säurehaltiger Tropfen abgesondert. Verpuppung im Boden.

**Kiefernschwärmer**
*Hyloicus pinastri*
Schwärmer
*Sphingidae*

**K:** Falter aschgrau mit 3 dunklen Pfeilstrichen. Raupen grün, mit breitem rotbraun-gelben Mittelstreifen.
**V:** Im nördlichen Europa in lichten Kiefern- und Mischwäldern mit hohen Nadelholzanteilen (Lärche, Fichte). Ebenso in Heidegebieten, in Schonungen und an Waldrändern.
**L:** Die Falter fliegen von Ende Mai bis August nachts langröhrige Blüten von Nachtkerze und Geißblatt an und saugen mit langem Rüssel im Stehflug Nektar. Tagsüber sitzt der Falter gut getarnt auf der Rinde von Nadelbäumen. Die Raupen fressen einzeln an Nadeln. Zunächst sind sie grün mit weißen Längsstreifen gefärbt. Altraupen tragen einen rotbraunen Mittelstreifen, das „Horn" auf dem Hinterende ist dann dunkel. Verpuppung erfolgt im Oktober, die Puppe überwintert im Boden. Die Falter unternehmen weite Wanderungen. Der Kiefernschwärmer ist meist forstlich ohne Bedeutung, da er nur geringe Schäden verursacht, obwohl die benötigte Nadelmenge einer Raupe für die Entwicklung erheblich ist. In den Raupen schmarotzt eine Reihe von Schlupfwespenarten, die kaum spezialisiert sind und auf typische Forstschädlinge übergehen. Somit ist der Kiefernschwärmer als „Nützlingslieferant" in Kiefernkulturen anzusehen. Normalerweise tritt diese Art in einer Generation auf, in warmen Jahren in zwei Generationen.

**Pappelschwärmer**
*Laothoe populi*
Schwärmer
*Sphingidae*

**K:** Nachtaktiver Falter, tagsüber in typischer Ruhehaltung an Baumstämmen. Die rindenbraunen Hinterflügel werden unter den deltaförmigen Vorderflügeln nach vorne geschoben. Bei Störung zeigt er rostroten Fleck auf Hinterflügeln. (70–85 mm Spannweite). Färbung sehr variabel, von aschgrau, rotbraun bis schiefergrau. Raupe: Die meist gelbgrünen Raupen sind an den weißlichen Schrägstreifen (seitlich) leicht zu erkennen.

**V:** Feuchte Wälder, Gebüsche, Auenlandschaften mit Espen, Pappeln und Weiden. Von Mai bis Juni, häufig.

**L:** Diese Art zählt zu den häufigsten Schwärmerarten Mitteleuropas. Nachts schwirrt sie in Parks häufig um Laternen. Die grünen, glänzenden Eier werden einzeln oder in Dreiergruppen unterseits an Pappel- und Weidenblätter abgelegt und erinnern an kleine Gallen. Die Raupen sind in der Färbung recht variabel, immer aber mit Schrägstreifung. Am Hinterende mit „Horn". Die mit 80–90 mm Länge stattlichen Raupen sitzen meist auf der Blattunterseite, sind meist gut an die Blattfärbung angepaßt und fressen von Juni bis September. Sie verpuppen sich in einer kleinen Erdhöhle in Stammnähe. Des öfteren soll es zu Kreuzungen zwischen dem Abendpfauenauge und dem Pappelschwärmer kommen.

**Abendpfauenauge**
*Smerinthus ocellata*
Schwärmer
*Sphingidae*

**K:** Nachtfalter mit deltaförmig gehaltenen, in der Färbung an Rindenstrukturen erinnernden Vorderflügeln. Hinterflügel mit rotem Feld und hell-dunkel abgesetzten „Pfauenaugen".
**V:** Laubwälder, Auenlandschaften, Bachläufe, Parks und Gärten.
**L:** Der Falter fliegt nachts von Mai bis Anfang Juli, in warmen Jahren noch von August bis September (2. Gen.). Ablage der Eier einzeln oder paarweise an Weiden und Pappeln, ausnahmsweise an Obstbäume. Die gelbgrünen Raupen leben an den Wirtspflanzen von Juni bis September. Zur Verpuppung steigen sie ab, die Puppe verbringt den Winter in einer kleinen Höhle.

**Nagelfleck**
*Aglia tau*
Nachtpfauenaugen
*Saturniidae*

**K:** Lebhaft hellorange gefärbter Falter mit dunklem Streifen als Flügelkontur. Jeder Flügel mit je einem dunklen Fleck und einem dreieckigen hellen Zeichen darin. In Ruhehaltung Flügel hochgeklappt, Unterseite wie trockenes Laub. Jungraupen weiß mit großen, geweihartigen, rotweiß geringelten Fortsätzen. Altraupen grün mit gelber Seitenlinie und schrägen gelben Bändern.
**V:** Laubwälder mit Buche und viel Unterholz. Flugzeit: Drei Wochen ab der Knospenöffnung der Buche.
**L:** Die Männchen fliegen bei gutem Frühlingswetter tagsüber, die Weibchen nachts. Futterpflanzen sind Buche, Eiche, Birke und Linde. Mehrere Farbvarianten.

**Wollafter**, Birkennestspinner
*Eriogaster lanestris*
Glucken
*Lasiocampidae*

**K:** Falter rotbraun (Weibchen) bis dunkelbraun (Männchen) mit einer welligen, hellen Linie im Vorderflügel und 2 hellen Flecken am Vorderrand. Raupen blaugrau, auf dem Rücken mit 2 Reihen rotgelber, behaarter Flecke. Die Larven leben in einem weithin sichtbaren Gespinstnest mit langem Kotsack daran.

**V:** Häufig an laubholzreichen Waldrändern mit Birke und Linde, aber auch in Lindenalleen.

**L:** Die Falter fliegen von März bis Mai. Die Weibchen kleben ihre 200–350 Eier als spiraliges Band um einjährige Zweige und bedecken es mit Wollhaaren des Hinterleibes („Wollafter"). Die Jungraupen überziehen das Gelege mit einem weißen Gespinst, das sie stetig erweitern. Den Tag verbringen sie ruhig im Gespinst, nachts wandern sie heraus und suchen abgelegenere Blätter auf. In Lindenalleen und auf waldrandnahen Birken kommt es gelegentlich zum Kahlfraß, wenn sich 6–8 Gespinste an einem Baum befinden. Wirtschaftlicher Schaden häufiger in Obstkulturen, der aber durch das Entfernen der Gespinste leicht einzudämmen ist. Vermutlich fehlen in Intensivkulturen die natürlichen Gegenspieler wie Vögel, Erzwespen und Schlupfwespen. Ende Juli verlassen die Raupen das Gespinst und verpuppen sich in einem festen, gelblichen Kokon im Boden.

**Ringelspinner**
*Malacosoma neustria*
Glucken
*Lasiocampidae*

**K:** Falter ockerfarben mit einer rotbraunen, hell eingesäumten Querbinde auf den Vorderflügeln. Raupen sehr bunt, gelbbraun mit weißer Rückenlinie und einem blauen und roten Längsstreifen. Treffend: „Livreeraupe".

**V:** An Sträuchern und Bäumen von Waldrändern (Eiche, Schlehe, Vogelkirsche) in ganz Europa ohne nördliche Gebiete. In manchen Jahren Massenvermehrungen und Schäden in Obstkulturen und an Laubsträuchern in Städten.

**L:** Die Falter fliegen im Mai/Juni/Juli. Tagsüber halten sie sich versteckt, nachts schwärmen sie. Nach der Begattung legen die Weibchen typische, etwa 1 cm breite Eiringe um Zweige und überziehen sie mit einer Art Lack. Die Raupen leben im Frühsommer gesellig in einem Gespinst, meist in einer Astgabel aufgehängt, und fressen eine große Menge Blattbiomasse. Ist ein Ast leergefressen, wandern sie zum nächsten und bauen das Gespinst aus. Untersuchungen darüber, wie es zu Massenvermehrungen in Obstkulturen und an Laubsträuchern in Stadtbiotopen kommen kann, haben gezeigt, daß die Lebensräume in der Stadt arm an natürlichen Gegenspielern sind. Es fehlen Erzwespen, Schlupfwespen und andere Räuber, die in naturnahen Lebensräumen Massenvermehrungen verhindern.

**Kleine Pappelglucke**
*Poecilocampa populi*
Glucken
*Lasiocampidae*

**K:** Männchen mit Fächerantenne, Flügel grau mit 2 hellen gezackten Querlinien. Raupen blaßgrau mit vielen feinen schwarzen Flecken.
**V:** Lichte Laubwälder, Waldränder und Hecken, Raupen an Pappel, Eiche, Birke, Weißdorn, Obstbäumen.
**L:** Die Falter schlüpfen erst nach den ersten Herbstfrösten und fliegen bis in den Januar hinein. Ein Weibchen wurde bei –17° Celsius auf 1100 m Höhe gefunden. Die Raupen fressen vom Frühling bis Sommer. Sie zeigen eine sehr charakteristische Ruhehaltung: In langgestreckter Haltung schmiegen sie sich eng an Äste und Zweige und sind sehr gut getarnt.

**Eichenspinner**
*Lasiocampa quercus*
Glucken
*Lasiocampidae*

**K:** Männliche Falter mit auffällig stark gefiederten Fühlern. Falter in Ruhehaltung deltaförmig, Grundfarbe der Männchen kastanienbraun, Weibchen ockerbraun. Typisch: Heller Fleck auf Vorderflügel.
**V:** In Mitteleuropa lokal häufig in Laubwäldern, an Waldrändern, in Heidemooren und Heckengebieten.
**L:** Im Hochsommer fallen oft Männchen auf, die in schnellem Zickzackflug am Waldrand hin- und herfliegen. Sie fangen so mit den Antennen Sexuallockstoffe der wenig aktiven Weibchen ein, die sie über mehrere Kilometer wahrnehmen. Die Larven fressen ab August an vielen Laubbäumen und -sträuchern.

**Kiefernspinner**
*Dendrolimus pini*
Glucken
*Lasiocampidae*

**K:** Männchen mit graubrauner Tarnfärbung. Hinterflügel rotbraun. Weibchen heller. Typisch: Kleiner weißer Fleck im Vorderflügel. Raupen mit 2 typischen stahlblauen Nackenflecken.

**V:** Ausgedehnte Kiefernwälder in ganz Europa. Forstschädling.

**L:** Die Falter sitzen ab Juli tagsüber an der wettergeschützten Seite von Kiefernstämmen und sind auf der Borke gut getarnt. Die Raupen fressen große Mengen an Kiefernnadeln. Wirksamste Vorbeugemaßnahme: Änderung der Forstwirtschaft. Kiefernkulturen auf sandigen, armen Böden werden stark befallen, frische, humusreiche Forste bleiben weitgehend raupenfrei.

**Brombeerzipfelfalter**
*Callophrys rubi*
Bläulinge
*Lycaenidae*

**K:** Unverwechselbare Art mit schnellem, reißendem Kurzstreckenflug. Falter unterseits grün, oberseits rostbraun. Falter vertreibt andere Insekten aus seinem Revier.

**V:** Lichte Kiefernwälder, trockene Waldlichtungen, Moore und Heidegebiete, Waldränder.

**L:** Der sehr auffällige Falter fliegt von Mitte April bis Ende Juni an trockenen, warmen Plätzen. Das Weibchen legt die Eier einzeln an Ginster, Brombeere, Heidelbeere und Geißklee. Die grünen Raupen mit dunkler Rücken- und gelber, schräger Seitenlinie besitzen ein abgeflachtes Hinterende, mit dem sie sich an Stengel schmiegen. Die Puppen können bei Gefahr zirpen.

**Großer Mohrenfalter**
*Erebia ligea*
Augenfalter
*Satyridae*

**K:** Schwarzbrauner Falter mit rotbrauner Binde und darin liegenden dunklen Punkten. Viele ähnliche Arten im Gebirge.
**V:** In lichten grasigen Laubwäldern der Mittelgebirge und der Alpen, auf Waldschneisen und nahen Wiesen.
**L:** Hauptverbreitung dieser Gattung ist in den Alpen, wo die Arten einzelne Höhenstufen besetzen: *E. aethiops* Ebene bis 1700 m, *E. euryale* über 1100 m, *E. pluto* über 2000 m. Die Falter fliegen nur im Juli/August. Ihre Larven leben an verschiedenen Gräsern. *E. ligea* lebt an Flattergras und Bluthirse. Die Raupen sind nachtaktiv. Die Art überwintert während der Raupenzeit zweimal. Die Puppe liegt frei am Boden.

**Schachbrett**
*Melanargia galathea*
Augenfalter
*Satyridae*

**K:** Flügel oberseits schachbrettartig weißlich gemustert, unterseits mit gelblichen kleinen Augenflecken.
**V:** An Waldrändern und Lichtungen, auch auf Grasland und Trokkenhängen. Im Norden seltener.
**L:** Die Falter fliegen auffällig langsam und flatternd. Meist sind sie standorttreu und von Ende Juni bis August zu sehen. Die Eier werden einfach aus der Luft abgeworfen, die Jungraupen überwintern. Die dicht behaarten gelbgrünen Raupen mit der familientypischen Schwanzgabel fressen verschiedene Gräser, vor allem Honig-, Liesch-, Knäuelgras. Diese Art ist noch nicht gefährdet, war aber früher häufiger. Schutz für grasige Brachflächen!

**Kleiner Heufalter**
*Coenonympha pamphilus*
Augenfalter
*Satyridae*

**K:** Sehr häufiger kleiner Tagfalter, rostbraun, mit einem typischen dunklen Augenfleck auf der Unterseite der Vorderflügel, in der Ruhestellung zu sehen. Fliegt lebhaft tagsüber.

**V:** Ab Mai bis September überall auf Lichtungen, an Waldrändern, in Parks, Gärten, auf Wiesen, Heiden und an Hecken.

**L:** Dieser Heufalter tritt in mehreren, nicht voneinander zu trennenden Generationen auf. Die lebhaften Falter saugen auf Gänseblümchen, auf Schafgarbe und vielen Blüten der Randvegetationen. Die Eier werden einzeln in Blattachseln von Gräsern gelegt, vor allem von Rispengras, Ruchgras, Kammgras.

**Kleiner Eisvogel**
*Ladoga camilla*
Edelfalter
*Nymphalidae*

**K:** Flügeloberseiten dunkelbraun mit durchgehender weißer Fleckenbinde. Unterseits gelbbraun, bunt gemustert. Raupen grün mit 2 Reihen roter Rückendornen.

**V:** Ausschließlich in feuchten Laubwäldern mit blütenreichen Lichtungen und von Waldgeißblatt berankten Rändern oder Waldwegen.

**L:** Die Falter trifft man ab Juni häufiger auf blühenden Brombeersträuchern. Die Eier werden im Juli am Waldgeißblatt abgelegt. Die Jungraupen überwintern einzeln in einer kleinen Blattüte, die sie mit Seidenfäden am Zweig befestigen. Diese Art ist bereits gefährdet. Wahrscheinlich durch die Beseitigung von berankten Rändern.

**Großer Schillerfalter**
*Apatura iris*
Edelfalter
*Nymphalidae*

**K:** Männliche Falter oberseits mit metallischem Blauschiller und einem halbkreisförmigen weißen Band. Weibchen ohne Schillerglanz, braungrau mit weißen Bändern.

**V:** In lichten, feuchten Laubwäldern auf Waldwegen in den Morgenstunden von Mitte Juni bis Mitte August.

**L:** Dieser schöne, selten werdende Falter lebt meist in den Baumkronen. Nur an Vormittagen kann man ihn an Pfützen oder auf feuchtem Kot Wasser und Salze aufnehmen sehen. Die blaugrünen Raupen fressen an Salweide. Sie überwintern als Jungraupen. Gefährdung durch verstärkte Dunkelwaldwirtschaft (Fichtenkulturen).

**Admiral**
*Vanessa atalanta*
Edelfalter
*Nymphalidae*

**K:** Unverwechselbare Art. Oberseite samtschwarz mit leuchtend roten Binden und weißen Flecken. Unterseits lebhaft gemustert, Vorderflügel mit rotweißer Binde. Raupen stets in gekrümmter Haltung in Blattrolle.

**V:** Weitverbreiteter Wanderfalter, der im Mai aus dem Süden in lichte Wälder und alle baumbestandenen Lebensräume einwandert.

**L:** Das Weibchen legt ab Mai seine Eier einzeln an Brennesseln. Die Raupen spinnen sich ein Tütenzelt aus einem Blatt. Eine 2. Generation entwickelt sich in gleicher Weise im August/September. Die Falter naschen im Herbst häufig an gärendem Fallobst, bevor sie in den Süden zurückwandern.

**Kleiner Fuchs**
*Aglais urticae*
Edelfalter
*Nymphalidae*

**K:** Unverwechselbarer, häufiger Falter. Grundfarbe rotbraun mit einem dunklen Flügelsaum, in dem blaue, halbmondförmige Flecke aufgereiht liegen. Vorderflügelrand mit 3 schwarzen und einem weißen Fleck. Raupen schwarz mit gelben Rücken- und Seitenstreifen.

**V:** Falter ab März an Frühlingsblüten, im Sommer häufig an blühenden Brombeerstreifen. Raupen bevorzugt an schmalen, langgestreckten Brennesselstreifen von Waldrändern, Hecken, Eisenbahntrassen und Feldwegen, weniger in flächigen Brennesselbeständen.

**L:** Die Falter überwintern in Baumhöhlen, in Scheunen, Gartenhäusern und Dachböden. Kulturfolger.

**Tagpfauenauge**
*Inachis io*
Edelfalter
*Nymphalidae*

**K:** Unverwechselbare Art mit samtig rotbraunen Flügeln und großen blaugelb gesäumten Augenflecken. Raupen schwarz mit Dornen.

**V:** Überall häufig, vor allem an blütenreichen Waldrändern, in Gärten, an Straßenböschungen, an sonnigen Auwaldrändern mit flächigen Brennesselbeständen. Auch in der Großstadt.

**L:** Die Falter überwintern in hohlen Baumstämmen, in Schuppen und auf Dachböden. Im Frühjahr besuchen sie blühende Salweiden. Ab Mai legen die Weibchen ihre Eier gruppenweise, vorzugsweise in flächige Brennesselbestände. Besonnte Brennesselbestände im Garten werden angenommen.

**Landkärtchen**
*Araschnia levana*
Edelfalter
*Nymphalidae*

**K:** Im Frühjahr sind die Falter gelbbraun mit schwarzen, gelben und weißen Flecken. Im Sommer durch wärmeabhängige Pigmente schwarzbraun mit gelblicher Querbinde. Raupen schwarz mit Dornen.
**V:** In Auenwäldern, feuchten Laubwäldern mit schattigen Zonen, bis 1000 m Höhe. Raupen an Brennesseln im Schatten.
**L:** Ab Ende April bis Mitte Juni fliegt die Frühjahrsgeneration. Die Eier werden in hängenden Schnüren auf die Unterseite der Blätter gelegt. Die schwarzen Raupen leben anfangs gesellig, später vereinzeln sie sich. Die Puppen überwintern. Diese Art ist in geeigneten Biotopen noch häufig.

**Kaisermantel**
*Argynnis paphia*
Edelfalter
*Nymphalidae*

**K:** Größter Perlmutterfalter Mitteleuropas. Männchen ockergelb mit schwarzen Flecken und Strichen. Weibchen grünlichbraun mit Fleckenreihen.
**V:** Typischer, standorttreuer Falter von Waldlichtungen und Waldrändern, gerne auf Distelblüten. Noch überall häufig.
**L:** Der Falter fliegt ab Ende Juni etwa 5 Wochen lang. Ausgeprägte Balz: Das Männchen sucht das Weibchen optisch. Danach Flugbalz, das Weibchen fliegt schwirrend voraus. Das Männchen überholt und wedelt Duftstoffe zu. Begattung am Boden. Eiablage in Rindenritzen. Die bedornten Raupen fressen einzeln an Veilchen.

**Großer Perlmutterfalter**
*Mesoacidalia aglaja*
Edelfalter
*Nymphalidae*

**K:** Ähnlich dem Kaisermantel, aber ohne Silberstreifen. Oberseits rostbraun mit schwarzen Flecken. Unterseite gelb, grünlich mit perlmutterartigen Flecken.

**V:** In ganz Mitteleuropa ab Mitte Juni häufig auf Waldlichtungen, in Schonungen, an Waldwegen und -rändern zu beobachten.

**L:** Die Weibchen legen ihre Eier einzeln an Veilchenarten, besonders an das Wilde Stiefmütterchen ab. Die Raupen schlüpfen im August, fressen die Eihülle und verstecken sich sofort zur Überwinterung. Erst im nächsten März beginnen sie nachts zu fressen.Verpuppung im „Zeltversteck" am Grund der Nahrungspflanze.

**Baumweißling**
*Aporia crataegi*
Weißlinge
*Pieridae*

**K:** Weißer Falter mit dunkel abgesetzten Adern, fast schuppenlos.

**V:** An strauchreichen Waldrändern, in Hecken, Auenwäldern, manchmal an Autobahnböschungen und in insektizidfreien Gärten.

**L:** Die Falter fliegen im Juni/Juli und bilden an nassen Stellen des Waldrandes oft Gesellschaften bei der Wasseraufnahme. Die Larven bilden Raupennester an Weißdorn, Schlehe, Eberesche und an nicht gespritzten Obstbäumen. Früher massenhaftes Auftreten in Obstkulturen. Wegen des massiven Biozideinsatzes stark rückläufig. Benötigen zum Überleben strauchreiche Waldschlenken und Hecken. Häufigkeiten im Auftreten schwanken.

**Zitronenfalter**
*Gonepteryx rhamni*
Weißlinge
*Pieridae*

**K:** Männchen mit zitronengelben, Weibchen mit zartgrünen Flügeln, beide mit orangem Fleck auf allen Flügeln, die in Ruhehaltung zusammengeklappt werden.
**V:** Offenes Wald- und Buschgelände, Parks, Gärten und buschreiche Waldränder.
**L:** Der Zitronenfalter ist mit rund 11 Monaten Lebensdauer unser langlebigster Schmetterling. Die Falter überwintern frei sitzend zwischen Stengeln und trockenem Laub und werden nicht selten im Winter reifüberzogen gefunden. Schon an warmen Februartagen fliegen sie umher und suchen die ersten Nektarquellen. An geschützten Waldrändern und Hecken suchen sie vor allem Schlüsselblumen auf, für die sie wichtige Bestäuber sind. Die gelblichen Eier werden einzeln an jungen Blättern von Faulbaum und manchmal Kreuzdorn abgelegt. Die grünen Raupen mit weißer Seitennaht sitzen meist auf der Blattachse und sind optisch gut getarnt. Die grünliche Puppe wird mit einem Gespinst am Hinterende angesponnen und mit einem Gürtelfaden gesichert. Die Falter der neuen Generation schlüpfen ab August. Sie fliegen tagsüber vor allem purpurfarbene Blüten wie Disteln und Glokkenblumen an und tanken Nektar, den sie mit ihrem sehr beweglichen Rüssel vom Grunde der Einzelblüten aufsaugen.

# Hautflügler

Die **Hautflügler** (*Hymenoptera*) bilden in Mitteleuropa mit mehr als 10 000 Arten eine der artenreichsten Insektenordnungen. Die meisten dieser Arten gehören zu dem Lebensformtyp der **Raubparasiten** (Schlupfwespen), zu den **Räubern** wie die Ameisen und zu den **Blütenbestäubern** (z.B. Hummeln und Bienen). Nur wenige Arten sind Pflanzenfresser und in Wirtschaftswäldern schädlich. Alle Lebensformtypen sind in der Artenauswahl vertreten. Die Pflanzengallen erzeugenden Arten sind im Kapitel „Gallen“ gesondert erfaßt.

Wohl mit die wichtigsten Mitglieder von Lebensgemeinschaften sind die **Raubparasiten** (Parasitoide). Diese Lebensform wird von den Brackwespen, den Erzwespen, den Schlupfwespen und einigen Fliegenarten vertreten. Raubparasiten stechen meist die Eier, Larven und Puppen von Insekten an, entwickeln sich im Inneren der Wirte und töten diese schließlich ab. Viele Arten sitzen mit dieser oft regulierenden Lebensweise an den „Schalthebeln“ ökologischer Systeme. Sie kanalisieren die Energie, die von den Pflanzen erzeugt wird, dann in die Pflanzenfresser weiterfließt, in immer weiter sich aufgliedernde Energierinnsale. Diese Auffächerung der Energie stabilisiert ökologische Systeme und macht sie weniger anfällig gegen Veränderungen. Da viele Schlupfwespenarten biologisch so wirkungsvoll sind, werden sie bei der Biologischen Schädlingskontrolle weltweit eingesetzt. Beispielsweise gelingt es mittlerweile, den Frostspanner mit einigen Raubparasiten „unter seine Schadensschwelle zu drücken“, also seine Bestandsdichten stark zu dezimieren. In den Forsten gelingt das oft in Zusammenwirkung mit den räuberischen Ameisen.

**Insektenbekämpfung im Wald**

Bei der Insektenbekämpfung in Forsten spielt die Förderung und Ansiedlung der räuberischen Roten Waldameise eine besondere Rolle: Auch wenn der Nutzen von künstlich verfrachteten Ameisen mittlerweile zurückhaltender bewertet wird, scheinen Ansiedlungen in den Wäldern bei Massenvermehrungen einiger Schadinsekten erfolgversprechend zu sein. Die Rote Waldameise ist ein wirksamer Räuber gegen die Raupen des Kiefernspanners, der Kieferneule, des Kiefernspinners und der Kleinen Fichtenblattwespe. Vielfach führen Einzelbeobachtungen über das Einschleppen von zahlreichen Schädlingen dazu, die Rolle der Ameisen in den Wäldern als „Gesundheitspolizei“ zu überschätzen. Trotzdem gilt, daß Ameisen das Auftreten von Forstschädlingen zumindest dämpfen können.

**Ansiedlung:** Zur Gründung neuer Kolonien entnimmt man aus alten Nestern im Frühjahr etwa 200 Liter Nestmaterial und schüttet es an möglichst sonniger Stelle über einen Stubben. Häufig verlegen die Ameisen danach selbst ihr Nest an ihnen günstiger erscheinende Stellen. Gewisse Nachteile einer Ameisenansiedlung entstehen dadurch, daß diese Räuber ihre Honigtau liefernden Blattläuse und auch Schildläuse vor deren Vertilgern (z.B. Raubparasiten) schützen. Dadurch kann es zu verstärktem Läusebefall im Forst kommen. Auf der anderen Seite wurde schon beobachtet, daß die Anwesenheit von Waldameisen die Waldhonigtracht von Bienen um 50% steigerte. Eine Entnahme von Ameisenvölkern aus der Natur sollte mittlerweile nicht mehr erfolgen. Es gibt heute „Ameisenfarmen“, die den forstlichen Bedarf decken.

Vorige Doppelseite: Hornissen (*Vespa crabro*) sind wichtige Räuber im Ökosystem Wald.

**Gemeine Holzwespe**
*Sirex juvencus*
Holzwespen
*Siricidae*

**K:** Weibchen metallisch blauschwarz, Männchen mit rotgelbem Hinterleib.
**V:** In ganz Europa (außer Spanien) häufige Art an Nadelbäumen, bevorzugt an Kiefer und Tanne. Selten an intakten Bäumen, befällt geschwächte Stämme.
**L:** Ab Juli/August bohren die Weibchen mit ihrem Legebohrer Eiröhren in das Splintholz. Die Larven fressen senkrechte Gänge in das Holz, meist jedoch nicht tiefer als 4 cm. Bei der Eiablage muß der Pilz *Stereum chailletii* mit in das Bohrloch gelangen, sonst können die Larven die Zellulose nicht abbauen und sterben ab. Entwicklungszeit etwa 2 Jahre.

**Riesenholzwespe**
*Urocerus gigas*
Holzwespen
*Siricidae*

**K:** Große, auffallend gelbschwarz gefärbte Wespe. Hinterleib einfarbig rötlich, Weibchen mit Legebohrer.
**V:** Von Juni bis Herbst an Nadelbäumen in ganz Europa. Bevorzugt schwächliche Fichten und Tannen.
**L:** Die Weibchen legen ihre Eier in Stämme und Stöcke 5–10 mm tief in den Holzmantel. Ein Bohrvorgang dauert etwa 10–15 Minuten. Die Larven entwickeln sich innerhalb von drei Jahren. Sie fressen Gänge ins Mark. Wegen der langen Larvenentwicklung schlüpfen die Imagines oft erst aus verbautem Holz, wenn dieses zu frisch verwendet wurde. Die Schlupflöcher sind kreisrund mit einem Durchmesser von 4–7 mm.

**Schwarze Kiefernholzwespe**
*Xeris spectrum*
Holzwespen
*Siricidae*

**K:** Imagines pechschwarz, Kopf mit gelbem Fleck hinter den Augen, Beine oft rotgelb.
**V:** Häufig in Nadelwäldern, an Tanne, Fichte und Kiefer.
**L:** Die Imagines fliegen von Juli bis Ende August. Die Weibchen legen in den Nachmittagsstunden ihre Eier in vorgebohrte Gangsysteme aus 5 Bohrlöchern. Dafür fliegen sie nur Stämme an, die vorher von anderen Holzwespen besucht wurden. Offenbar riechen sie mit den Antennen das von anderen Arten mitgeführte Pilzmaterial. Sie selbst besitzen keine symbiontischen Pilze am Legestachel, obwohl ihre Larven die Pilzmyzele zum Aufschluß der Zellulose benötigen.

**Fichten-Gespinstblattwespe**
*Cephalcia abietis*
Gespinstblattwespen
*Pamphiliidae*

**K:** Imago: Auffallend großer Kopf, Hinterleib rötlichbraun, Blütenbesucher.
**V:** Fichtenwälder des mittleren und nördlichen Europas. Häufig.
**L:** Die Weibchen sägen Schlitze in Fichtennadeln und legen 30–50 Eier ab. Die Larven leben in einem Wohngespinst, das ältere Zweige umspannt. Der Kot fällt mit Gespinstteilen zu Boden, wo die Kotsäcke sehr auffallen. Jede Larve beißt bis zu 8 Nadeln an und schleppt sie zurück ins Wohngespinst. Häufig Forstschäden. Bekämpfung mit Insektizidstäuben gegen Imagines erfolgreich, gegen Raupen unergiebig, da natürliche Feinde (parasitische Insekten) ausfielen.

**Bürsthornblattwespe**
*Arge ciliaris*
Bürsthornblattwespen
*Argidae*

**K:** Gesellig fressende Larven mit S-förmiger Schreckstellung bei Berührung. Mitentscheidendes Bestimmungsmerkmal ist die Futterpflanze der Raupen, hier Mädesüß.
**V:** Auf Mädesüß (*Filipendula ulmaria*) spezialisiert, häufig ab Mai an Auwaldrändern und an sonnigen Waldbächen. Nahe verwandte Arten auf Eiche, Birke, Hundsrose und Eberesche.
**L:** Die im April schlüpfenden Weibchen sägen Taschen in Blätter und legen ihre Eier hinein. Die Larven fressen meist gesellig und reagieren auf Störung mit einer die ganze Kolonie erfassenden Schreckstellung. Die Larven fressen in Reiterstellung am Blattrand.

**Erlen-Blattwespe**
*Croesus septentrionalis*
Echte Blattwespen
*Tenthredinidae*

**K:** Imago schwarz, Hinterleib mit roter Binde. Larven gesellig an Birke und Erle, Larvenkopf schwarz, Körper hellgrün mit schwarzen Flecken.
**V:** In ganz Europa häufig in Auwäldern und Erlenbrüchen, Larven im Juni und September.
**L:** Die Weibchen sägen in die Mittelrippen Taschen und beschicken sie mit rund 150 Eiern. Die Larven fressen gesellig in Reiterstellung am Blattrand. Bei Störung auffällige Schreckstellung in S-förmiger Haltung (Bild). Forstliche Bedeutung gering. Die Blattwespen unterliegen einem reichen natürlichen Vertilgerkomplex von zahlreichen parasitischen Insekten.

**Kiefern-Buschhornblattwespe**
*Diprion pini*
Buschhornblattwespen
*Diprionidae*

**K:** Imagines selten, häufiger sind Larvenkolonien zu finden. Hellgelbe Larven mit gelben Kopfkapseln, fressen stets mit Kopf zur Nadelspitze. Rücken mit dunklen Flecken.
**V:** Sehr häufig an Kiefern von Mai bis Ende Juni in ganz Europa.
**L:** Die Larven fressen gesellig, zunächst an den Maitrieben, später an benachbarten Nadeln. Altlarven fressen 6–12 Nadeln pro Tag. Häufig hohe Dichten und als Folge Kahlfraß, von dem sich rund zwei Drittel der Bäume relativ schnell erholen. Anlage der Verpuppungskokons meist im Boden. Bei Massenentwicklung erhebliche Forstschäden. Biologische Bekämpfung mit Kokonparasiten lokal erfolgreich.

**Rote Buschhornblattwespe**
*Neodiprion sertifer*
Buschhornblattwespen
*Diprionidae*

**K:** Imagines selten zu sehen, häufiger Larvenkolonien auf Kiefer. Larven mit schwarzem Kopf und graugrünem Rumpf. Oben mit hellem, schwarz gesäumtem Mittelstreifen.
**V:** In ganz Europa häufig, stets an Kiefern.
**L:** Anfangs befressen 6–8 Junglarven eine Nadel, Altlarven meist nur in Zweiergruppen. Eine Kolonie aus etwa 80–100 Larven bleibt stets zusammen und besiedelt auch zusammen neue Zweige. Bei Störung auffällige Schreckstellung. Die Larven krümmen sich mit dem Kopf rückwärts. Meist periodisch auftretende Massenvermehrungen. Feinde: Spitzmäuse, Waldmaus, Rötelmaus (Kokonfresser).

**Kokons von Brackwespen**
*Apanteles spec.*
Brackwespen
*Braconidae*

**K:** Meist gelb- oder weißseidige Kokons neben einer Raupe.
**V:** Überall an Blättern, oft in zusammengenommenen Blattwickeln.
**L:** Wichtige Helfer beim Kurzhalten von Schadinsekten. Brackwespen leben als Außen- oder Innenparasiten an den Larven von Schmetterlingen, Käfern, Wanzen und Fliegen. Die meist kleinen Arten suchen die Larven der Wirte auf und belegen sie mit Eiern. Die ausschlüpfenden Parasitoidenlarven fressen die Wirte von innen aus und töten sie am Ende. Viele Arten wurden bereits mit Erfolg in der biologischen Schädlingsbekämpfung eingesetzt.

**Kokon einer Schlupfwespe**
eventuell *Coccygonimus* spec.
Schlupfwespen
*Ichneumonidae*

**K:** Längliche Kokons, oft mit seidigen Fäden umsponnen, stets mit Resten der Wirtsraupe (z.B. Schlehenspinner).
**V:** Überall an Schmetterlingsraupen und Blattwespenraupen.
**L:** Allein in Mitteleuropa leben 3000 Schlupfwespenarten. Sie suchen mit ihrem Geruchssinn in den Fühlern die Larven von Schmetterlingen oder Blattwespen auf und lähmen sie mit einem Stich. Danach legen sie ihre Eier außen an die Raupen oder direkt in die Körperhöhle. Die Larven dieser „Parasitoide" fressen den Wirt von innen langsam auf und töten ihn zum Schluß. Schlupfwespen sind sehr wichtige Organismen in der Natur.

**Holzschlupfwespe**
*Rhyssa persuasoria*
Schlupfwespen
*Ichneumonidae*

**K:** Große, schlanke, gelbschwarz gefärbte Schlupfwespe mit körperlangem Legebohrer.
**V:** In Nadelwäldern.
**L:** Diese Schlupfwespe ist ein wirksamer natürlicher Feind von Holzwespenlarven. Die Weibchen finden die befallenen Stämme am Pilzduft der Symbionten bei den Holzwespen. Zielgenau bohrt das Weibchen den Legebohrer innerhalb von 45 Minuten genau in die Wirtslarve und lähmt sie. Danach deponiert sie dort ein Ei. Die *Rhyssa*-Larve verzehrt die frisch bleibende Wirtslarve innerhalb von 5 Wochen. Diese Parasitoidenart kann bis zu 34 Prozent der Wirte ausschalten, die Holzwespen jedoch nicht regulieren.

**Erzwespe**
*Trichogramma* spec.
Erzwespen
*Trichogrammatidae*

**K:** Sehr kleine, schwarze Wespen (0,3–0,9 mm), kaum mit bloßem Auge zu erkennen. Häufiger ist ihre Wirkung zu sehen: In Schmetterlingsgelegen fallen schwarze (befallene) Eier auf im Gegensatz zu den hellen Schmetterlingseiern.
**V:** Häufig auf Zweigen.
**L:** Diese für die Regulation im Naturhaushalt wichtigen Kleininsekten entwickeln sich in Eier der verschiedensten Insekten und können oft auf wenig sichtbare Weise Massenvermehrungen verhindern. Ihr hohes Vermögen, die Wirtseier aufzufinden, und ihre leichte Züchtbarkeit machen sie zu geeigneten Objekten der biologischen Schädlingsbekämpfung.

**Rote Knotenameise**
*Myrmica laevinodis*
Ameisen
*Formicidae*

**K:** Körper rötlichgelb, 4–5 mm lang, an der Brust über dem Hinterleibstiel mit 2 Dornen.
**V:** In ganz Europa von der Ebene bis ins Gebirge häufig, bevorzugt feuchtere Wälder.
**L:** Diese Art lebt in sehr großen Kolonien mit vielen Königinnen. Die Nester werden unterirdisch, in morschen Stubben, manchmal auch unter Rinde angelegt. Die Kolonie besucht eifrig Blattlauskolonien. Besonderheit: Die Ameisen füttern nicht nur ihre Larven mit Blattlauszucker, sondern auch sich gegenseitig. Ein Ameisenvolk verbraucht rund 500 Liter Zuckersaft pro Jahr. Diese Art kann schmerzhaft stechen.

**Diebsameise,** Raubameise
*Solenopsis fugax*
Ameisen
*Formicidae*

**K:** Gelbe bis gelbbraune Ameise, auffallend winzig (1,4–3 mm). Königinnen schwarz, bis 6,5 mm.
**V:** Im Freiland meist selten zu beobachten, jedoch häufiger in Nestern der Roten Waldameise.
**L:** Diese winzige Art bewohnt in großer Volksstärke die Nester anderer, größerer Waldameisen. Zwischen deren Gangsystem bauen die Arbeiterinnen schmale Gänge, in denen sie vor der Verfolgung der Nestbesitzer sicher sind. Die Diebsameisen dringen in die Brutkammern. Dort richten sie oft verheerenden Schaden unter Eiern, Larven und Puppen an. Zusätzlich leben sie vom Zuckersaft unterirdisch lebender Blatt- und Schildläuse.

**Rote Waldameisen**
*Formica polyctena* und *F. rufa*
Ameisen
*Formicidae*

**K:** Typische Waldameisen, 4–8 mm groß, Vorderkörper rotbraun, Hinterleib schwarz. Stiel zwischen Vorder- und Hinterleib mit großer, aufrechter Schuppe, Augen unbehaart. Unterscheidung (Lupe!): Vorderer Rücken, gegen das Licht besehen, mit nur 4 Härchen, sonst kahl (*F. polyctena*). Rücken reich behaart (*F. rufa*).

**V:** In Nadelwäldern des Tief- und Bergvorlandes.

**L:** Staatenbildendes Insekt mit einer (*F. rufa*) oder zahlreichen (*F. polyctena*) Königinnen in Nebennestern (kuppelförmiger Haufen, etwa 1 m hoch). Ernährung hauptsächlich von Insekten, Honigtau und Pflanzensamen.

**Riesenholzameise,** Roßameise
*Camponotus herculeanus*
Ameisen
*Formicidae*

**K:** Größte einheimische Ameise, dunkelbraun bis schwarz, 14–18 mm groß, lebt nur in Holz. Häufig zu sehen: Hochzeitsflüge.

**V:** In ganz Europa häufig in sonnigen, trockenen Nadelwäldern.

**L:** Die Roßameise lebt in Baumstubben und in noch lebenden Baumstämmen. Im Stammesinnern frißt sie die weicheren Holzschichten der Jahresringe heraus und bildet so senkrechte, schmale Kammern. Die Larven mit häkchenförmigen Haaren werden an den rauhen Holzwänden aufgehängt. Wegen ihrer holzzerstörenden Wirkung gelten diese auffällig großen Ameisen als Schädlinge. Als Nahrung verwenden sie Blattlaushonig.

**Kartonnestameise**
*Lasius fuliginosus*
Ameisen
*Formicidae*

**K:** Pechschwarz glänzend mit penetrantem Geruch, 3–5 mm groß.
**V:** In allen Waldtypen Europas, häufig in Wäldern mit morschen Stubben und hohen Altholzanteilen.
**L:** Diese Art stellt in hohlen Bäumen und Stubben aus Holzmulch und Speichel kunstfertige Nester mit Kammern und dünnen Wänden her. Wegen dieser „Leimtechnik" werden die Nester auch „Kartonnester" genannt. Um den brüchigen Karton stabiler zu machen, verwendet diese Art den Zuckersaft von Blattläusen und mischt ihn in den Leim. Davon lebt der Pilz *Cladosporium myrmecophilus,* der die Wände festigt. Diese Ameise versklavt oft eine andere *Lasius*-Art.

**Rote Waldameisen**
*Formica* spec.
Ameisen
*Formicidae*

Ameisenschutz im Wald.
Die Samen zahlreicher Blütenpflanzen wie Veilchen, Schneeglöckchen, Wachtelweizen, Bienensaug oder Ehrenpreis werden fast ausschließlich von Ameisen verbreitet. Als Botenlohn tragen Ameisenpflanzen nahrhafte Anhängsel (Eleiosomen) an ihren Samen. Diese veranlassen Ameisen, die Samen fortzutragen und sie nach dem Verzehr der Anhängsel wieder liegenzulassen. Ameisen selbst sind wichtige Räuber in Waldökosystemen. Ein Volk kann eine Million Insekten pro Jahr vertilgen. Wegen ihrer wichtigen Rolle werden Ameisenhaufen mit Gittern geschützt.

**Hornisse**
*Vespa crabro*
Echte Wespen
*Vespidae*

**K:** Kopf und Brust braunrot, sonst Wespenfärbung. 24–30 mm groß.
**V:** An keinen Lebensraum gebunden, häufig in Laubwäldern mit altem Baumbestand.
**L:** Nach der Überwinterung der Königinnen beginnen diese mit dem Nestbau. Aus zerkautem Holz und Speichel bauen sie sechseckige Waben. Zunächst werden nur Arbeiterinnen erbrütet. Nach deren Übernahme des Außendienstes legt die Königin nur noch Eier. Ein Volk kann etwa 5000 Individuen umfassen. Im Spätsommer entwickeln sich Männchen und Weibchen, letztere überwintern. Hornissen fangen viele Insekten und lecken an Baumsäften und Früchten.

**Deutsche Wespe**
*Paravespula germanica*
Echte Wespen
*Vespidae*

**K:** Typische Wespenfärbung. Auffällig: Die großen Augen reichen seitlich bis zu den Mundwerkzeugen. Kopf vorne mit gelben Punkten.
**V:** Keine Ansprüche an Lebensraum, oft an Waldrändern. Brütet in Mäusegängen.
**L:** Die Wespen leben von Früchten und allen Zuckerquellen ihrer Umgebung. Zur Fütterung der Larven fangen sie meist Fliegen, die sie töten und zerquetschen. Oft lauern sie diesen in der Nähe von Doldenblüten auf. Die überwinternden Weibchen gründen im Frühjahr einen neuen Staat, der im Laufe des Sommers auf 5000 Individuen anwachsen kann. Im Herbst stirbt der Staat bis auf die Königinnen ab.

**Pillenwespe**
*Eumenes pomiformis*
Lehmwespen
*Eumenidae*

**K:** Dunkle, kleinere Wespen mit typischem, tropfenförmigem Hinterleib.

**V:** In Waldlichtungen, auf Heiden in Kiefernwäldern. Flugzeit: August.

**L:** Die Weibchen dieser schönen Wespen bauen aus Lehm kirschgroße Nester mit kragenförmigem Eingang, die sie an Pflanzen, oft Heidekraut, befestigen. Zur Materialbeschaffung spucken die Wespen Wasser auf Lehmböden und formen kleine Kugeln, die sie Stück für Stück aufkneten, bis die Kugel fast geschlossen ist. Danach schieben sie mit den Vorderbeinen gelähmte Schmetterlingsraupen (oft Spanner) durch die schmale Öffnung.

**Bienenwolf**
*Philanthus triangulum*
Grabwespen
*Sphecidae*

**K:** Etwas größer als Honigbiene, wespenähnlich.

**V:** Lichte, warme Wälder mit sandigem Untergrund und sandigen Wegböschungen.

**L:** Grabwespe, die auf das Eintragen von Honigbienen spezialisiert ist. Die Beute wird optisch ausgewählt und dann im Flug am Honigduft erkannt. Danach Packen der Biene mit den Beinen und sofortiger Stich in die weiche Haut hinter dem 1. Beinpaar. Ist die Biene gelähmt, wird sie mit Kopf voran und Bauch nach oben heimgeflogen. Unterwegs quetscht der Bienenwolf die Biene, um Honigmageninhalt auszupressen, den er aufleckt. Schutz: Sandböschungen nicht einebnen.

**Sandwespe**
*Ammophila pubescens*
Grabwespen
*Sphecidae*

**K:** Sehr agile, langgestreckte Wespe mit dünner, langer Wespentaille, Hinterleib auffallend rotschwarz.
**V:** Auf sandigen Wegen und Böschungen in Kiefernwäldern und Heiden.
**L:** Einzeln lebende Wespe mit erstaunlicher Brutfürsorge. Die Weibchen graben Löcher in den Sandboden. Der lockere Sand wird unter dem „Kinn" weggetragen und verstreut. Nach der Fertigstellung der Röhre wird diese mit einem Steinchen verschlossen und sorgfältig mit Sand getarnt. Die Lage der Eingänge behalten die Wespen anhand von Pflanzenmarken im Gedächtnis. Dazu fliegen die Wespen auf ein kleines Bäumchen, um sich einen Überblick zu verschaffen. Danach fangen sie wenig behaarte Schmetterlingsraupen, die sie mit einem Stich lähmen und in der Nähe des Nestes ablegen. An der Höhle wird zuerst der Verschlußstein herausgehoben, dann die Raupe rückwärts in die Höhle gezogen und mit einem Ei belegt. Danach wird der gleiche Stein wiederverwendet. Parallel werden mehrere Nester versorgt. Die Handlung des Raupenfanges wird durch ein raupenleeres Nest ausgelöst, wie Versuche ergeben haben. Eine Grabwespenlarve benötigt etwa sieben mittelgroße Raupen zur Entwicklung. Die Larven verbleiben den Winter über in der Sandröhre.

**Pelzbiene**
*Anthophora furcata*
Echte Bienen
*Apidae*

**K:** Hummelähnlich und ebenso dicht behaart. Gesicht gelblich.
**V:** In ganz Europa von der Ebene bis in die Mittelgebirgslagen. Lebensräume sind Waldlichtungen, Kahlschläge und Parks.
**L:** Am leichtesten beobachten kann man die Pelzbiene an den Blüten des Waldziest (*Stachys silvatica*). Dort sammeln die Bienen den Larvenproviant. Sie brüten in morschen Ästen, in die sie senkrechte Gänge nagen. Die bis zu 12 Brutzellen werden mit Holzmulm und Speichel gebaut. Ausgekleidet werden die Zellen mit einem nach Käse duftenden Stoff, das den Larven als Nahrung dient. Schutz: Erhaltung von besonntem Totholz im Wald.

**Mauerbiene**
*Osmia bicolor*
Echte Bienen
*Apidae*

**K:** Kleinere Solitärbiene (9–10 mm) mit schwarzem Kopf, Brust und Hinterleibsansatz. Der Rest des Hinterleibes leuchtend rot behaart. Fliegt im März und April.
**V:** In wärmeren Kiefernwäldern, an Waldrändern und in Hecken.
**L:** Die Männchen benötigen leere Schneckenhäuser und warten dort auf Weibchen. Begattete Weibchen drehen die Schneckenhäuser mit der Mündung zum Boden. Mit einem Mörtel aus Pflanzenteilen und Speichel tarnt die Biene das Haus. Danach trägt sie Nektar und Pollen ein. Nach der Eiablage tarnt sie das Haus mit Kiefernnadeln. Zur Beobachtung leere Schneckenhäuser auslegen.

**Baumhummel**
*Bombus hypnorum*
Echte Bienen
*Apidae*

**K:** Schwarz behaarte Hummel mit leuchtend rotem Rücken.
**V:** Lichte Wälder, Waldränder, auch im Siedlungsbereich. Fliegt ab Ende März bis zum Herbst.
**L:** Im Gegensatz zu den übrigen vorgestellten Hummeln brütet diese Art nur oberirdisch in Baumhöhlen, Eichhörnchennestern, Vogelkästen oder Dachböden. Bei Annäherung reagiert die Hummel gereizt und verteidigt ihr Nest. Die Brutbiologie gleicht der der folgenden Arten. Der Hummelbestand dieser Art ist nicht gefährdet, da sie bei fehlenden Höhlen auf Nistkästen ausweicht. Hummeln haben eine Reihe natürlicher Gegenspieler: Schmarotzerhummeln, Spitzmäuse.

**Erdhummel**
*Bombus terrestris*
Echte Bienen
*Apidae*

**K:** Körper dicht behaart in unterschiedlicher Färbung: Vorderbrust und Anfang Hinterleib gelb, Hinterleibsende weiß, sonst schwarz.
**V:** Flugzeit von Frühling bis Herbst, an Waldrändern, in lichten Laubwäldern und im Siedlungsbereich.
**L:** Hummeln bilden einjährige Völker, die von überwinternden Königinnen gegründet werden. Anlage der Nester in verlassenen Mäusenestern im Boden. Die ersten Arbeitshummeln werden von der Königin selbst aufgezogen, danach helfen diese beim Nestausbau und beim Füttern der Brut. Im Sommer entwikkeln sich Männchen und Weibchen. Nach der Begattung überwintert nur die Königin.

**Steinhummel**
*Bombus lapidarius*
Echte Bienen
*Apidae* (oben)

**K:** Schwarze Hummel, Hinterleibsspitze rot.
**V:** In lichten Wäldern, Hecken, Waldsäumen, auch im Siedlungsbereich.
**L:** Überwinternde Weibchen (Königinnen) gründen nach eifrigem Blütenbesuch eine Kolonie, meist in verlassenen Vogelnestern oder in Mäusehöhlen. In der Nestmulde errichtet die Königin eine Brutzelle aus Pollenklumpen. In der Nähe des Einganges baut sie einen Honigtopf als Reserve für Schlechtwettertage. In der Brutzelle schlüpfen die Larven nach 3–5 Tagen. Nach dem Schlupf fliegen sie auf Nektarsuche. Die weitere Lebensgeschichte ist bei *Bombus terrestris* beschrieben.

**Große Waldschwebfliege**
*Volucella zonaria*
Schwebfliegen
*Syrphidae* (unten)

**K:** Schwebfliege mit Wespennachahmung in Farbe und Form. Unverwechselbares Kennzeichen: Rüttelflug vor Doldenblüten und goldgelbe Binde zwischen Augen.
**V:** Vereinzelt an Sträuchern und niederen Pflanzen des Waldrandes von Laubmischwäldern, häufig auf Doldenblüten wie Dost, Baldrian.
**L:** Diese Schwebfliege betreibt Mimikry. Wahrscheinlich erleichtert ihr die Schutztracht der Wespen das Eindringen in Wespennester. Dorthin legt sie ihre Eier. Die Fliegenlarven leben von Resten des Wespenvolkes, aber auch von deren Brut. Nachgewiesen wurde diese Art bisher in Hornissennestern und Erdbauten der Deutschen Wespe.

# Lurche und Kriechtiere

Die **Lurche** (Amphibien) sind eine stammesgeschichtlich sehr alte Gruppe von Wirbeltieren, die etwa vor 350 Millionen Jahren entstand. Zu ihr gehören die Frösche und Kröten – beide faßt man als Froschlurche zusammen –, und die Molche und Salamander (Schwanzlurche). Während ihrer Entwicklung konnten sich die Froschlurche weltweit ausbreiten und erreichen heute in tropischen Wäldern ihre größte Vielfalt.

**Das Doppelleben der Amphibien**

Mit Ausnahme des Wasser- und Seefrosches leben die übrigen Amphibien die meiste Zeit des Jahres in den Wäldern. Nur zur Paarung, Eiablage und Larvalentwicklung wird das Wasser benötigt. Amphibien sind wechselwarme Tiere mit einer feuchten, drüsenreichen Haut, die auch an der Atmung beteiligt ist. Deshalb brauchen sie auch während ihres Landlebens eine bestimmte Feuchte. Die einzelnen Arten zeigen für einzelne schattige Lebensräume unterschiedliche Vorlieben. Der Feuersalamander bevorzugt schattige und feuchte Buchenwälder, die Erdkröte lebt in Laubmischwäldern, der Grasfrosch lebt fast das ganze Jahr im Bereich der dauerfeuchten Laubschicht von Laubwäldern. Der Laubfrosch sucht sich buschreiches Gelände am Waldrand, am liebsten Brombeerhecken, und klettert auf erhöhte Plätze zum Sonnen. Der Bergmolch lebt in den Bergwäldern bis hinauf zur Baumgrenze. Die meisten Waldformen sind Lebensräume für Amphibien. Lediglich monotone Fichtenforste sind amphibienfeindlich. Sie sind zu trocken und bieten wegen ihrer sauren Rohhumusschicht zu wenig Tierleben zur Ernährung der Amphibien. Lediglich die Knoblauchkröte kommt in trockeneren Kiefernheiden vor.

**Gefährdung**

Von den 20 in Deutschland vertretenen Arten sind bereits 11 in ihrem Bestand gefährdet und stehen vor dem Aussterben. Die Ursachen liegen vor allem in der Zerstörung von Feuchtgebieten und Laichtümpeln, aber auch in der Umwandlung artenreicher Laubmischwälder in lebensfeindliche Nadelholzmonokulturen. Ein wichtiger Gefährdungsfaktor ist auch die zunehmende Zerschneidung von Waldgebieten durch Straßen. Sie kreuzen meist die Wanderstraßen der Amphibien zu ihren Laichgewässern, die schon jahrzehntelang benutzt wurden. Viele Hilfsprogramme gelten daher vordringlich dem Schutz der Amphibien vor dem Straßentod.

Die **Kriechtiere** (Reptilien) sind Wirbeltiere mit trockener, drüsenarmer Haut, die von verhornten Schuppen bedeckt ist. Ihre Entwicklung verläuft unabhängig vom Wasser, die Kriechtiere sind lebendgebärend oder lassen ihre Eier im Boden von der Sonne ausbrüten.

Die bei uns lebenden **Eidechsen**-Arten bewohnen sonnenreiches, steiniges oder sandiges Gelände. Bis auf die Waldeidechse meiden die meisten anderen Arten den dunklen Waldbereich und kommen auf Lichtungen oder Kahlschlägen vor. Die **Schleichen** sind bevorzugt Bodenbewohner halbtrockener Gebiete. Tagsüber leben sie versteckt, erst nachts gehen sie auf Nahrungssuche. Häufiger Bewohner von feuchten Wäldern ist die Blindschleiche. Die meist sehr scheuen **Vipern** leben vorzugsweise in lichten Wäldern oder auf buschreichen Lichtungen. Für das Überleben dieser Tiergruppe haben vielgestaltige, naturnahe Wälder mit feuchten Zonen die größte Bedeutung.

Vorige Doppelseite: Der Feuersalamander (*Salamandra salamandra*) lebt in feuchten Wäldern mit mäßig strömenden Bächen.

**Feuersalamander**
*Salamandra salamandra*
Salamander
*Salamandridae*

**K:** Breiter Kopf, plumper Körper. Haut glänzend schwarz mit dottergelben bis orangefarbenen Flecken oder Streifen.
**V:** Feuchte Laubwälder mit klaren sauerstoffreichen Gewässern.
**L:** Überwiegend nachtaktiv. Nur nach warmem Regen auch tagsüber zu sehen. Hauptnahrung sind Würmer, Nacktschnecken, Gliederfüßer. Winterruhe von Oktober bis Mai. Im Frühjahr setzt das Weibchen 20–50 Larven an flachen Wasserstellen ab. Jungtiere verlassen nach 2–3monatiger Larvenzeit das Wasser. Gefährdung durch Gewässerverschmutzung, Waldumwandlungen und Bau neuer Straßen in Waldgebieten.

**Laubfrosch**
*Hyla arborea*
Laubfrösche
*Hylidae*

**K:** Kleinster einheimischer Frosch. Größe bis 5 cm. Baumbewohnende Art: Finger und Zehen enden in Haftscheiben. Männchen mit kugeliger Schallblase.
**V:** Waldränder, feuchte Wiesen. Laichgewässer sind flache, wasserpflanzenreiche Teiche und Tümpel.
**L:** Einziger heimischer Frosch, der klettert. Sonnt sich gern auf Blättern, Beutefang erst am Abend. Ernährt sich von Fluginsekten. Fortpflanzung März/Juni. Eier werden als walnußgroße Ballen ins Wasser abgelegt und sinken zu Boden. Gefährdet durch Beseitigung von Kleingewässern, Intensivierung der Landwirtschaft und Gewässereutrophierung durch Düngereintrag.

**Wechselkröte**
*Bufo viridis*
Kröten
*Bufonidae*

**K:** Größe bis 10 cm. Schlanker als Erdkröte. Augen mit waagerechter Pupille. Rücken grau bis oliv mit unregelmäßigen grünen bis schwärzlichen Flecken, Bauchseite weiß.
**V:** Felder, Gräben, offenes sonnenexponiertes Gelände mit trockenen sandigen Böden. Laichgewässer sind flache Tümpel. Bei Laichgewässerwahl nicht standorttreu.
**L:** Meist nachtaktiv. Kann gut springen und hüpfen. Erträgt gut Trokkenperioden. Hauptnahrung sind Insekten, Würmer und Nacktschnecken. Winterruhe unter Steinen und Pflanzen. Fortpflanzung April/Juni. Gefährdet besonders durch Lebensraumzerstörung, Biozideinsatz und Düngung.

**Erdkröte**
*Bufo bufo*
Kröten
*Bufonidae*

**K:** Größte einheimische Kröte. Männchen kleiner als Weibchen. Gedrungener Körper, Auge mit waagerechter Pupille. Rücken graubraun, Bauchseite grauweiß, manchmal mit dunklen Flecken. Haut trocken warzig.
**V:** Laubwälder, Wiesen, Gärten, Kiesgruben. Häufig ausgedehnte Laichwanderungen, standorttreue Laichgewässerwahl.
**L:** Dämmerungs- und nachtaktiv. Nur bei schwülwarmem Wetter auch tagsüber auf Nahrungssuche. Ernährt sich von Würmern, Nacktschnecken, Asseln und Spinnen. Häufigste Krötenart, jedoch stark bedroht durch Straßenverkehr und Lebensraumzerstörung.

**Gelbbauchunke**
*Bombina variegata*
Scheibenzüngler
*Discoglossidae*

**K:** Auge mit herzförmiger Pupille. Rückenfärbung graubraun, Bauch graublau bis schwarz mit gelben Flecken. Haut des Rückens und der Gliedmaßen stark warzig.
**V:** Flache vegetationsarme Teiche und Tümpel, Gräben, Pfützen.
**L:** Vorwiegend tagaktiv. Durch den braunen Rücken im trüben Wasser gut getarnt. Winterruhe von Oktober bis März eingegraben im Schlamm oder unter Steinen oder Wurzeln. Hauptnahrung sind Regenwürmer, Insekten oder kleine Weichtiere. Fortpflanzung Mai/Juni, mehrmalige Eiablage, einzeln oder in Klumpen an Wasserpflanzen. Gefährdet durch Lebensraumzerstörung.

**Grasfrosch**
*Rana temporaria*
Echte Frösche
*Ranidae*

**K:** Am weitesten verbreiteter Frosch Europas. Größe bis 10 cm, meist kleiner. Rücken rötlichbraun mit dunklen Flecken, Bauch weiß. Typisch der dunkle Schläfenfleck.
**V:** Laubwälder, Parks, Gärten, Heideflächen. Laichplätze sind alle stehenden oder langsam fließende Gewässer.
**L:** Stark an Landleben angepaßt. Tag- und nachtaktiv. Hauptnahrung sind Insekten, Regenwürmer und Nacktschnecken. Paarungszeit Februar/April. Erster Froschlurch am Laichgewässer. Noch häufigste Froschart, stark gefährdet durch Straßentod, Waldumwandlungen, Entwässerungen.

**Springfrosch**
*Rana dalmatina*
Echte Frösche
*Ranidae*

**K:** Größe etwa 6 cm. Männchen kleiner als Weibchen. Rücken rotbraun bis senfgelb mit oder ohne schwarze Flecken oder Punkte, Bauch gelblichweiß, ungefleckt. Sehr lange Hinterbeine.

**V:** Lichte Laubwälder, feuchte Wiesen. Laichplätze ähnlich Grasfrosch.

**L:** Landbewohnende Art, geht während des Sommers nicht ins Wasser. Springt sehr gut. Dämmerungsaktiv. Hält sich tagsüber verborgen unter Brombeergestrüpp und totem Laub. Winterruhe der Männchen im Bodenschlamm der Gewässer, der Weibchen auf dem Land unter einer dicken Laubschicht. Paarungszeit März/April. Laichklumpen enthalten bis zu 1000 Eier.

**Bergmolch**
*Triturus alpestris*
Molche
*Salamandridae*

**K:** Körper untersetzt. Haut glatt oder fein gekörnt. Rücken graubraun marmoriert. Bauch orange, ungefleckt. Flanken silbergrau mit schwarzen Flecken und bei den Männchen mit blauem Längsband. Zur Fortpflanzungszeit Männchen mit glattrandigem gelbschwarz geflecktem Rückenkamm.

**V:** Lichte Laubwälder in hügeligem Gelände. Laichplätze sind kleine stehende Gewässer.

**L:** Nachtaktiv. Tagsüber versteckt unter Moos und feuchtem Laub. Ernährt sich von Regenwürmern, Schnecken und Kerbtieren. Laichzeit ist März bis Mai. Eier (ca. 200) werden an Wasserpflanzen unter Wasser geheftet.

**Zauneidechse**
*Lacerta agilis*
Eidechsen
*Lacertidae*

**K:** Unsere häufigste Eidechse. Steht unter Naturschutz. Gesamtlänge bis 30 cm. Gedrungener Körper, kurze Beine, dicker Kopf. Rükken bei beiden Geschlechtern hellbraun mit dunklem Längsband und weiß-dunkelbraunen Flecken. Zur Paarungszeit unterschiedliche Färbung der Geschlechter: Männchen mit leuchtend grünen Flanken und grüner Unterseite, Weibchen mit cremefarbenen Flanken und gelblichweißer Unterseite, jeweils mit dunklen Flecken oder Punkten.

**V:** Bevorzugen trockenes Gelände im Flach- oder Hügelland: Waldränder, Feldränder, sonnige Böschungen, Hecken, Wiesen, Heidekrautbestände.

**L:** Tagaktiv, nicht besonders scheu, sehr wärmeliebend. Sonnt sich gerne auf Steinen. Bei kühlem Wetter verkriecht sie sich in Erdhöhlen. Ernährt sich von Heuschrecken, Käfern, Spinnen und Würmern. Winterruhe an frostsicheren Plätzen im Boden. Paarungszeit Mai/Juni. Schwanz kann bei Gefahr abgeworfen werden, wächst ganz oder teilweise nach. Anfang Juni Eiablage der Weibchen. 5–14 haselnußgroße, weichschalige Eier werden in lockerem Boden abgesetzt und mit Erde zugedeckt. Eiablage in Mauerspalten, unter Laub und Moos. Eier werden von der Sonne ausgebrütet. Schlüpfen der etwa 65 mm großen Jungtiere nach 3 Monaten.

**Waldeidechse**
*Lacerta vivipara*
Eidechsen
*Lacertidae*

**K:** Unsere kleinste Eidechse. Gesamtlänge bis 14 cm. Rücken braun mit dunklem Längsstreifen und gelben und dunklen Punkten. Bauch gelb oder orange. Steht unter Naturschutz.

**V:** Waldränder, Lichtungen, Wiesen, Moore.

**L:** Tagaktiv, sehr scheu, verträgt auch niedrigere Temperaturen. Ernährt sich von Insekten und Spinnen. Unterschlupf für die 8–9monatige Winterstarre in alten Baumstümpfen, Erdhöhlen, unter Steinen. Paarung April/Mai. Lebendgebärend. Der Möglichkeit des Lebendgebärens verdankt die Waldeidechse ihr Vorkommen auch in kälteren Regionen.

**Blindschleiche**
*Anguis fragilis*
Schleichen
*Anguidae*

**K:** Ähnelt im äußeren Erscheinungsbild einer Schlange, ist aber eine beinlose Echse. Goldglänzende glattschuppige Körperoberfläche. Weibchen häufig mit dunkelbraunen Flanken und einem dunklen Rückenstreifen.

**V:** Feuchte Standorte unter Steinen und Brettern. Waldlichtungen.

**L:** Tag- und dämmerungsaktiv. Verbringt die meiste Zeit in einem Versteck. Ernährt sich von Regenwürmern und Nacktschnecken. Winterruhe von Oktober bis März in Erdlöchern oder Baumstümpfen. Paarungszeit April/Mai. Lebendgebärend: Im Spätsommer oder erst im nächsten Frühjahr werden 6–12 Blindschleichen geboren.

**Schlingnatter**
*Coronella austriaca*
Nattern
*Colubridae*

**K:** Wird oft mit der Kreuzotter verwechselt. Unterscheidungsmerkmale: schlanke Gestalt, kleiner Kopf, runde Pupillen. Oberseite grau bis braun mit kleinen dunkleren, paarigen oder schräg gegeneinander versetzten Flecken.
**V:** Waldlichtungen, Feld- und Wegränder, Heidelandschaften.
**L:** Tagaktiv. Biß ungiftig. Ernährt sich von Eidechsen, kleinen Schlangen, Kleinsäugern und Insekten. Typisch für sie das sofortige Umschlingen der Beutetiere (Name). Winterstarre von Oktober bis März unter Wurzeln oder in anderen Verstecken. Paarungszeit April/Mai. Lebendgebärend: 2–15 vollentwickelte Junge werden im August geboren.

**Kreuzotter**
*Vipera berus*
Vipern
*Viperidae*

**K:** Rücken des Weibchens braun, des Männchens grau. Beide Geschlechter mit Zickzackband auf dem Rücken und V- oder X-Zeichnung auf dem Kopf. Im Gebirge und in Mooren findet man sog. Höllennattern: einheitlich schwarz gefärbte Kreuzottern. Pupille senkrecht.
**V:** Waldlichtungen, Waldränder, Heidebestände und Moore.
**L:** Giftschlange, Biß aber bei weitem nicht so gefährlich, wie man gewöhnlich annimmt. Tag- und dämmerungsaktiv, wärmeliebend. Ernährt sich von Kleinsäugern, Froschlurchen und Eidechsen. Winterstarre von September bis Februar in Erdhöhlen. Paarung Mai/Juni. Lebendgebärend.

# Vögel

## Der Vogelreichtum des Waldes

Vergleicht man die Vögel eines Teiches mit der Vogelwelt der Wälder, so fallen zwei Dinge auf: Am Teich sind die meisten Vogelarten größer und erreichen wie der Höckerschwan oder die Gänse beispielsweise ein stattliches Gewicht. Im Wald herrschen viele kleine Vogelarten wie Grasmücken oder Meisen vor, die oft nur wenige Gramm wiegen. Die großen Teichvögel sind meist Pflanzenfresser, die Singvögel des Waldes im Sommer meist Insektenfresser. Hängt diese unterschiedliche Größenordnung und Ernährungsweise von speziellen ökologischen Eigenschaften der Lebensräume ab? Tatsächlich beeinflußt die im Wald angebotene Nahrungsqualität Größe und Zusammensetzung der Vogelwelt. Abwechslungsreich strukturierte Laubwälder sind deshalb mit 80–100 Vogelarten pro Quadratkilometer so vogelreich, da im Wald während des Sommers ein größeres Angebot an tierischem Eiweiß geboten wird. Kleine Tierarten müssen mehr heizen als große, um ihre Körpertemperatur aufrechtzuerhalten. Für die kleineren Singvögel bedeutet ihre hohe Körpertemperatur von 40 Grad Celsius ständigen Energiebedarf. In tierischer Nahrung steckt 5–10 mal soviel Eiweiß als in Pflanzen. Deshalb müssen Kleinvögel tierische Nahrung suchen und im Winter mit energiereicher Samenkost vervollständigen. Das tierische Eiweiß und energiereiche Fett des Waldes steckt in Millionen von Insekten, die von der Grünsubstanz der Laub- und Nadelbäume leben. Es ist gewissermaßen in Millionen kleinen Portionen in und unter den Bäumen versteckt und muß zusammengesucht werden.

## Die ökologische Nische

Die einzelnen Vogelarten haben während ihrer Stammesgeschichte bestimmte Werkzeuge wie unterschiedliche Schnabel- und Krallenformen entwickelt. Dazu kommt noch ein angeborenes Verhalten für bestimmte Strukturen des Lebensraumes. Die Wahl des richtigen Platzes zum Leben und der Einsatz seines arttypischen Schnabels, also die Wahl der Werkstatt und des Werkzeuges, bilden die „ökologische Nische" einer Vogelart. Ein Baum wie die Buche mit ihrer dreidimensionalen Struktur und ihren vielen Einzelheiten wie Blätter, dünne Äste, dicke Äste, Stamm, Rinde bietet eine Reihe von Werkstätten zum Insektenfang. Auf diese Weise ist der Wald mit den verschiedensten ökologischen Nischen „vollgepackt", die von vielen unterschiedlichen Vogelarten eingenommen werden.

## Die Planstellen und ihre Inhaber

An der Buche besetzen die Planstelle „Insektenfänger aus der Luft" der Grauschnäpper, der Trauerfliegenschnäpper und der Gartenrotschwanz. Zu den „Insektenfressern auf Blättern der Krone" zählen die Laubsängerarten Zilpzalp, Fitis, Waldlaubsänger und das Wintergoldhähnchen. Ein Stockwerk tiefer, in der Strauchschicht, jagen die Grasmücken und der Gelbspötter. Den Stamm- und Zweigbereich teilen sich die Insektenjäger Blaumeise (ganz außen), Kohlmeise (dickere Zweige), Baumläufer und Kleiber (Stammoberfläche) und der Buntspecht (Holz). Die Beutegreifer teilen sich den Tag (Sperber) und die Nacht (Waldkauz). Eine Reihe von Vogelarten besetzt weite Planstellen ohne jede Spezialisierung: Kernbeißer, Ringeltaube, Eichelhäher, Rabenkrähe sind Allesfresser.

Der jahreszeitliche Rückgang der Insektennahrung zwingt viele Singvogelarten, in südliche Gefilde zu ziehen oder auf Samenkost umzusteigen. Das ist leichter gesagt als getan. Der Vogelmagen besteht aus zwei getrennten Abschnitten, dem

Drüsenmagen und dem Muskelmagen. Bei der Zerkleinerung der Samen ist ein starker Muskelmagen gefordert, der bei Insektenfressern weniger ausgeprägt ist. Manche Vögel nehmen Sand und Steinchen auf, um seine Wirkung zu erhöhen. Außerdem sind Pflanzensamen oft giftig oder schwer verdaulich und werden von den Bäumen unterschiedlich häufig angeboten, um Samenspezialisten abzuschütteln. Die Versorgungskrise des Winterwaldes macht deutlich, warum nur wenige Vögel wie Meisen, Drosseln oder Gimpel den Winter bei uns verbringen können. Sie sind Gemischtköstler.

**Kommunikation**

Der Buchenwald ist von seiner Struktur her gesehen eine große Halle aus dicken Stämmen mit einem dichten, dunklen Laubdach als Decke. Wer sich hier verständigen will, muß spezielle Gesänge entwikkeln, die in der Akustik der Laubhalle zur Geltung kommen. Offensichtlich bevorzugen die Waldvögel zwei Singmuster. Die Tauben beispielsweise gurren in tiefen, weitreichenden Frequenzen ihren Balz- und Reviergesang, und Spechte benutzen das Holz als tiefklingenden Resonanzkörper. Viele kleinere Singvögel singen Strophen in den höchsten Tönen mit abfallenden oder aufsteigenden Trillern. Zu dieser Kategorie gehören das Rotkehlchen, der Buchfink, der Zilpzalp und die Heckenbraunelle.

**Artenzahl und Überleben**

Die Anzahl der regelmäßigen Brutvögel in den verschiedenen Wäldern hat drastisch abgenommen. Von 95 Vogelarten, die die Laubmischwälder des Solling um 1850 bewohnten, sind seit der Umgestaltung der Forste zu Nadelwäldern 13 ausgestorben. Es sind dies vor allem Vogelarten, die über 100 Gramm wiegen und am Ende der Nahrungsketten stehen wie die Greifvögel. Für sie wurde die Nahrungsbasis einfach zu schmal. Oder es sind Vogelarten, die besondere Anforderungen an die Waldstruktur stellen, wie Schwarzstorch, Birkhuhn oder Waldschnepfe. Zwar haben die umfassenden Waldveränderungen von artenreichen Mischwäldern hin zu nadelholzreichen Monokulturen einige neue Arten wie den Tannenhäher oder den Fichtenkreuzschnabel gefördert, die Artenbilanz wird aber weiter absinken.

Lange glaubte man dem Artenschwund mit Nistkästen begegnen zu können. Heute weiß man, daß einige häufigere Arten zahlenmäßig vermehrbar sind. Nicht aber die Vogelarten, die den Wald aus Nahrungsmangel und wegen Verlust brut- und ernährungsbiologischer Infrastruktur für immer verlassen mußten. Die für die meisten Vogelarten der Wälder notwendigen „Einrichtungen" des Waldes sind Höhlenangebote in morschen Stämmen, samenreicher Unterwuchs, ein reiches Früchteangebot im Frühherbst, ein stockwerkartiger Aufbau der Wälder mit verschiedenen Altersklassen und eine strauchreiche Waldschlenke, Einrichtungen, die in naturnahen Wäldern von selbst entstehen.

Vorige Doppelseite: Die Waldschnepfe (*Scolopax rusticola*) sucht ihre Nahrung im weichen Waldboden. Der Schnabel trägt empfindliche Tastkörperchen zum Aufspüren von Insekten und Würmern.

**Mäusebussard**
*Buteo buteo*
Greifvögel
*Accipitridae*

**K:** Häufigster Greifvogel Mitteleuropas mit charakteristischem „hiäh"-Ruf und typischem kreisenden Segelflug über seinem Revier. Rüttelt nur gelegentlich. Ist ein Ansitzjäger. Färbung des Gefieders variiert von fast weiß bis sehr dunkel. Im Flugbild erkenntlich am kurzen breitgefächerten Schwanz mit dunkler Endbinde und 5–6 weiteren schmalen dunklen Querbinden.
**V:** Aufgelockerte Wälder, offene Kulturlandschaft mit Baumgruppen.
**L:** Hauptbeutetier ist die Feldmaus, daneben andere Kleinsäuger, auch Aas. Bevorzugt als Horstbäume hohe Eichen und Kiefern. Erbrütet pro Jahr 2–3 Junge.

**Sperber**
*Accipiter nisus*
Greifvögel
*Accipitridae*

**K:** Wirkt wie ein Habicht in Kleinausgabe. Sehr wendiger Flieger. Männchen (Terzel) etwa ein Drittel kleiner als Weibchen. Gefiederfärbung am Rücken graublau, an der Unterseite weiß, rötlichbraun gebändert (gesperbert). Bei Störungen am Brutplatz typischer „gigigigi"-Ruf.
**V:** Kleine Waldkomplexe, reich strukturierte Heckenlandschaft.
**L:** Erbeutet hauptsächlich Kleinvögel im Flug. Nutzt dabei den Überraschungseffekt aus. Baut seine Horste in mittlerer Höhe. Pro Gelege 4–6 Eier. Brutdauer 24–30 Tage. Bestandsgefährdung durch Biozidbelastung der Nahrung und Verringerung des Nahrungsangebotes.

**Habicht**
*Accipiter gentilis*
Greifvögel
*Accipitridae*

**K:** Bussardgroßer Greifvogel mit besonderer Wendigkeit im Jagdflug. Auffälliger Größenunterschied der Geschlechter. Unterschied zum Bussard wird im Flug deutlich: langer Schwanz und breite (Spannweite ca. 1 m) gerundete Flügel.
**V:** Ausgedehnte Waldgebiete, Heckenlandschaften. Auch in Städten, wo Tauben als Hauptbeute gejagt werden.
**L:** Kreist selten über freiem Gelände, nur zur Paarungszeit ausgedehnte Balzflüge über seinem Brutrevier. Baut Horste nur auf sehr hohen Bäumen. Gelegegröße 2–5 Eier, Brutdauer ca. 6 Wochen. In Mitteleuropa weit verbreitet, aber nicht mehr häufig.

**Rotmilan**
*Milvus milvus*
Greifvögel
*Accipitridae*

**K:** Besonders eindrucksvoller Greifvogel mit rostrotem Gefieder, grauem Kopf und tief gegabeltem Schwanz. Im Volksmund deswegen auch Gabelweihe genannt.
**V:** Laubwälder, gerne in Gewässernähe. Teilzieher, überwintert im nördlichen Mittelmeerraum, aber auch bei uns.
**L:** Jagdflug in relativ geringer Höhe, meist als Gleit- oder Segelflug. Hauptbeutetiere sind Kleinsäuger, Fische. Nimmt auch Aas. Horstet wegen der günstigen Thermik gerne an bewaldeten Berghängen. Horstbäume sehr hoch. Gelege mit 2–3 weiß-braun gefleckten Eiern. Werden vom Weibchen in ca. 32 Tagen erbrütet.

**Schwarzmilan**
*Milvus migrans*
Greifvögel
*Accipitridae*

**K:** Etwa bussardgroß, vom Rotmilan gut zu unterscheiden durch sein dunkleres Gefieder und den weniger tief gegabelten Schwanz.
**V:** Waldgebiete mit Seen oder Flußtälern. Zugvogel.
**L:** Nahrungssuche hauptsächlich über Gewässern, wo er tote oder kranke Fische von der Wasseroberfläche aufnimmt. Horstet an Waldrändern auf hohen, alten Bäumen, gerne in der Nähe von Graureiherkolonien. Zur Paarungszeit im Frühjahr ausgedehnte Balzflüge. Gelege mit 2–4 Eiern, werden vom Weibchen in ca. 32 Tagen erbrütet. Bestandsgefährdung hauptsächlich durch die Belastung von Gewässern mit Umweltgiften.

**Wespenbussard**
*Pernis apivorus*
Greifvögel
*Accipitridae*

**K:** Ausgeprägter Zugvogel, lebt bei uns nur von Mai bis September. Gefiederfärbung am Rücken braun, an der Körperunterseite heller und quergebändert. Jungvögel mit Längsstreifung an der Körperunterseite. Kopf meist grau.
**V:** Wälder, Waldränder mit angrenzenden offenen Wiesen und Lichtungen.
**L:** Scharrt Wespennester mit den Füßen frei, bis er an die Waben mit den Maden gelangt. Fliegt mit den Waben zum Horst. Horst auf Laub- oder Nadelbäumen, wird häufig begrünt. Nistet erst spät im Jahr (Mai/Juni). Meist 2 Eier von beiden Partnern erbrütet. Brutdauer 34 Tage. Bestand einigermaßen stabil.

**Baumfalke**
*Falco subbuteo*
Falken
*Falconidae*

**K:** Flugbild erinnert an das eines Mauerseglers. Charakteristisch seine Gesichtszeichnung mit dem schmalen, schwarzen Backenstreifen, die schiefergraue Körperoberseite und die rostroten „Hosen". Körperunterseite hell mit dunklen Flecken. Sein Ruf ist ein gedehntes, klagendes „gihgihgih".

**V:** Laub- und Nadelwälder, offenes Gelände mit kleinen Baumgruppen. Gerne in Randbereichen alter Kiefernwälder.

**L:** Bei uns Sommervogel, überwintert im tropischen Afrika. Baut keinen eigenen Horst, nistet in verlassenen Krähennestern. Erbrütet pro Jahr 2–4 Junge. Hauptbeute sind Kleinvögel, Libellen und Käfer.

**Wanderfalke**
*Falco peregrinus*
Falken
*Falconidae*

**K:** Früher weit verbreitet, heute drastische Bestandsrückgänge hauptsächlich wegen der Biozidbelastung der Nahrung. Im Flugbild zu erkennen an langen spitzen Flügeln, kurzem Schwanz und kraftvollen Flügelschlägen. Körperoberseite hell gefärbt mit dunkler Querbänderung. Kopf dunkel mit breitem schwarzen Backenstreifen.

**V:** Außerhalb der Brutzeit an keine bestimmte Landschaftsform gebunden. Benötigt zum Brüten steile Felswände, nistet in Felsspalten, baut keinen Horst.

**L:** Jahresvogel, ist auch im Winter bei uns anzutreffen. Partner bleiben häufig ein Leben lang zusammen. Erbrüten pro Jahr 3–4 Junge.

**Waldschnepfe**
*Scolopax rusticola*
Schnepfen
*Scolopacidae*

**K:** Gefieder in Färbung wie Fallaub, dicker Kopf mit großen hoch liegenden Augen, Schnabel lang.
**V:** Bewohnt geschlossene feuchte Laubmischwälder mit eingestreuten Feuchtgebieten, Waldwiesen und Wegschneisen.
**L:** Ab März zeigen die dämmerungsaktiven Waldschnepfen-Männchen den eindrucksvollen Balzflug: In Zickzackbahnen streichen sie über Baumwipfel und suchen nach lockenden Weibchen. Das Weibchen brütet alleine, die Nestmulde aus Gras und Laub wird am Fuße eines Baumes angelegt. Die Jungen werden ab April von der Mutter durch den Wald geführt, die ihnen Laub umdreht.

**Hohltaube**
*Columba oenas*
Tauben
*Columbidae*

**K:** Gefieder an Kehle und Brust rötlich getönt, am Hinterhals mit grünlichem Fleck, ansonsten blaugrau. Im Flugbild zu erkennen an zwei kurzen, schwarzen Flügelbinden.
**V:** Waldgebiete mit Altholzbeständen, Parklandschaften mit hohlen Bäumen.
**L:** Nistet in Baumhöhlen, gerne in Schwarzspechthöhlen, aber auch in großen Nistkästen. Gelege mit 2 Eiern, die von beiden Partnern bebrütet werden. Häufig 2–3 Bruten pro Jahr. Nahrung vergleichbar der Ringeltaube: Sämereien, Beeren, kleine Weichtiere. Bestand in den letzten Jahren stark zurückgegangen.

**Ringeltaube**
*Columba palumbus*
Tauben
*Columbidae*

**K:** Größte Wildtaube Europas, größer als andere Tauben. Typisch für sie die weißen Halsflecken und der weiße Flügelbug. Verursachen beim Auffliegen lautes Flügelklatschen.
**V:** Waldgebiete aller Art, Obstgärten, Parkanlagen. Häufig auch im Inneren von Städten anzutreffen.
**L:** Teilzieher, überwintert in West- und Südeuropa. Streifen außerhalb der Brutzeit in großen Scharen umher. Bauen ihr Nest auf Bäumen und hohen Büschen. Brüten häufig zwei- bis dreimal pro Jahr. Junge werden zunächst mit der sog. Kropfmilch gefüttert, die von den Altvögeln ausgewürgt wird. Ernähren sich von Sämereien, Beeren, Weichtieren. Ruf ein gedämpftes „ku ku ru ku ku".

**Turteltaube**
*Streptopelia turtur*
Tauben
*Columbidae*

**K:** Kleinste Wildtaube Europas. Meidet menschliche Siedlungen, kommt nie in Städten vor. Gurren des Männchens klingt wie ein gleichmäßiges hohes „turr turr turr" (Name). Schlanker Vogel mit je einem schwarz-weiß gestreiften Fleck an den Halsseiten. Bauch und Kehle zart rötlich gefärbt, Oberseite rotbraun mit schwarzen Flecken. Beide Geschlechter gleich gefärbt.
**V:** Lichte Laub- und Mischwälder, verwilderte Heckenlandschaften, Obstgärten. Bevorzugt wärmere Gebiete, meidet höhere Gebirge.
**L:** Zugvogel, der in Afrika überwintert. Baut ihr Nest auf Bäume oder in höheren Gebüschen, meist niedriger als andere Taubenarten.

**Kuckuck**
*Cuculus canorus*
Kuckucke
*Cuculidae*

**K:** Einziger heimischer Brutparasit. Schlanker, langschwänziger Vogel mit 2 Farbphasen in der Gefiederfärbung: Oberseite entweder schiefergrau oder rotbraun. Unterseite hell-dunkel gesperbert. Männchen gehören häufig der grauen Phase an, Weibchen meist der roten.

**V:** Wälder aller Art, Parklandschaften.

**L:** Lebt als Brutparasit. Weibchen legt seine Eier einzeln in die Nester anderer Singvögel. Bevorzugt dabei bestimmte Vogelarten als Wirt. Der frischgeschlüpfte Jungkuckuck wirft die Eier oder Jungvögel seiner Wirtseltern über den Nestrand und wird dann allein von den Wirtseltern aufgezogen.

**Uhu**
*Bubo bubo*
Eulen
*Strigidae*

**K:** Größte europäische Eule mit einer Flügelspannweite von etwa 1,70 m. Typisch für ihn seine auffallenden Federohren und die großen orangeroten Augen. Sein Name leitet sich ab vom Balzruf des Männchens, einem tiefen kurzen „u hu".

**V:** Waldgebiete mit felsigem Gelände, Klippen, Berghänge. In Mitteleuropa nahezu ausgerottet, wurde aber an einigen Orten mit Erfolg wieder eingebürgert.

**L:** Jagt meist in der Morgen- und Abenddämmerung. Ernährt sich von kleineren Säugetieren. Lebt meist in Dauerehe. Brütet in Felsspalten und verlassenen Greifvogelhorsten.

**Sperlingskauz**
*Glaucidium passerinum*
Eulen
*Strigidae*

**K:** Kleinste Eule Europas, etwa starengroß. Oberseite dunkelbraun, Schwanz weiß gebändert, Augen leuchtend gelb. Sitzt in der Dämmerung häufig auf Fichtenspitzen und wippt mit dem Schwanz. Ruf: melodisches „düh düh", auch tagsüber.
**V:** Nadel- und Mischwälder der Mittelgebirge und der Alpen.
**L:** Die tag- und dämmerungsaktive Kleineule brütet in Höhlen des Bunt- und des Dreizehenspechtes. Ärgster Konkurrent ist der Waldkauz, vor dem die Eule in alpine Höhen bis 2000 m ausweicht. Die Eule erbeutet vor allem Tannenmeisen, aber auch Mäuse und Reptilien. Erspähte Vögel werden in einem Blitzangriff erbeutet.

**Waldkauz**
*Strix aluco*
Eulen
*Strigidae*

**K:** Häufigste und anpassungsfähigste Eulenart. Rostbraunes oder graues (Variante) Gefieder, runder Kopf mit großen runden Augen. Im Herbst häufig lautstarke, nächtliche Revieraufteilung mit „kuwitt", im Februar/März in Dörfern häufig „Guh gugugguguhu".
**V:** Lichte Laubmischwälder mit altem Baumbestand, Parks, Gärten. Oft mitten in Großstädten.
**L:** Jagt von Ansitzen auf Kleinsäuger und Singvögel, Frösche und Insekten. Die Altvögel behalten ihre Reviere und Partner oft lebenslang. Brut in Baumhöhlen oder Mauernischen. Während der Jungenaufzucht oft sehr aggressiv, greifen auch Menschen an.

**Waldohreule**
*Asio otus*
Eulen
*Strigidae*

**K:** Nachtaktive Eule mit auffälligen Federbüscheln auf dem Kopf, Augen orangegelb bis rot. Bei Tag an den Stamm geschmiegt, imitiert sie einen Ast. Gefieder rindenbraun, längsgefleckt. Ruf: Leises „Huhuhu".
**V:** Sehr typischer Lebensraum sind inselartige Kleinwälder, die in der Landschaft verstreut liegen.
**L:** In der Dämmerung streicht die Eule lautlos über die Felder und erbeutet Mäuse, Reptilien und Frösche. Ab März beziehen die Eulen Krähen- und Falkennester und legen 4–6 Eier. Das Männchen sorgt allein für die Nahrungsbeschaffung. Gefährdung vielfach durch jagdliche Bekämpfung der Krähennester und Biozide auf Feldern.

**Rauhfußkauz**
*Aegolius funereus*
*Eulen*
*Strigidae*

**K:** Mit großem Kopf und rundem, braungesäumten Gesichtsschleier. Augen leuchtend gelb.
**V:** Dichte Nadelwälder mit Schneisen und Lichtungen in Höhenlagen der Mittelgebirge und der Alpen.
**L:** Aufmerksam wird man auf diese nachtaktive Eule meist in klaren Februarnächten wegen des monotonen Reviergesanges aus wenigen Einzellauten. Angelockte Weibchen werden zur Besichtigung von besetzten Schwarzspechthöhlen aufgefordert. Brutzeit ab März, 3–5 Junge, Nahrung sind vor allem Mäuse und Spitzmäuse. Das Weibchen zerteilt die Beute. Im Ästlingsstadium nach dem Ausfliegen füttert auch das Männchen mit.

**Ziegenmelker**
*Caprimulgus europaeus*
Ziegenmelker
*Caprimulgidae*

**K:** Im Mai/Juni abends ein typisches Schnurren „err-örr-err“, verbunden mit lautem Flügelklatschen. Vogel schwer zu entdecken. Rindenfarbig gefleckt und gestrichelt, sitzt er meist unsichtbar auf Ästen.

**V:** Kiefernheiden, Schonungen, sandige Lichtungen von Laubwäldern.

**L:** Merkwürdiger Vogel mit sehr versteckter Lebensweise. Einziger heimischer Vertreter einer in den Tropen reich entfalteten Familie mit 69 Arten. In der Dämmerung fliegen Ziegenmelker auf Jagd. Nachtfalter und andere Insekten fangen sie mit weit aufsperrbarem Rachen wie mit einem Kescher. Zur Flugjagd sind die Vögel mit langen spitzen Flügeln, langem Schwanz und großen Augen gut angepaßt. Die Nester sind einfache Sandmulden im trokkenen Gras oder Vertiefungen auf einem Baumstubben. Mit seiner graubraunen Färbung paßt sich der Vogel völlig der Umgebung an. Auch die Jungen bleiben regungslos hocken und werden übersehen. Während sie das Männchen versorgt, beginnt das Weibchen erneut zu brüten (Schachtelbrut). Die Jungen schlüpfen nach etwa 17 Tagen Brutzeit aus den grau gefleckten Eiern und werden etwa zwei Wochen lang mit Nachtschwärmern, Maikäfern und anderen Nachtinsekten gefüttert. Ab Ende August ziehen die Ziegenmelker nach Nordafrika.

**Grünspecht**
*Picus viridis*
Spechte
*Picidae*

**K:** Grüner Specht, etwa eichelhähergroß, Stirn und Nacken rot. Im Flug oft mit lachendem Ruf aus „Klü"-Reihen.

**V:** In tieferen Lagen Mitteleuropas, in den Alpen auch in höheren Lagen. Vor allem in Laubmischwäldern mit Kontakt zu Feldern und Wiesen (Mosaiklandschaft).

**L:** Der Grünspecht ist auf Ameisen spezialisiert (längste Spechtzunge, mehr als 10 cm lang), im Winter sucht er überwinternde Insekten in Ritzen und Rissen. Gelegentlich nimmt er auch Hummeln und Käfer. Reviergründung Mitte März, Bruthöhle in Fäulnisherden an Buchen, Eichen, Linden. Meist 5–6 Eier. Feinde: Baummarder.

**Grauspecht**
*Picus canus*
Spechte
*Picidae*

**K:** Specht graugrün, mit perfekter Tarnung an grüngraue Buchenstämme, Männchen mit rotem Vorderscheitel. Ruft abfallende „Klü"-Reihe.

**V:** Halboffene Landschaften mit Auenwäldern und Laubmischwäldern oder kleinen Baumbeständen, meist im Bereich der Mittelgebirge.

**L:** Die Paarbildung beginnt mit langanhaltenden Trommelwirbeln auf guten Resonanzkörpern (oft Metallteilen von Strommasten). Meist beziehen sie alte Höhlen, zimmern auch neue. Gelege mit 3–6 Eiern ab Ende April. Hauptnahrung sind Ameisen, aber auch Grillen, Florfliegen, Spinnen und Maikäfer. Zusätzlich oft Heckenfrüchte.

**Schwarzspecht**
*Dryocopus martius*
Spechte
*Picidae*

**K:** Größter europäischer Specht, einfarbig schwarz mit rotem Scheitel oder kleinerem Nackenfleck (Weibchen). Häufig: Klagendes „Kwih".

**V:** In allen Altholzbeständen Mitteleuropas. Selten im Norden, in den Alpen bis etwa 1200 m. Zunehmend seltener. Bevorzugt glattrindige Bäume in lockeren Beständen mit freiem Anflug.

**L:** Ein Brutpaar beansprucht etwa 300–400 ha Wald. Die Revierbildung beginnt im März mit Höhleninspektionen und Trommeln als Reviermarkierung. Die porzellanweißen 3–6 Eier werden Mitte April abgelegt. Nahrung: Hauptsächlich Ameisen und Käferlarven

**Buntspecht**
*Picoides major*
Spechte
*Picidae*

**K:** Schultern mit großem weißem Fleck, Scheitel schwarz. Männchen mit kleinem rotem Fleck am Hinterkopf. Größe 23 cm, häufigster Specht. Am typischen Ruf, einem scharfen „Kix, Kix", zu erkennen.

**V:** Besiedelt Wälder, Parks und Gärten in Europa mit Ausnahme des hohen Nordens. Jahresvogel.

**L:** Die Reviergröße eines Paares beträgt 40–60 ha. Ab Ende März Balz der Partner durch Trommeln (beide Geschlechter). Der Höhlenbau dauert etwa 2–3 Wochen, meist werden jedoch Althöhlen ausgebessert und benutzt. Höhlen meist in 8–10 m Höhe. Gelegegröße 2–6 Eier. Typischer Hackspecht (Holzinsekten). Sammelt auch Zapfen.

**Mittelspecht**
*Picoides medius*
Spechte
*Picidae*

**K:** Kleiner als Buntspecht, weiße Schulterflecke kleiner, Rücken schwarz, seitlich ohne schwarze Einfassung, rote Kopfplatte.
**V:** Hauptsächlich in wärmeren Eichenmischwäldern und Hainbuchenwäldern im Flachland.
**L:** Diese Art ist weniger häufig als der Buntspecht, benötigt etwa 3 ha große Reviere. Die Höhlen liegen meist in starken Seitenästen von alten Eichen. Geeignete Höhlen werden oft jahrelang benutzt. Gelege Anfang Mai, die Jungen schlüpfen nach etwa 2 Wochen Brutzeit. Der Mittelspecht hackt selten, meist klaubt er Insekten und Spinnen auf den Ästen ab. Im Winter nimmt er häufig Eicheln und Bucheckern.

**Weißrückenspecht**
*Picoides leucotos*
Spechte
*Picidae*

**K:** Amselgroßer, schwarz-weiß-rot gezeichneter Specht mit schmaler, dunkler Längsbinde am Hinterkopf.
**V:** Nur in urwaldähnlichen Altbeständen von Mischwäldern in den Alpen und Osteuropas.
**L:** Typischer Hackspecht, dessen Nahrung hauptsächlich aus Holzinsekten besteht. Er nimmt Prachtkäfer- und Bockkäferlarven, Schnaken, im Winter auch Zapfensamen. Auffällig ist seine Vorliebe, Bäume zu entrinden. Diese Art ist sehr standorttreu. Die Paarbildung beginnt im Februar mit Trommeln, die Bruthöhle findet sich in morschen Bäumen, die oft von Baumschwämmen besiedelt sind. Diese Spechtart ist von Totholz und Ruhe abhängig.

**Kleinspecht**
*Picoides minor*
Spechte
*Picidae*

**K:** Kaum größer als Haussperling, Scheitel beim Männchen rot, beim Weibchen weißgelb. Unterschwanz im Gegensatz zu den „Buntspechten" nicht rot gefärbt. Größe 16 mm.
**V:** Laubmischwälder, Nadelwälder und Auenlandschaften in fast ganz Europa, fehlt in Norddeutschland.
**L:** Dieser Kleinspecht sammelt vor allem Blattläuse und andere Insekten von Blättern und Zweigen ab. Hackt auch Gallen auf und sammelt Käfer unter Rinde ein. Diese Art zimmert Nisthöhlen in morsche Laubbäume. Die Brut erfolgt ab April. Beide Partner lösen sich beim Bebrüten der 5–6 Eier ab und ziehen auch gemeinsam die Jungen auf. Rufe ähnlich wie Buntspecht.

**Baumpieper**
*Anthus trivialis*
Pieper und Stelzen
*Motacillidae*

**K:** Unverwechselbares Verhalten: Gesang von hoher Baumwarte oder im Singflug. Der Vogel steigt stumm auf, kurz vor dem Gipfelpunkt beginnt der Gesang. Gleitphase mit aufgerichtetem Schwanz und fallschirmartig gebreiteten Flügeln. Körper oberseits gelblichgrau, Brust dunkel gestreift.
**V:** Halboffene Lichtungen mit hohen Überhältern, Kahlschläge mit einzelnen Bäumen, Kiefernheiden.
**L:** Die Nester werden vom Weibchen allein am Boden mit Sichtschutz nach oben unter Heidebüsche, Brombeerranken oder Farne gebaut. 3–5 Eier. Der Baumpieper kann in geduckter Stellung im Heidekraut sehr schnell laufen.

**Seidenschwanz**
*Bombycilla garrula*
Seidenschwänze
*Bombycillidae*

**K:** Starengroßer Wintergast mit auffälliger Federtolle. Gefieder bunt und von seidiger Feinheit. Unübersehbar. Immer in Trupps an beerentragenden Sträuchern.
**V:** Lebt im Norden Skandinaviens. In strengen Wintern ab Januar Invasionen nach Mitteleuropa, häufig in Gärten und in strauchreichen Schlenken von Waldrändern.
**L:** Der auffällige Wintergast überfällt meist in Trupps von 15–20 Tieren Ebereschen, Schneeballsträucher und Weißdornbüsche. Der Trupp zieht erst nach dem Abräumen der Büsche weiter. Ohne Scheu durchstreift er auch naturnahe Gärten in Randlagen von Dörfern ebenso wie Stadtparks.

**Zaunkönig**
*Troglodytes troglodytes*
Zaunkönige
*Troglodytidae*

**K:** Lebhafter, brauner Kleinvogel mit kurzem aufgerichtetem Schwanz. Spitzer Pinzettenschnabel. Schmetternder Gesang mit trillernden Phrasen von Singwarten.
**V:** Unterholzreiche Laub- und Mischwälder, Parks, Friedhöfe.
**L:** Männchen halten Reviere oft bis zu 4 Jahre, bauen im Frühjahr 2–6 kugelige Wahlnester („Backofenbau") in niedere Astquirle oder Hexenbesen von Fichten und Laubhölzern, die oft später ausgebaut und benutzt werden. Neststandorte vielgestaltig. Haben Weibchen ein Nest angenommen, kümmert sich das Männchen nicht mehr darum. Meist 5–7 Eier. Ausgeflogene Junge werden durch den Wald geführt.

**Heckenbraunelle**
*Prunella modularis*
Braunellen
*Prunellidae*

**K:** In Größe und Färbung einem Haussperling ähnlich, aber Brust bleigrau und Schnabel pinzettenförmig spitz. Lebt meist versteckt, Nahrungssuche am Boden.

**V:** In Nadelwäldern mit Gebüschrändern, Gärten mit dichten Fichtenhecken und zugewachsene Schonungen.

**L:** Neststandorte sind Reisighaufen und dichte Fichten; die Nester aus kleinen Zweigen und Moos liegen häufig etwa 80 cm hoch. Bei der Nahrungssuche nimmt diese Art nur am Boden liegende Sämereien auf, am liebsten von Gänsefuß.
Im Sommer tierische Nahrung: Spinnen, kleine Käfer, Ameisen und Fliegen.

**Gelbspötter**
*Hippolais icterina*
Grasmücken
*Silviidae*

**K:** Oberseite olivfarben, Unterseite und Augenbinde leuchtend zitronengelb. Größe etwa 13 cm. Singt aus Deckung heraus, imitiert häufig andere Vögel, vor allem Wacholderdrosseln mit „tschack"-Rufen.

**V:** Bewohnt sonnige, hochgewachsene Gebüsche und Laubkronen an Waldrändern und in Parks.

**L:** Das napfförmige Nest aus Pflanzenfasern, Zweigen und Wurzelfasern wird mit dem Astwerk verflochten und außen mit Birkenrinde beklebt. Die 5 rosafarbenen und dunkel gesprenkelten Eier werden meist vom Weibchen bebrütet. Gelbspötter fangen Fluginsekten im Laubwerk, nehmen im Herbst auch Beeren und Kernobst.

**Mönchsgrasmücke**
*Sylvia atricapilla*
Grasmücken
*Sylviidae*

**K:** Körper graubraun mit schwarzer (Männchen) oder brauner (Weibchen) Kopfplatte. Gesang besteht aus „Geschwätz" und einer Folge von Flötentönen. Singt aus Baumkronen, bevorzugt morgens.

**V:** Bewohnt in ganz Europa (außer hohem Norden) lichte Laub- und Nadelwälder mit Brombeergebüschen. Häufiger Gartenvogel.

**L:** Die häufigste Grasmücke kehrt im April aus Südeuropa zurück. Das Nest aus Halmen, Wurzelfasern und Pflanzenwolle wird im oberen Teil von Sträuchern angelegt. Meist 2 Bruten pro Jahr mit 5 gesprenkelten Eiern. Diese Art sammelt Insekten von Blättern und Zweigen, im Herbst auch Beeren.

**Klappergrasmücke**
*Sylvia curruca*
Grasmücken
*Sylviidae*

**K:** Kleinste mitteleuropäische Grasmücke, etwa so groß wie ein Feldsperling. Oberseite dunkelgrau, Schwanz seitlich hell gerandet. Durch das Auge dunkler Strich. Gesang ist ein lauter Triller („hölzernes Klappern").

**V:** Häufiger Brutvogel in strauchreichen Waldschlenken und in Gebüschstreifen von Parks und Gärten.

**L:** Die Grasmücke frißt Insekten und manchmal Früchte. Das bei Grasmücken etwas schlampig aussehende Nest wird aus Halmen und Wurzelfasern gebaut und mit Haaren gepolstert. Beide Partner bebrüten 5 Eier abwechselnd 2 Wochen lang. Junge nach 2 Wochen flügge.

**Zilpzalp**
*Phylloscopus collybita*
Grasmücken
*Sylviidae*

**K:** Olivbrauner, sehr häufiger Vogel. Im Freiland nur durch seinen ausdauernden Gesang „zilpzalp" vom Fitis zu unterscheiden. Auffallend emsiger Vogel, sucht oft Blätter im Schwirrflug nach Insekten ab.

**V:** Unterholzreiche Laubmischwälder, Flußauen, Weidengebüsche, Parks und Gärten. Selten in Nadelholz.

**L:** Beide Partner bauen ab April im Gestrüpp von Brombeeren oder Waldgeißblatt etwa 30 cm über dem Boden ein Backofennest mit seitlichem Eingang. 4–7 Eier, die etwa 2 Wochen bebrütet werden. Nesthockerzeit etwa 2 Wochen. Nahrung: Weichhäutige Insekten und Spinnen.

**Fitis**
*Phylloscopus trochilus*
Grasmücken
*Sylviidae*

**K:** Sehr häufiger, sangesfreudiger, olivgrüner Laubsänger. Gesang melodiös, etwas schwermütige Strophen.

**V:** Überall in Laubmischwäldern mit Feuchtzonen, Auwäldern mit Birkenbeständen, Hochmoore, Parks mit Weidengebüsch in Wassernähe.

**L:** Brutbiologie ähnlich dem Zilpzalp. Das Weibchen baut auf dem Boden in Grasbüschel oder in trokkenem Gestrüpp ein Backofennest mit Seiteneingang. Ab Mai bebrütet das Weibchen 4–7 Eier etwa 2 Wochen lang. Die Nesthockerjungen werden von beiden Eltern mit Blattwespenraupen, Schnaken und Spinnen gefüttert. Bei Verlust erfolgt oft eine Nachbrut.

**Berglaubsänger**
*Phylloscopus bonelli*
Grasmücken
*Sylviidae*

**K:** Scheppernder Gesang ähnlich dem Schwirren des Waldlaubsängers. Färbung ähnlich wie Zilpzalp, aber Flügel mehr gelblich und Körper mehr grau. Unterseite weißlich.
**V:** An trockenen warmen Plätzen in lichten Wäldern mit Kiefern und Lärchen. Bevorzugt Südhänge der Alpen, von Tallagen bis in 1700 m Höhe. In den letzten Jahren vermehrt Nachweise aus Mittelgebirgen (Harz, Rhön, Teutoburger Wald). Breitet sich offensichtlich nach Norden aus.
**L:** Nestbau in Bodenmulde, Nest oval kugelig, überdacht, mit einer kleinen Öffnung oben. Es besteht aus trockenen Blättern, Gras und Moos.

**Waldlaubsänger**
*Phylloscopus sibilatrix*
Grasmücken
*Sylviidae*

**K:** Agiler Vogel mit seidenweißer Unterseite und heller Kehle. Oberseite olivgrünlich. Lauter Sänger mit Schwirrflug von Ast zu Ast („Waldschwirrvogel"). Gesang ein sehr laut schallendes, typisches „sibsibsibsirr", dazwischen gedehntes „düh-düh".
**V:** Häufig in dunklen Buchenaltbeständen mit wenig Unterholz.
**L:** Dieser Laubsänger baut ein kugeliges Bodennest, das er mit Flechten und Haaren auspolstert. Die 6–7 Eier sind braun gefleckt oder fein gestrichelt. Brutbeginn: Mai/Juni. Das Weibchen brütet allein, die Versorgung der Jungen mit Insekten des Blätterdaches übernehmen beide Altvögel.

**Sommergoldhähnchen**
*Regulus ignicapillus*
Grasmücken
*Sylviidae*

**K:** Sehr kleiner Vogel (9 cm), wiegt nur 5 Gramm. Oberseite oliv, Halsseiten goldfarben, Scheitel orange mit dunkler Einfassung. Huscht durch dichte Nadelbäume. Stimme: Leises „sisisi", für menschliche Ohren kaum vernehmbar, da sehr hohe Frequenz.

**V:** In jedem Fichten- oder Tannenwald, gelegentlich in Parks oder in Fichtenhecken. Zwillingsart zu Wintergoldhähnchen mit ähnlicher Lebensweise.

**L:** Nahrungssuche nach Insekten in den Zweigspitzen von Nadelbäumen zwischen den Nadeln. Baut Kugelnest aus Spinnenweben, das es mit Moos, Flechten und Federpolstern ausbaut.

**Trauerschnäpper**
*Ficedula hypoleuca*
Sänger
*Muscicapidae*

**K:** Schwarz-weißer Vogel in der Größe eines Rotkehlchens. Typisch ist die weiße Flügelbinde im schwarzen Feld der Oberseite. Unruhiger Vogel, fängt Insekten im Flug, singt von halbhohen Sitzwarten zweisilbiges „wutiwutiwuti".

**V:** Laubwälder, lichte Parks und lockere Nadelwälder.

**L:** Der Trauerschnäpper steht als Höhlenbrüter oft in Konkurrenz zu Meisen und Rotschwänzen und ist lokal selten geworden. Durch Nistkastenhilfe kommt er in manchen Gebieten wieder häufiger vor. Nest aus Farnen, Halmen und Laub. Brut Mai bis Juni, meist 5–7 Eier. Dieser „Schnäpper" schnappt Insekten aus der Luft.

**Halsbandschnäpper**
*Ficedula albicollis*
Sänger
*Muscicapidae*

**K:** Schwarz-weißer Vogel in der Größe eines Rotkehlchens. Ähnelt dem Trauerschnäpper, trägt aber weiße Halsbinde um den Nacken (Name). Ruft gedehntes „sieb sieb".
**V:** Trauerschnäpper und diese Art haben weitgehend getrennte Verbreitung: Diese Art vor allem in Süddeutschland und Südosteuropa. In den Alpen bis etwa 1200 m Höhe. Lichte Laubmischwälder, Parks, Gärten. Seltener Nadelwälder.
**L:** Sehr ähnlich dem Trauerschnäpper. Nimmt auch Nistkästen an. Eifriger Insektenfänger. Brütet später als Trauerschnäpper. Nest ab Mai bis Juli in Baumhöhlen. Die Jungvögel verbringen 2–3 Wochen im Nest.

**Nachtigall**
*Luscinia megarhynchos*
Sänger
*Muscicapidae*

**K:** Etwas größer als Rotkehlchen, mittelbraun mit rötlichem Anflug auf Schwanz und Flügeln.
**V:** Auwälder, Laubmischwälder und buschige Parklandschaften. Im Norden häufig, in Süddeutschland nur in den Flußniederungen.
**L:** Die Männchen verteidigen ab Mitte April mit lautem Gesang Brutreviere, nur mittags und um Mitternacht sind sie still. Die Nester werden aus Gras, trockenen Blättern und Haaren bodennah versteckt. Nachtigallen fressen Insekten, Spinnen und Würmer. Ab August beginnt der Wegzug. Östlich der Linie Kiel – Wien beginnt das Brutgebiet des Sprossers, einer nah verwandten, sehr ähnlichen Art.

**Rotkehlchen**
*Erithacus rubecula*
Sänger
*Muscicapidae*

**K:** Rundlich, oft aufgeplustert, mit rostroter Brust, Kehle und Stirn. Wenig scheu. Hüpft, dabei knicksend.
**V:** Typischer Vogel von buschreichen Laub- und Nadelwäldern, Gärten und Parks.
**L:** Ab Februar singen die Männchen sehr eifrig von halbhoher Warte. Rivalen werden mit Drohgebärden (aufgeplustertes Brustgefieder) eingeschüchtert. Auslöser für Aggressionen ist die Farbe Rot. Die Nester werden im dichten Gestrüpp, an Böschungen oder Baumlöchern in Bodennähe aus Moos, Blättern und Gras gebaut. Am Nest sind Rotkehlchen sehr vorsichtig. Nahrung: Bodeninsekten, Larven und Würmer, im Winter auch Beeren.

**Misteldrossel**
*Turdus viscivorus*
Drosselvögel
*Turdidae*

**K:** Größte Drossel Mitteleuropas. Am Bauch mit großen dunkelbraunen Flecken.
**V:** Charaktervogel lockerer Altholzbestände mit vielen Lichtungen und Schonungen oder Schneisen („Grenzlinienvogel"). Mehr in Nadelmischwäldern als in reinen Laubbeständen.
**L:** Die Nester werden häufig in Nadelbäume in einer Höhe von 5–10 m gebaut. Auf einem unordentlichen Unterbau wird aus Grashalmen, Wurzeln und feuchter Erde ein stabiler Napf gefertigt, die Außenwände oft mit Flechten und Moos getarnt. Nahrung im Sommer sind Insekten, Schnecken und Würmer, im Winter Beeren.

**Singdrossel**
*Turdus philomelos*
Drosselvögel
*Turdidae*

**K:** Melodischer Gesang von Singwarten bis in die Dunkelheit. Vogel, „der alles dreimal singt". Kleiner als Amsel. Oberseite olivbraun, Unterseite hell, aber dunkel gesprenkelt.
**V:** In Mittelgebirge und Alpen Vorliebe für Fichten und Weißtannen, aber auch in Fichtenhecken von Siedlungen und Parkanlagen.
**L:** Nester in Augenhöhe häufig in Nadelbäumen, gelegentlich in Weißdorn. Leicht zu erkennen: Im Gegensatz zur Amsel wird die Nestmulde mit verklebtem Holzmulm oder Lehm ausgekleidet und dadurch hart. Die Nahrungsaufnahme erfolgt am Boden, häufig werden Schneckenhäuser auf einem Stein aufgeschlagen.

**Amsel**
*Turdus merula*
Drosselvögel
*Turdidae*

**K:** Männchen schwarz mit gelborangem Schnabel, Weibchen dunkelbraun.
**V:** Ursprünglich regelmäßiger, heute gelegentlich Bewohner dunkelster, unterholzreicher Wälder. In Wohngebieten häufig in Nadelholzhecken und dichten Ziersträuchern.
**L:** Nahrungssuche nur auf dem Boden, charakteristischer „Laubwender". Frißt neben allen Insektenformen häufig Regenwürmer, die wie ein Seil aus dem Boden gezogen werden. Im Winter Vorliebe für rote, glatte Früchte (Weißdorn, Eberesche). Oft mehrere Bruten im Jahr, beginnen oft schon im März mit dem Nestbau. Sehr anpassungsfähige Vogelart.

**Rotdrossel, Weindrossel**
*Turdus iliacus*
Drosselvögel
*Turdidae*

**K:** Überwinternder Gastvogel. Ähnlich einer Singdrossel, aber kleiner. Mit auffälligem rahmfarbenen Augenstreif. Im Flug leicht an rostbraunen Unterflügeln zu erkennen.

**V:** Die Rotdrossel brütet in der Nadelwaldzone Norwegens und Lapplands. Im Winter regelmäßige Wanderzüge durch mitteleuropäische Hecken und Strauchlandschaften.

**L:** Diese häufige Vogelart zeigt, wie weiträumig Nahrungsquellen, Landschaften vernetzen. Im Sommer fressen Rotdrosseln in der nördlichen Heimat Regenwürmer und Käfer. Im Winter dienen Weißdornbüsche bei uns als Zuckerlieferanten.

**Schwanzmeise**
*Aegithalos caudatus*
Schwanzmeisen
*Aegithalidae*

**K:** Unverwechselbare Art mit körperlangem Schwanz, kugeligem Körper und kleinem Schnabel. Unterseite grauweiß, Kopf weiß.

**V:** Unterholzreiche Laub- und Mischwälder mit Feuchtzonen, Auwälder, Heidelandschaften mit Wacholderbüschen.

**L:** Diese Art baut aus Flechten, Moos und Pflanzenwolle kunstvolles Kugelnest mit Seiteneingang in dornige oder nadelige Gebüsche. Die hellgelben rotgepunkteten Eier werden 2 Wochen bebrütet. Der Familienverband bleibt den Winter über zusammen. In kalten Winternächten kuscheln sich die Tiere eng zusammen. Nahrung: Vorzugsweise Blattläuse.

**Haubenmeise**
*Parus cristatus*
Meisen
*Paridae*

**K:** Unverwechselbar durch spitze schwarzweiße Federhaube. Kehle schwarz, Oberseite braun, schwarzer Halsring.

**V:** Bei uns an Nadelwälder gebunden.

**L:** Scheint in Konkurrenz zu Tannen- und Weidenmeise zu stehen, sucht deshalb Insektennahrung in hohen Baumetagen. Nest in selbst erweiterten Höhlen in Baumstubben oder Wurzelstöcken, gelegentlich sogar in Eichhörnchenkobeln. Das Weibchen bebrütet allein ab April bis Juni 5–8 Eier, wird während der Brutzeit vom Männchen gefüttert. Die flüggen Jungen werden noch 2 Wochen von den Altvögeln begleitet und gefüttert.

**Sumpfmeise**
*Parus palustris*
Meisen
*Paridae*

**K:** Schwer von Weidenmeise zu unterscheiden. Typisches Kennzeichen: „Dähdähdäh", häufiger Ruf, meist in Erregung. Oberseite graubraun, Unterseite schmutziggrau, dunkle Kopfkappe.

**V:** Laubmischwälder, Parks mit altem Baumbestand, Gärten.

**L:** Sehr agile Meise, ständig in Bewegung. Das Nest baut sie halbhoch in Baumhöhlen, deren Eingang oft bearbeitet wird. Im moosreichen Nest, das das Weibchen unter Begleitung des Männchens allein baut, werden ab Mai 7–8 Eier bebrütet. Sumpfmeisen fressen Spinnen, Insektenlarven, im Winter Sämereien. Standvogel, kommt im Winter ans Futterhaus.

**Weidenmeise**
*Parus montanus*
Meisen
*Paridae*

**K:** Schwer von Sumpfmeise zu unterscheiden, aber: Helle Flügelzeichnung, schwarze Kopfkappe nicht glänzend, sondern matt.
**V:** Bewohnen im Gegensatz zur Sumpfmeise oft feuchte Biotope, wie Auwälder, bachbegleitende Gebüsche, Birkenwälder.
**L:** In Europa leben mehrere Rassen. Am häufigsten ist die „Alpenweidenmeise". Beide Partner zimmern gemeinsam nach Spechtart eigene Nisthöhlen in altersmorsche Weiden oder Pappeln. Während der Brutzeit im April/Mai füttert das Männchen sein Weibchen mit Insekten, Raupen und Spinnen. Den Winter verbringen sie als Einzelgänger im Brutgebiet.

**Blaumeise**
*Parus caeruleus*
Meisen
*Paridae*

**K:** Unverwechselbar: Einziger heimischer Vogel mit blaugelbem Federkleid. Turnt lebhaft, oft bauchoben.
**V:** Sehr anpassungsfähige Art in vielen baumbestandenen Biotopen.
**L:** Im Frühjahr sieht man häufiger die Balz, die Vögel sitzen sich mit vibrierenden Flügeln gegenüber. Nestbau in Höhlen mit engem Eingang (etwa 25–27 mm), bei größeren Eingängen Konkurrenz durch stärkere Kohlmeisen. Nestauskleidung mit Flechten und Moos. Die 7–12 flüggen Jungen werden noch eine Zeitlang geführt. Nahrung: Im Winter Sämereien und überwinternde Insekten, im Sommer Insektenlarven und Blattläuse.

**Kohlmeise**
*Parus major*
Meisen
*Paridae*

**K:** Größte einheimische Meisenart. Kopf schwarz mit weißen Wangen, Unterseite gelb mit schwarzem Mittelstreif. Wenig scheu, turnt lebhaft in Zweigen.

**V:** Alle baumbestandenen Geländeformen, vom Stadtpark bis zum Bergwald. Am häufigsten in Laubmischwäldern.

**L:** Vielseitiger Insektenfresser, oft hilfreich bei Massenvermehrungen von Insekten im Forst. Wird deshalb oft mit Nistkästen unterstützt. Hohe Eizahlen (8–12), mehrere Bruten im Jahr. Trotzdem keine Übervermehrungen, da diese Vogelart mit nur 2 Jahren eine geringe Lebenserwartung besitzt. Im ersten Lebensjahr sterben bis zu 85% der Meisen.

**Tannenmeise**
*Parus ater*
Meisen
*Paridae*

**K:** Ähnlich einer Kohlmeise, aber ohne Gelb und ohne dunklen Bauchstreifen. Stimme: Dünnes „sissi sissi".

**V:** Eng an dunkle Fichten-, Tannen- und Kiefernwälder gebunden. Nur gelegentlich in Mischwäldern, sofern Fichten vorhanden sind.

**L:** Wie alle Meisen leben sie von Insekten und Spinnen, die diese Art hoch in Nadelbäumen turnend erbeutet. Als Höhlenbrüter legen sie ihre Nester in morschen Fichtenstämmen, Stubben, Wurzelstöcken und bei Höhlenmangel sogar in Mauslöchern an. 8–10 Eier, 2 Bruten im Jahr. Im Bergwald beschimpfen Trupps oft den Sperlingskauz, ihren größten Feind.

**Kleiber**
*Sitta europaea*
Kleiber
*Sittidae*

**K:** Wendiger Klettervogel, der auch abwärts klettert. Oberseite blaugrau, dunkler Augenstrich, langer Pinzettenschnabel. Ruf im Frühjahr: „Wiwiwiwi".

**V:** Laubmischwälder, Parks mit altem Baumbestand, Gärten, Alleen.

**L:** Der Name leitet sich von seinem Verhalten ab, bezogene Spechthöhlen oder Stammrisse mit einem Brei aus Lehm zuzukleistern und auf Körpergröße zu verkleinern. Vom Kleiber bezogene Nistkästen sind oft völlig lehmverschmiert. Die Aufzucht der Jungen dauert mit 22–25 Tagen Nestlingszeit ungewöhnlich lange. Kleiber stochern mit ihrem spitzen Schnabel in Rindenritzen und Spalten nach Insekten.

**Waldbaumläufer**
*Certhia familiaris*
Baumläufer
*Certhiidae*

**K:** Rindenfarbener Kleinvogel mit hell gefleckter Oberseite und Stirn, verlängertem Stützschwanz und langem Pinzettenschnabel. Klettert ruckweise (stets von unten nach oben) an Nadelbäumen empor.

**V:** In dunklen Fichten- und Tannenwäldern der Mittelgebirge und der Alpen bis etwa 2000 m. Selten in Buchenmischwäldern.

**L:** Spezialist für die ökologische Nische „Insekten und Spinnen von rissiger Borke". Im Winter nehmen sie auch Fichtensamen. Das Nest wird unter Spalten in Rinde oder in kleinen Baumhöhlungen aus Moos, Gras und Halmen gebaut. Meist 4–7 Eier, Junge etwa ab Juni. Zwei Bruten im Jahr.

**Gartenbaumläufer**
*Certhia brachydactyla*
Baumläufer
*Certhiidae*

**K:** Klettert ruckweise spiralig an Baumstämmen empor. Ruft laut „ti ti ti".

**V:** Häufig in Laubmischwäldern, in Parkanlagen oder Gärten mit alten Bäumen. Nah verwandt mit Waldbaumläufer, der Nadelwälder bewohnt.

**L:** Den Winter verbringen die Baumläufer oft zu mehreren dicht gedrängt in Rindenspalten. Während des Sommers leben sie ungesellig. Nestanlage in Hohlräumen unter Rindenspalten mit seitlichem Eingang. Mit ihrem langen, gebogenen Pinzettenschnabel ist diese Art auf den Fang von Spinnen und Insekten des Lückensystems unter Rinde spezialisiert.

**Buchfink**
*Fringilla coelebs*
Finken
*Fringillidae*

**K:** Häufige Finkenart mit laut schmetterndem Gesang. Kopf und Unterseite rostbraun, Flügel dunkel mit 2 weißen Flügelbinden. Nacken, Scheitel und Halsseiten blaugrau.

**V:** Mischwälder, Feuchtwälder, Hecken und buschreiche Parks.

**L:** Dieser wenig scheue Fink ist überall häufig. Im Frühjahr ziehen Trupps durch die Landschaft und suchen am Boden Sämereien. Das Nest wird als Schale zwischen Astgabeln oder auf waagerechten Ästen aus Fasern und Halmen und Moos gebaut und oft mit Rindenstückchen und Spinnenfäden getarnt. Viele regionale Dialekte, da die Jungen den Gesang vom Vorbild lernen und lebenslang beibehalten.

**Bergfink**
*Fringilla montifringilla*
Finken
*Fringillidae*

**K:** Brust orangefarben, Bürzel auffallend weiß, Rücken bräunlich.
**V:** Im Sommer in Birkenwäldern Skandinaviens und der Taiga. Im Winter bei uns Durchzügler und Wintergast.
**L:** Im Spätherbst und ab Februar fallen die Bergfinkenschwärme auf. Oft fliegen sie im Verband mit Buchfinken an Straßenböschungen entlang und suchen Sämereien. Kommen auch an das Futterhaus. In ihrer Brutheimat leben sie ähnlich unseren Buchfinken. Das napfförmige Nest steht meist 2–3 m hoch in einer Zweiggabel. Die Jungen füttern sie mit Insektenlarven, sie selbst nehmen meist Samen von Laubbäumen und Beeren.

**Zeisig**
*Carduelis spinus*
Finkenvögel
*Carduelidae*

**K:** Kleiner als Sperling, mit gelbgrünem Gefieder und schwarzem Scheitel. Schwanz schwarz.
**V:** Diese Art bewohnt Erlen- und Birkenwälder sowie Bergwälder mit Fichten und Tannen.
**L:** Als Samenspezialisten sind Zeisige vom lokal wechselnden Samenangebot abhängig und ziehen deshalb weit umher. Zur Brutzeit von April bis Juli nehmen sie auch Blattläuse. Beide Altvögel bauen im Außenbereich von Fichtenzweigen ein kunstvolles Nest aus feinsten Zweigen, Flechten, Moos und Halmen. In 2 Bruten ziehen sie je 4–6 Junge auf. Zeisige verraten sich durch den ständigen Stimmenkontakt im Schwarm.

**Fichtenkreuzschnabel**
*Loxia curvirostra*
Finkenvögel
*Carduelidae*

**K:** Fink mit überkreuzten Schnäbeln, klettert papageienartig an Fichtenzapfen. Männchen ziegelrot, Weibchen olivgelb. Oft gesellig.
**V:** Leben vorwiegend im Gebirge in zapfenreichen Fichten- und Tannenwäldern.
**L:** Vagabundieren in Trupps durch die Wälder. In zapfenreichen Gebieten verweilen sie, brüten dann zu jeder Jahreszeit, meist jedoch im Winter. Der überkreuzte Schnabel dient dazu, Zapfenschuppen auseinanderzuspreizen und die Samen hervorzuholen. Das Nest wird in hohen Nadelbäumen aus Halmen und Fasern stabil gebaut und mit Flechten und Moos gepolstert. 1–2 Bruten im Jahr mit je 3–4 Eiern.

**Kernbeißer**
*Coccothraustes coccothraustes*
Finkenvögel
*Carduelidae*

**K:** Fast amselgroßer Finkenvogel mit auffälligem, klobigem Schnabel. Flügel schwarz mit weißer Binde, Rücken dunkelrotbraun. Scheu, sitzt häufiger auf dem Boden.
**V:** In Eichen-, Hainbuchenwäldern typisch, kommt auch in Feuchtwäldern und Mischwäldern vor. Zur Früchtezeit häufiger in Gärten.
**L:** Dieser größte heimische Finkenvogel ist auf Samen und Kerne von Schlehen, Pflaumen, Kirschen und anderen Steinfrüchten spezialisiert, die er mit kräftiger Kopfmuskulatur knackt. Ab April baut das Weibchen hoch in den Bäumen ein unordentliches Nest aus kleinen Zweigen, Flechten und Moos. 2–7 bläuliche Eier. Manchmal zwei Bruten im Jahr.

**Gimpel**
*Pyrrhula pyrrhula*
Finkenvögel
*Carduelidae*

**K:** Unverwechselbar. Unterseite leuchtend rot, Kopfkappe schwarz, Flügeldecken grau. Weibchen blasser rötlichgrau. Im Flug fällt der weiß leuchtende Bürzel auf.

**V:** Meist paarweise in Mischwäldern, buschreichem Gelände, in Gärten und Parkanlagen zu beobachten.

**L:** Mit dem kräftigen Schnabel knipsen Gimpel vor allem Knospen ab oder schälen Samen aus den Hülsen. Im Herbst fressen sie Beeren. Das Weibchen brütet auf einem lockeren Nest aus feinsten Zweigen allein, wird vom Männchen versorgt. Neben pflanzlicher Kost bekommen die Jungen auch Insekten.

**Star**
*Sturnus vulgaris*
Stare
*Sturnidae*

**K:** Schlanker als Amsel, schwarz mit grünvioletten Schillereffekten. Gesang sehr abwechslungsreich aus pfeifenden, schnalzenden Lauten. Ahmt viele Vogelarten nach. Wackelt beim Gesang mit den Flügeln.

**V:** Brüten meist in Spechthöhlen in abwechslungsreichen Laubmischwäldern, Auwäldern, Parks.

**L:** Nahrungssuche am Boden. Stare stecken dabei den Schnabel in den Boden, öffnen ihn ein wenig und schaffen einen Spalt. Mit ihren vorne direkt hinter dem Schnabel liegenden Augen können sie in den Spalt hineinsehen. Die Jungen in Baumhöhlen verraten sich durch lärmende „dschirr“-Rufe.

**Pirol**
*Oriolus oriolus*
Pirole
*Oriolidae*

**K:** Unverwechselbar. Drosselgroßer, dottergelber Vogel mit schwarzen Flügeln. Weibchen grünlich. Auffällig ist der melodische Gesang „düdülioh“, reagiert auf Nachpfeifen.

**V:** Wärmeliebender Bewohner von Auwäldern, Laubwäldern, Parks.

**L:** Der versteckt lebende Vogel ist meist nur zu hören. Ab Mai bauen beide Altvögel ein kunstvolles napfförmiges Nest in großer Höhe in eine Zweiggabel. Sie umwickeln dabei die Zweige mit Pflanzenfasern und Gräsern, manchmal sogar mit Papier. Diese Art nimmt derzeit stark ab. Ursachen sind die Beseitigung von Auwäldern und Entwässerungen.

**Eichelhäher**
*Garrulus glandarius*
Rabenvögel
*Corvidae*

**K:** Warnruf im Wald ein laut lärmendes „rrääh rrääh“. Körper rotbraun, Flügeldecken blau mit dunkler Bänderung, Bürzel weiß.

**V:** In allen Waldformen mit dichtem Unterholz zu finden.

**L:** Eichelhäher gelten als die „Gehilfen der Förster“. Im Herbst vergraben sie Eicheln und Bucheckern als Wintervorräte im Boden und fördern so die Naturverjüngung des Waldes. Im Sommer räubern sie selbst gut getarnte Singvogelnester aus. Sie fressen aber auch Großinsekten wie Maikäfer und Bockkäfer. Beide Partner bauen in Zweigachsen schlampige Nester aus Zweigen und Reisern und brüten abwechselnd.

**Tannenhäher**
*Nucifraga caryocatactes*
Rabenvögel
*Corvidae*

**K:** So groß wie Eichelhäher. Flügel im Flug auffällig gerundet. Hüpft auf dem Boden in großen Sätzen.
**V:** In Nadelwäldern der Mittelgebirge, vor allem aber in den Arvengebieten (Zirbelkiefer) der alpinen Regionen.
**L:** Nucifrage heißt „Nußbrecher" und erklärt die Vorliebe dieses Vogels für die Nüßchen der Zirbelkiefer, für Bucheckern, Eicheln und Haselnüsse, die er aufmeißelt. Zur Brutzeit bauen beide Partner ein Nest aus Stöckchen, Gras und Flechten, verkleistert mit Lehmerde, hoch in Nadelbäume. Im Herbst tragen Tannenhäher Haselnüsse aus dem Tal in die Bergwälder und vergraben sie als Wintervorrat.

**Kolkrabe**
*Corvus corax*
Rabenvögel
*Corvidae*

**K:** Bussardgroßer Vogel mit rabenschwarzem Gefieder und kräftigem Schnabel. Ruft laut tiefes „kroar".
**V:** Nach jahrzehntelanger Verfolgung und Bestandsabnahme wieder häufiger in lockeren Laub- und Nadelwäldern der Alpen und an den Küsten Schleswig-Holsteins.
**L:** Der intelligente, größte einheimische Rabenvogel fällt gelegentlich an Parkplätzen auf, wenn er Vogeleier, Nüsse und Schnecken aus der Höhe auf den Asphalt fallen läßt, um die Schalen zu knacken. Bei der Balz ungewöhnliche Flugspiele mit Loopings und Rückenflug. Paar lebt in lebenslanger Ehe. Brütet in Felsen oder auf hohen, alten Bäumen.

# Säugetiere

**Wieviel Wald braucht ein Hirsch?**
Je höher ein Tier in der ökologischen Nahrungspyramide steht, desto schmaler ist seine Nahrungsbasis und desto seltener muß es sein. Für die pflanzenfressenden Säugetiere hält ein Laubwald mehr Nahrungsmenge bereit als für die Fleischfresser am Ende der Nahrungsketten. Errechnet man ihr Durchschnittsgewicht pro Hektar, wird deutlich, daß die unterschiedlichen Dichten der Säuger in den Wäldern nicht Zufall sind, sondern nahrungsbedingte Notwendigkeit. Die natürliche Rothirschdichte beträgt etwa 4500 Gramm pro Hektar. Umgekehrt kann man sagen, ein stattlicher Hirsch von 200 Kilogramm Gewicht braucht etwa 44 Hektar Waldfläche, um satt zu werden. Dem Fleischfresser Luchs stehen nur 10 Gramm pro Hektar zur Verfügung. Sein Revier muß deshalb sehr groß sein. Da die Wälder so wenig Nahrung für Tiere produzieren, die an der Spitze der Nahrungspyramide stehen, müssen diese umherwandern und den Wald als Lebensraum verlassen. Wie kommt es, fragen sich viele, daß ein Buchenwald voller Grün so wenig Nahrung produziert? Der Grund liegt in der Qualität der Nahrung. Viele Pflanzen lagern chemische Substanzen in die Blätter ein, um diese für sie wichtigen „Sonnenkollektoren“ vor dem Fraß zu schützen. Vielfach sind es schwerverdauliche Gerbstoffe. So ist der Wald zwar grün, aber zum Großteil ungenießbar. Ein Reh kann mit vollem Pansen verhungern, wenn es nicht leichtverdauliche Pflanzenkost bekommt, die von den Mikroorganismen im Pansen aufgeschlossen werden kann. In einem Gramm Panseninhalt verfügt das Reh über 35 Milliarden Bakterien zum Aufschluß der Zellulose.

**Wälder sind Notinseln**
Rothirsch, Damhirsch und Luchs sind typische Säugetiere des Waldes. Der Feldhase, das Reh und der Fuchs leben aber eigentlich in der freien gegliederten Landschaft. Als Steppentier verfügt der **Hase** über ein entsprechendes Verhaltensrepertoire, um mit schnellem Lauf und unberechenbaren Haken seinen Verfolgern in der offenen Landschaft zu entgehen. Seine Junge bringt er auf freiem Feld zur Welt, sie können bereits kurz nach der Geburt davonlaufen. Trotzdem wird der Feldhase zunehmend zum Waldtier. Die Gründe liegen in der intensiven Nutzung der Landschaft. Ungetüme Agrarmaschinen verändern die Umwelt des Hasen in wenigen Stunden, brechen Felder um, spritzen sie oder ernten in kurzer Zeit ganze Schläge. Der Druck durch die Bejagung kommt als vertreibender Faktor hinzu. Auch das **Reh** war ursprünglich eine Säugetierart der buschreichen Übergangszonen von Wald zu Steppe. Die Ernährungsweise von leichtverdaulichen Gräsern und Kräutern zeugen noch davon. Auch die Rehe werden mittlerweile in die Wälder gezwungen, worauf sie ernährungsmäßig nicht eingestellt sind. Sie müssen sich zwangsläufig an Knospen und Trieben von Jungbäumen vergreifen. Mittlerweile sind die Verbißschäden in Wäldern wirtschaftlich bedeutender als die Waldschäden durch Insektenkalamitäten. Wieviel Wild ein Wald verträgt, geht aus den eingangs erwähnten Energiebilanzen hervor. Die Schalenwilddichten sind jedoch derzeit so hoch, daß sich Wälder nicht mehr selbst verjüngen können. Meist verschätzen sich auch Jäger bei den Rehzahlen um mehrere hundert Prozent nach unten, wie Versuche ergaben.
Rehe sind mittlerweile Meister im Versteckspiel und täuschen auch versierte Waldläufer über ihre wahre Anzahl. Das Problem mit den hohen Wilddichten und den großen Ver-

bißschäden ist ein vom Menschen geschaffenes Problem. Die Umwandlung von Mischwäldern zu Nadelforsten, in denen die Bäume in Reih und Glied genormt stehen, mußte zu Problemen mit den Wilddichten führen. Als erste haben die Förster die Problematik erkannt und versuchen, den naturnahen, tiergerechten Wald mit langfristiger rentabler Produktivität wiederentstehen zu lassen.

Ähnlich ergeht es dem **Wildschwein**. Sein ursprünglicher Lebensraum waren überschwemmte Auenwälder und gemischte Eichen-Buchenwälder mit periodisch anfallender Mast durch ein reiches Samen- und Früchteangebot. In den heute weit verbreiteten nahrungsarmen Wäldern findet das Wildschwein keine Lebensbasis mehr. Es bricht aus und hält sich nachts besonders in Mais- und Kartoffelfeldern auf. Damit wird das im naturnahen Wald für die Naturverjüngung geschätzte Aufbrechen des Bodens zu einem Problem für die Landwirte.

Über die ökologische Rolle von Säugetieren ist mit Ausnahme von Reh und Rothirsch noch sehr wenig bekannt. Wir wissen wenig über die Rolle des **Dachses,** dessen Bestände durch die Fuchsbaubegasung drastisch abgenommen haben. Wir wissen auch wenig über die Rolle der **Kleinsäuger** wie der Wühlmausarten Rötel- und Erdmaus oder die der Langschwanzmäuse Wald- und Gelbhalsmaus. Möglicherweise gehört die Rötelmaus mit ihren Samen- und Früchtedepots unter der Erde zu den wichtigen Helfern bei der Naturverjüngung des Waldes.

Ein drastischer Artenrückgang ist auch bei den **Fledermäusen** zu verzeichnen. Der Große Abendsegler bevorzugt hohe, alte Bäume mit ausgefaulten Höhlen, in denen er in größeren Kolonien lebt. Waldfledermäuse wie das Braune Langohr benötigen Mischwälder mit hohem Altholzanteil. Der ideale Fledermauswald wäre ein mosaikreicher Laubwald mit eingestreuten Gewässern und einem reichen Höhlenangebot. Doch diese Urwaldform hat in unserem nach Wirtschaftlichkeit orientierten Denken keinen Platz. Heute sind 66% der Wälder lebensfeindliche Nadelholzmonokulturen. Nur noch 34% lassen sich als Laubmischwälder kennzeichnen; die flußbegleitenden Feuchtwälder und Bachauen sind bis auf wenige Restinseln aus unserer Landschaft verschwunden.

Als anpassungsfähige Säugerart erwies sich das **Eichhörnchen**. Die beiden Farbvarianten Rot und Dunkelbraun besiedeln heute verschiedene Lebensräume. Die dunklen Eichhörnchen leben in den Fichtenforsten. Man nimmt an, daß die rotgrünblinden Feinde unter den Säugetieren die dunkler erscheinenden Braunen vor dem dunklen Hintergrund der Fichten nicht mehr erkennen können. In den laubreichen Parks herrschen die roten Eichhörnchen vor. Sie erscheinen heller und sind hier besser getarnt. Die auffälligen Bestandsschwankungen des Eichhörnchens hängen direkt von dem wechselnden Zapfen- und Samenangebot ab. Auch sie werden durch die Nahrung reguliert und brauchen keine „Regulation“ durch den Menschen.

Vorige Doppelseite: Die Haselmaus (*Muscardinus avellanarius*) lebt meist in den Waldschlenken

**Igel**
*Erinaceus europaeus*
Igel
*Erinaceidae*

**K:** Kopf und Bauchseite braun, behaart. Oberseite mit Stachelkleid aus ca. 5000 dunkelbraunen, an der Spitze gelblichen Stacheln.
**V:** Buschreiche Laub- und Mischwälder, Parkanlagen, Gärten und Hecken. Verbreitet, noch häufig.
**L:** Wenig gesellig, eher Einzelgänger, der sein Revier verteidigt. Rollt sich bei Gefahr zu einer Kugel zusammen und ist so für Feinde unangreifbar. Ernährt sich von Insekten, Regenwürmern, Schnecken, Kleinsäugern, Beeren und Obst. Hält Winterschlaf von Oktober bis April, häufig unter Laub- oder Komposthaufen. Fortpflanzung durch 1–2 Würfe pro Jahr mit je 2–7 blinden, anfangs weichstacheligen Jungen.

**Waldspitzmaus**
*Sorex araneus*
Spitzmäuse
*Soricidae*

**K:** Oberseite schwarzbraun, Flanken gelb, Unterseite graubraun. Lange, rüsselförmige Schnauze, winzige Augen, kleine, runde, im Fell fast ganz versteckte Ohren.
**V:** Feuchte Wälder, Wiesen, Hekken, Moore und Sümpfe. Auch die Verlandungszone von Seen und Teichen gehört zu den von ihr bevorzugten Gebieten.
**L:** Baut in Krautschicht ein kugeliges Nest aus Blättern und Moos. Tag- und nachtaktiv. Agiles Tier. Sehr häufig auf Nahrungssuche. Ernährt sich von Insekten, Regenwürmern, Spinnen und Schnecken. Fortpflanzung durch 3–4 Würfe jährlich mit je 4–9 anfangs nackten, blinden Jungen.

**Braunes Langohr**
*Plecotus auritus*
Glattnasen
*Vespertilionidae*

**K:** Kleine Art, Körperlänge 40–50 mm, Flügelspannweite 240 mm. Oberseite graubraun, Unterseite hellgrau. Ungewöhnlich lange, spitze, im Ruhezustand zurückklappbare Ohren, deren Innenränder an der Basis miteinander verwachsen sind.
**V:** Lockere Laub- und Nadelwälder, Parks und Gärten.
**L:** Jagdflug erst bei Dunkelheit. Geschickter Flieger, kann rütteln. Hauptnahrung sind Nachtschmetterlinge, die er z.T. an Fraßplätzen verzehrt (kenntlich an Flügelresten). Sommerquartiere und Wochenstuben in Baumhöhlen, Nistkästen, auf Dachböden. Winterquartier in Kellern, Stollen und Höhlen. Winterschlaf von Oktober bis März.

**Bechsteinfledermaus**
*Myotis bechsteini*
Glattnasen
*Vespertilionidae*

**K:** Mittelgroße Art, Körperlänge 45–50 mm, Flügelspannweite 280 mm. Oberseite schwach rot gefärbt, Unterseite grau, Gesicht und Flughaut braun. Ohren sehr lang, berühren sich an der Basis nicht.
**V:** Lichte Laubwälder, Parks und Obstgärten. Seltene Art.
**L:** Jagdflug beginnt erst in der späten Dämmerung, ist langsam und wird nur unterhalb von 5 m Höhe durchgeführt. Hauptnahrung sind kleine Fluginsekten, vor allem Nachtschmetterlinge, Mücken, Fliegen. Wenig gesellige Art. Sommerquartier sind Baumhöhlen und Nistkästen. Winterquartier für den Winterschlaf sind frostfreie Felshöhlen und Stollen.

**Fransenfledermaus**
*Myotis nattereri*
Glattnasen
*Vespertilionidae*

**K:** Mittelgroße Art, Körperlänge 40–50 mm, Flügelspannweite 250 mm. Oberseite graubraun, Unterseite hellgrau. Ohren relativ lang, hell durchscheinend, Ohrdeckel lang und spitz. Besonderes Kennzeichen ist ein Borstensaum am Hinterrand der Schwanzflughaut.

**V:** Offene Waldlandschaften, Parks und Obstgärten. Gelegentlich auch in Dörfern und an Stadträndern. Verbreitete Art.

**L:** Jagdflug erst in später Dämmerung, langsam, niedrig (1–4 m), z.T. schwirrender Flügelschlag, kann auch kurz rütteln. Sammelt so auch Beutetiere von Zweigen ab. Sommerquartier und Wochenstuben in Baumhöhlen, Fledermauskästen und auf Dachstühlen. Pro Jahr 1 Wurf mit 1 Jungen. Winterschlaf von Oktober bis April. Winterquartiere in Stollen, Höhlen und Kellern. Ortstreue Art. Weiteste Wanderung 90 km. Höchstalter 17 Jahre.

Fledermäuse sind Dämmerungs- und Nachttiere. Bei Tag ruhen sie kopfabwärts hängend in ihren Sommerquartieren. Winterquartier für den meist 6 Monate dauernden Winterschlaf sind frostfreie, feuchte Höhlen, Keller, Felsspalten. Fledermäuse sind ausgesprochen soziale Säugetiere. Vergesellschaftungen verschiedener Art sind im Winterquartier häufig, kommen aber auch in Wochenstuben und Sommerquartieren vor.

**Großer Abendsegler**
*Nyctalus noctula*
Glattnasen
*Vespertilionidae*

**K:** Große Fledermaus, Körperlänge 70–80 mm, Flügelspannweite 360 mm. Charakteristisch rötlichbraunes kurzes Fell, dunkles Gesicht. Breite dreieckige Ohren, stehen weit auseinander, kurzer Ohrdeckel.
**V:** Laubwälder und Parks mit altem Baumbestand. Häufige Art.
**L:** Jagdflug meist schon vor Sonnenuntergang, schnell, geradlinig und hoch, gern in Gesellschaft von Schwalben und Mauerseglern. Beutetiere vor allem größere Fluginsekten. Sommerquartier und Wochenstuben in Baumhöhlen, Nistkästen und auf Dachböden. Winterschlaf von Oktober bis April, häufig in größeren Gemeinschaften, auf Dachböden.

**Wildkaninchen**
*Oryctolagus cuniculus*
Hasenartige
*Leporidae*

**K:** Stammform des Hauskaninchens. Oberseite graubraun, Nakken rostrot, Bauch weiß. Runder Kopf, rundliche, deutlich kürzere Ohren als bei Feldhasen, große, hervortretende Augen. Sehr kurzer Schwanz, oben dunkel, unten weiß. Kleiner als Feldhasen.
**V:** Lichte Wälder, Heideflächen, Wiesen und Felder.
**L:** Leben gesellig in Familienkolonien. Graben verzweigte Gangsysteme. Dämmerungsaktiv. Sie ernähren sich von Gräsern, Kräutern, Wurzeln, Feldfrüchten und junger Saat, im Winter auch von Rinde. Fortpflanzung durch 4–5 Würfe pro Jahr mit je 2–4 nackten blinden Jungen (Nesthocker).

**Feldhase**
*Lepus europaeus*
Hasenartige
*Leporidae*

**K:** Größer als Kaninchen. Oberseite braun, Flanken gelb, Bauch weiß. Länglicher Kopf, lange Ohren mit schwarzen Ohrspitzen, große Augen. Hinterbeine länger als Vorderbeine, sehr kurzer Schwanz.

**V:** Waldränder, Wiesen und Felder. Höchste Bestandsdichte in kleinräumigen und abwechslungsreichen Kulturlandschaften.

**L:** Lebt meist einzeln, bewohnt aber auch Gruppenreviere. Standorttreu. Meist dämmerungsaktiv. Sie ernähren sich von Gräsern, Früchten, Wurzeln, Aas, Knospen und Rinde. Fortpflanzung durch 3–4 Würfe jährlich mit je 2–4 sehenden, behaarten, lauffähigen Jungen (Nestflüchter).

**Biber**
*Castor fiber*
Biberartige
*Castoridae*

**K:** Größtes Nagetier Europas. Gedrungener Körper, dichtes, braunes Fell. Breiter, abgeplatteter Schwanz, unbehaart, mit schuppiger Oberfläche. Augen und Ohren klein. Hinterfüße mit Schwimmhäuten.

**V:** Fluß- und Seenlandschaften, durchsetzt von großen Auwäldern. In Mitteleuropa nahezu ausgerottet. Wiederansiedlungsversuche vor allem an der Donau und am Inn erfolgreich.

**L:** Leben gesellig im Familienverband. Sind monogam. Halten keinen Winterschlaf. Verändern die Landschaft auffällig: Fällen Bäume, legen Dämme aus Steinen, Ästen und Zweigen an, bauen Kanäle und stauen Flüsse.

**Eichhörnchen**
*Sciurus vulgaris*
Hörnchenartige
*Sciuridae*

**K:** Fellfärbung sehr variabel, zeigt alle Übergänge von rostrot bis dunkelbraun.
**V:** Bevorzugt Nadelwälder mit altem Baumbestand, aber auch in Laub-Mischwäldern, Parks und Gartenanlagen anzutreffen.
**L:** Tagaktive Tiere, gute Kletterer. Bauen in den Kronen der Bäume Kugelnester (Kobel). Neben einem Hauptnest werden mehrere Spiel- und Schlafnester angelegt. Ernähren sich von Samen, Früchten, Beeren, Pilzen, Insekten, aber auch von Eiern und Jungvögeln. Fortpflanzung durch jährlich 1–2 Würfe mit je 3–5 nackten, blinden Jungen. Hauptfeinde sind Baummarder und Habicht.

**Siebenschläfer**
*Glis glis*
Schläfer
*Gliridae*

**K:** Erinnert im Aussehen an ein Eichhörnchen, ist aber kleiner und silbergrau. Oberseite bräunlich- bis silbriggrau gefärbt, Unterseite scharf abgesetzt weiß. Große Augen mit dunklem Augenring, kleine runde Ohren, buschiger Schwanz.
**V:** Unterholzreiche Laub- und Mischwälder, Parks, Gärten. Bezieht auch Dachstühle von Gebäuden. Weit verbreitet.
**L:** Dämmerungs- und nachtaktive Tiere. Leben gesellig in Familienverbänden, bewohnen Baumhöhlen, Felsspalten und Vogelnistkästen. Halten einen 7 Monate dauernden Winterschlaf (Name) von Oktober bis April in selbst gegrabenen Erdhöhlen.

**Haselmaus**
*Muscardinus avellanarius*
Schläfer
*Gliridae*

**K:** Unser kleinster Bilch, hat etwa die Größe einer Hausmaus. Oberseite gelblich braun gefärbt, Bauch heller, Brust und Kehle weiß. Augen groß, Ohren klein und rund, Schwanz dicht behaart.

**V:** Unterholzreiche Laub-, Misch- und Auwälder, gerne mit vielen beerentragenden Sträuchern (Hasel und Brombeere).

**L:** Dämmerungs- und nachtaktive Tiere. Leben wenig gesellig in schwer zugänglichem Biotop. Bauen ein Kugelnest in dichtes dorniges Gestrüpp 1–2 m über dem Boden. Winterschlaf von Oktober bis April. Bei Störungen hohes, feines Piepen. Nahrung Samen, Nüsse, Beeren, Knospen und Rinde.

**Gelbhalsmaus**
*Apodemus flavicollis*
Echte Mäuse
*Muridae*

**K:** Oberseite sandbraun, Flanken orange, Unterseite deutlich abgesetzt weiß, um den Hals gelbliches Band. Schwanz mehr als körperlang.

**V:** Laubwälder und Parks mit nur geringem Unterwuchs. Im Unterschied zur Waldmaus häufig im Inneren der Wälder anzutreffen.

**L:** Nachtaktive Tiere mit häufig oberirdischer Lebensweise. Sehr gute Kletterer. Bauen ein Nest aus Blättern und Gras, meist an schattigen, kühlen Stellen, unter Baumstubben. Ernähren sich von Samen und Früchten, daneben auch von Insekten, Schnecken und Würmern. Fortpflanzung durch 2–3 Würfe jährlich mit je 3–8 Jungen.

**Waldmaus**
*Apodemus sylvaticus*
Echte Mäuse
*Muridae*

**K:** Etwas größer als Hausmaus. Oberseite gelbbraun, Flanken gelb, Unterseite weiß mit gelbem Kehlfleck. Sehr große Augen und Ohren, Schwanz fast körperlang.

**V:** Waldränder, Feldgehölze, Hekken, Gärten und Parks, auch in Mooren und Sanddünen.

**L:** Agiles, nachtaktives Tier mit großem Aktionsraum. Guter Kletterer. Scheuer Einzelgänger. Gräbt selbst Erdgänge oder lebt in alten Wühlmausbauten. Legt hier Nest und Vorratskammer an. Ernährt sich von Sämereien, Nüssen, Früchten, Insekten, Schnecken und Würmern. Fortpflanzung durch 3–5 Würfe jährlich mit je 4–7 Jungen. Feinde sind Eule, Iltis, Hermelin und Katze.

**Rötelmaus**
*Clethrionomys glareolus*
Wühler
*Cricetidae*

**K:** Häufigste Wühlmaus unserer Wälder. Oberseite rostbraun, Unterseite und Füße weiß. Mittelgroße Augen, kurze runde Ohren, kurzer borstiger Schwanz.

**V:** Unterholzreiche und krautreiche Laub- und Mischwälder, Hecken, Feldgehölze, Gärten und Parks. Typischer, leicht zu beobachtender Waldbewohner.

**L:** Tag- und nachtaktives Tier, wenig scheu, geschickter Kletterer. Legt ein Netzwerk ober- und unterirdischer Gänge und Tunnel an. Ernährt sich vor allem von Früchten, Wurzeln, Blättern und Rinde, aber auch von Insekten, Eiern und Jungvögeln. Fortpflanzung durch 4–5 Würfe pro Jahr mit je 3–7 Jungen.

**Erdmaus**
*Microtus agrestis*
Wühler
*Cricetidae*

**K:** Graubraunes Fell, stumpfe Schnauze, kurze Ohren, kurzer Schwanz.
**V:** Verwilderte Wiesen und Felder, feuchte Waldlichtungen, Kahlschläge, Gewässerränder.
**L:** Tag- und nachtaktives Tier, gesellig. Gräbt dicht unter der Erdoberfläche weitverzweigte Gangsysteme mit mehreren Eingängen. Ernährt sich vor allem von Gräsern, Kräutern, Wurzeln und Rinde. Jährlich 3–6 Würfe mit je 3–7 Jungen. Pflanzt sich bei günstiger Witterung nahezu ganzjährig fort. Das führt bei sonst günstigen Lebensbedingungen zu Massenvermehrungen in drei- bis fünfjährigem Zyklus. Feinde: Greifvögel, Eulen und der Fuchs.

**Rotfuchs**
*Vulpes vulpes*
Hundeartige
*Canidae*

**K:** Oberseite rotbraun, Kehle, Bauch und Beininnenseiten weiß. Augen bernsteinfarben, Ohren spitz, Schnauze spitz, Schwanz lang und buschig, oft mit weißer Schwanzspitze.
**V:** Abwechslungsreiche Wälder und Parklandschaften.
**L:** Zur Wurfzeit Lager in unterirdischen Bauen (meist Dachsbauen), sonst an geschützten Plätzen über der Erde. Pro Jahr 1 Wurf mit 4–6 schiefergrau gefärbten, blinden Jungen. Säugezeit ca. 4 Wochen, selbständig mit 3–4 Monaten, Hauptnahrung sind Kleinsäuger, Vögel, Insekten, Beeren, Obst, Aas und Abfälle. Gilt als Hauptüberträger der Tollwut.

**Waschbär**
*Procyon lotor*
Kleinbären
*Procyonidae*

**K:** Wurde in den 30er Jahren aus Nordamerika eingebürgert. Erreicht etwa die Größe eines Fuchses. Graubraunes Fell, spitze Schnauze, schwarze Gesichtsmaske, buschiger Schwanz mit hellen und dunklen Ringen.

**V:** Laub- und Mischwälder mit fließenden Gewässern.

**L:** Einzelgänger, rein nachtaktiv, ausgezeichneter Kletterer. Tagsüber Unterschlupf in alten Baumhöhlen. Vielseitiger Allesfresser, geht häufig am Ufer von flachen Gewässern auf Nahrungssuche. Beutetiere sind Schnecken, Muscheln, Insektenlarven, manchmal auch Fische, die er mit den Vorderpfoten ertastet.

**Dachs**
*Meles meles*
Marder
*Mustelidae*

**K:** Oberseite grau gefärbt, Bauch und Beine schwarz. Auffallende schwarzweiße Gesichtszeichnung, kleine Augen und Ohren, kurzer Schwanz. Kräftige Vorderpfoten mit langen Krallen (Grabschaufeln).

**V:** Laub- und Mischwälder in Wassernähe, gerne mit viel Unterholz.

**L:** Dämmerungs- und nachtaktiv. Lebt in Familiengemeinschaften, zu denen erwachsene Männchen und Weibchen und ein bis zwei Würfe Junge gehören. Gräbt ausgedehnte Höhlensysteme mit mehreren Stockwerken übereinander und mehreren Eingängen. Ist ein Allesfresser, ernährt sich von Regenwürmern, Schnecken, Kleinsäugern, Beeren, Pilzen, Wurzeln und Rinde.

**Baummarder**
*Martes martes*
Marder
*Mustelidae*

**K:** Etwa hauskatzengroß. Dichtes rotbraunes Fell, gelber Kehlfleck, buschiger Schwanz.
**V:** Große Laub- und Mischwaldgebiete mit altem Baumbestand. Auch in Parks und felsiger Landschaft.
**L:** Überwiegend nachtaktiv, scheu. Sucht tagsüber Lagerplätze in alten Baumhöhlen und Eichhörnchenkobeln. Sehr wendig, ausgezeichneter Kletterer. Gehört zu den wenigen Tieren, die ein Eichhörnchen fangen können. Sucht seine Nahrung aber vorwiegend am Boden. Vertilgt Kleinsäuger, Vögel, Insekten und Beeren. Pro Jahr 1 Wurf mit 2–7 Jungen. Paarungszeit ist August bis September. Tragzeit ca. 9 Monate (mit Keimruhe).

**Hermelin**
*Mustela erminea*
Marder
*Mustelidae*

**K:** Langgestreckter schlanker Körper, kurze Beine. Oberseite braun gefärbt, Unterseite scharf abgesetzt weiß, Schwanz mit schwarzer Schwanzspitze. Winterkleid bis auf die schwarze Schwanzspitze reinweiß. Erwachsene Männchen sind deutlich größer, kräftiger und schwerer als die Weibchen.
**V:** Waldgebiete mit Lichtungen, Steppe, abwechslungsreiche Kulturlandschaft mit Hecken.
**L:** Tag- und nachtaktiv. Meist Einzelgänger, nur während der Paarungszeit und der Aufzucht der Jungen Leben im Familienverband. Sehr neugierig, schneller Läufer, guter Kletterer. Hält sich jedoch vorwiegend am Boden auf.

**Mauswiesel**
*Mustela nivalis*
Marder
*Mustelidae*

**K:** Rücken rotbraun, Bauch weiß, an den Flanken unregelmäßige Trennungslinie zwischen brauner Oberseite und weißer Unterseite. Keine schwarze Schwanzspitze, weißes Winterkleid nur im Norden und im Hochgebirge.
**V:** Offene Waldlandschaften, Kahlschläge, abwechslungsreiche, dekkungsreiche Kulturlandschaft.
**L:** Einzelgänger, tag- und dämmerungsaktiv. Kann schnell laufen, gut klettern, den schlanken Körper auch durch enge Nistkastenöffnungen zwängen. Mäuse verfolgt es häufig bis in deren Baue. Ernährt sich von Mäusen aller Art, Jungvögeln und Eiern, gelegentlich auch von Ratten und Jungkaninchen.

**Wildkatze**
*Felis silvestris*
Katzen
*Felidae*

**K:** Früher in den Waldgebieten Europas weit verbreitet, heute selten geworden. Die typische Wildkatze ist größer und schwerer als unsere Hauskatze, hat längeres, dichteres Fell, einen dunkel gestreiften Körper, einen buschigen Schwanz mit 3–5 dunklen Ringen und einem stumpfen, schwarzen Ende.
**V:** Große unterholzreiche Waldgebiete mit felsigen Bereichen.
**L:** Territorialer Einzelgänger. Reviermarkierung durch Kratzen an Baumrinde mit Geruchsstoffen aus Fußdrüsen. Klettert gut. Schlupfwinkel sind Felsspalten, Baumhöhlen, auch alte Fuchsbaue. Nahrung sind Kaninchen, Junghasen, Vögel und Frösche.

**Wildschwein**
*Sus scrofa*
Schweine
*Suidae*

**K:** Stammform unseres Hausschweines. Dichtes, borstiges schwarzbraunes Fell, keilförmiger Kopf, langer kräftiger Rüssel mit breiter Rüsselscheibe. Junge Wildschweine (Frischlinge) mit typischer braun-beiger Längsstreifung des Fells während der ersten sechs Lebensmonate.

**V:** Laub- und Mischwälder mit morastigen Gebieten, die Suhlen für das notwendige Schlammbad bereithalten (Haut- und Fellpflege).

**L:** Tag- und nachtaktiv. Sehr gesellig, nur alte Keiler meist Einzelgänger. Durchwühlt zur Nahrungssuche den Boden mit der Schnauze. Ernährt sich von Wurzeln, Knollen, Trüffeln, Mäusen, Aas.

**Reh**
*Capreolus capreolus*
Hirsche
*Cervidae*

**K:** Sommerkleid rotbraun mit gelblichem Spiegel, Winterkleid graubraun mit weißem Spiegel. Geweih des Rehbocks im unteren Teil stark geperlt. Rehkitze von Geburt an weiß getupft. Diese Tüpfelung verliert sich nach ca. 2 Monaten.

**V:** Aufgelockerte Laub- und Mischwälder, Felder, Wiesen.

**L:** Dämmerungsaktiv. Meist Einzelgänger, nur in der Brunftzeit paarweises Zusammenleben, anschließend Mutterfamilie. Nahrung sind junge Triebe, Baumrinde, Feldfrüchte, Pilze, Gras. Paarungszeit Juli-August, Tragzeit ca. 9 Monate (mit Keimruhe), Wurfzeit Mai–Juni. Pro Wurf 1–3 Junge.

**Rothirsch**
*Cervus elaphus*
Hirsche
*Cervidae*

**K:** Sommerkleid rotbraun, Winterkleid graubraun, Spiegel rötlich. Jugendkleid in den ersten zwei Lebensmonaten weiß getupft. Geweih wächst jeden Sommer neu nach, ist im September zur Brunftzeit voll ausgewachsen und hart geworden. Geweihabwurf im Februar/März. Hirschkühe sind kleiner als die männlichen Tiere und tragen kein Geweih.

**V:** Große Laub- und Mischwaldgebiete, auch Bergwälder.

**L:** Weibchen bilden mit Jungtieren und älteren Hirschkühen Rudel, Männchen bilden außerhalb der Brunftzeit separate Rudel oder leben als Einzelgänger. Paarungszeit ist September/Oktober.

**Damhirsch**
*Cervus dama*
Hirsche
*Cervidae*

**K:** Sehr typisch die Schaufelform des Geweihs, dessen Größe und Form selbst bei gleichaltrigen Hirschen sehr unterschiedlich ausfallen kann. Damhirschkühe tragen kein Geweih.

**V:** Aufgelockerte, unterholzreiche Laub- und Mischwälder, häufig auch in Parks und Wildgehegen. Erst seit dem Mittelalter wieder in Mitteleuropa heimisch.

**L:** Leben in großen Rudeln. Im Sommer bilden männliche Damhirsche separate Rudel, ebenso die Hirschkühe mit den Kälbern. Zur Brunftzeit treiben kräftige erwachsene männliche Hirsche ein Rudel weiblicher Tiere zusammen. Brunftruf höher als der des Rothirsches.

# Literatur


AICHELE, D.: Was blüht denn da? Franckh-Kosmos Verlag, Stuttgart, 1990

AICHELE, D., SCHWEGLER, H.-W.: Unsere Moos- und Farnpflanzen. Franckh-Kosmos Verlag, Stuttgart, 1984

AICHELE, D., SCHWEGLER, H.-W.: Unsere Gräser. Franckh-Kosmos Verlag, Stuttgart, 1988

BEIDERBECK, R., KOEVOET, I.: Pflanzengallen am Wegesrand. Franckh-Kosmos Verlag, Stuttgart, 1979

BLAB, J. u.a.: Aktion Schmetterling. Ravensburger Buchverlag, Otto Maier, 1987

BRAUNS, A.: Taschenbuch der Waldinsekten. Gustav Fischer, 1964

BRUNN, B., DELIN, H., SVENSSON, H.: Der Kosmos-Vogelführer, Franckh-Kosmos Verlag, Stuttgart 1990

CARTER, D. J., HARGREAVES, B.: Raupen und Schmetterlinge Europas und ihre Futterpflanzen. Parey Verlag, 1987

DUNGER, W.: Tiere im Boden. Neue Brehm Bücherei, 1964

DYLLA, K., KRÄTZNER, G.: Das ökologische Gleichgewicht in der Lebensgemeinschaft Wald. Quelle und Meyer Verlag, Heidelberg, 1986

ELLENBERG, H. u.a.: Ökosystemforschung. Ergebnisse des Sollingprojekts 1966–1986. Verlag Eugen Ulmer, 1986

FEIGE, G. B., KREMER, B. P.: Flechten – Doppelwesen aus Pilz und Alge. Franckh-Kosmos Verlag, Stuttgart, 1979

HARDE, K. W., SEVERA, F.: Der Kosmos-Käferführer. Franckh-Kosmos Verlag, Stuttgart, 1988

JACOBS, W., RENNER, M.: Taschenlexikon zur Biologie der Insekten. Gustav Fischer Verlag, Stuttgart, 1989

JAHNS, H. M.: Farne, Moose, Flechten Mittel-, Nord- und Westeuropas. BLV, 1987

JONES, D.: Der Kosmos-Spinnenführer. Franckh-Kosmos Verlag, Stuttgart, 1990

KERNEY, M. P. u.a.: Die Landschnecken Nord- und Mitteleuropas. Paul Parey, 1983

KLOFT, W. J., GRUSCHWITZ, M.: Ökologie der Tiere. Ulmer Verlag, 1988

KREMER, B. P.: Naturspaziergang Wald. Franckh-Kosmos Verlag, Stuttgart, 1990

LARCHER, W.: Ökologie der Pflanzen. UTB, Ulmer, Stuttgart, 1984

LOHMANN, M.: Darum brauchen wir den Wald. BLV Verlagsgesellschaft, München, 1985

MAYER, H.: Europäische Wälder. Gustav Fischer Verlag, 1986

MÜHLENBERG, M.: Freilandökologie. Quelle und Meyer Verlag, 1989

Norddeutsche Naturschutzakademie: Naturgemäße Waldwirtschaft und Naturschutz. NNA-Berichte 2/3, 1989

OBERDORFER, E.: Pflanzensoziologische Exkursionsflora. Verlag Eugen Ulmer, Stuttgart 1979

PHILLIPS, R.: Das Kosmosbuch der Gräser, Farne, Moose, Flechten. Franckh-Kosmos Verlag, Stuttgart, 1987

PHILIPPS, R.: Das Kosmosbuch der Bäume. Franckh-Kosmos Verlag, Stuttgart, 1986

REICHHOLF, J.: Leben und Überleben. Mosaik Verlag, 1987

REICHHOLF, J.: Wald. Mosaik Verlag, 1989

SCHWENKE, W.: Ameisen – Der duftgelenkte Staat. Landbuch-Verlag, Hannover, 1985

SCHWENKE, W.: (Hrsg.): Die Forstschädlinge Europas, Bd. 1–5. Verlag Paul Parey, 1972–1986

SCHOBER, W. GRIMMBERGER, E.: Die

Fledermäuse Europas. Franckh-Kosmos Verlag, Stuttgart, 1987
SCHREIBER, R. L.: (Hrsg.) u. a.: Rettet die Frösche. Pro Natur Verlag, Stuttgart, 1983
STERN, H. u. a.: Rettet den Wald. W. Heyne Verlag, 1983
STREETER, D., RICHARDSON, R., DREYER, W.: Hecken – Lebensadern der Landschaft. dtv Taschenbuch-Verlag, 1989
TISCHLER, W.: Einführung in die Ökologie. Gustav Fischer Verlag, Stuttgart 1979

# Bildnachweis

**Aichele** (S. 57 l, 58, 59, 60, 61, 65 l, 66 l, 67 r, 68, 69, 73, 74 l, 75 r, 76, 77, 78, 79, 81 r, 87 l, 89 l, 90, 91, 92, 93 l, 94 l, 96 r, 97 l, 98 r, 99 r, 101, 106 r, 107 r, 108 l, 109 r, 111 r, 112 l, 113 l, 114 r, 116 l, 117 l, 118 l, 119 r, 121 l, 129 l, 135 l, 141 l, 142 l, 144 r, 145 l, 146, 150 r, 151 l, 152 r, 158 ul, 165 r), **Bärtels** (S. 1, 144 l, 157 l, 173 r, 225 ul), **Bajohr** (S. 328 r, 335 l, 348 l, 365 r, 367 r), **Baumgart** (S. 239 r, 312 r), **Bellmann** (S. 49 l, 50 l, 51 l, 52, 127 l, 129 r, 130, 131, 132, 133 r, 134 r, 185 r, 191 r, 192 l, 193 l, 196 l, 197 r, 198 l, 201, 202/203, 208, 209, 215 r, 217 r, 238 l, 240 l, 241 l, 243 r, 244 l, 267 l, 269 r, 280, 285 l, 297 r, 300 r, 304 r, 309), **Blaschke** (S. 42), **Bollenbach** (S. 216 l), **Diedrich** (S. 140 l, 155 l, 160 l, 186/187, 311 l, 337 r, 352 r, **Diffené** (S. 216 r, 267 r, 279 l), **Dreyer** (S. 261 l, 293 r), **Eichhorn** (S. 294 l), **Elfner/Angermayer** (S. 336 r), **Fürst** (S. 103 r, 214 l, 266 r, 291 l, 310 r, 352 l), **Garnweidner** (S. 95 l, 102 l, 113 r, 126 r, 142 r, 156 r), **Heidemann** (S. 259 r, 270 l), **Kahl** (S. 54/55), **Klees** (S. 88 l, 159 l, 335 r, 344 r), **Koefoet** (S. 179 l, 180 l, 181 r, 182, 183 r, 184 r), **König** (S. 50 r, 51 r, 53 r, 57 r, 65 r, 66 r, 67 l, 86 r, 88 r, 89 r, 102 r, 103 l, 104 l, 108 r, 110 r, 111 l, 112 r, 114 l, 117 r, 140 r, 145 r, 152 l, 153 r, 154 l, 158 ur, 159 r, 160 r, 163 l, 166 l, 167 r, 172, 174, 175, 180 r, 183 l, 184 l, 185 l, 191 l, 192 r, 193 r, 194, 195, 197 l, 198 r, 199 l, 200, 207 r, 210/211, 217 l, 221/222, 223, 225 o, 225 ur, 226/227, 235, 244 r, 245 l, 246 l, 248 r, 249 l, 251, 252, 253 r, 258 l, 259 l, 271, 272, 274 r, 275 l, 277, 291 r, 295 l, 299 r, 301 r, 305 r, 310 l, 311 r, 314 l, 315 l), **Kremer** (S. 32), **Kretschmer** (S. 179 r, 190 l, 213 r, 215 l, 218, 238 r, 263 l, 295 r, 296 r), **Laux** (S. 43, 53 l, 80 r, 94 r, 95 r, 97 r, 98 l, 100 r, 104 r, 116 r, 119 l, 121 r, 126 l, 128 l, 141 r, 143 r, 150 l, 161 l, 162 l, 164 l, 165 l), **Layer** (S. 147 l, 199 r, 300 l), **Limbrunner, A.** (S. 205 r, 206, 207 l, 316/317, 320, 321, 322 r, 323, 324, 325 r, 326 r, 327, 328 l, 329, 330 r, 331 r, 334, 337 l, 338 r, 339 l, 340 r, 342, 343 l, 344 l, 344 l, 345 r, 346 l, 347, 348 r, 349 l, 350, 351 r, 353, 354/355, 358 l, 359 l, 360, 361 l, 362 l, 363 r, 364 l, 365 l, 366 l, 368 r, 369 r, 370 l, 371 r), **Limbrunner, H.** (S. 359 r), **Marktanner** (S. 109 l, 110 l, 262 r, 264 l, 265, 268 l, 278 r, 282 r, 283 l), **Nill** (S. 288/289), **Pfletschinger/Angermayer** (S. 176/177, 181 l, 205 l, 213 l, 219 r, 230 l, 232, 234 l, 236 l, 237 l, 240 r, 241 r, 243 l, 249 r, 261 r, 264 r, 269 l, 281 r, 284 l, 286, 287, 293 l, 294 r, 297 l, 298, 304 l, 305 l, 306/307, 314 r, 315 r), **Pforr** (S. 168, 170 r), **Pott** (S. 11), **Presser** (S. 196 r), **Pretscher** (S. 19, 21, 36/37, 136/137, **Rauh** (S. 16/17), **Reinhard-Tierfoto** (S. 2/3, 20, 23, 24, 28/29, 40, 46/47, 49 r, 62/63, 70/71, 82/83, 93 r, 96 l, 99 l, 100 l, 105 l, 133 l, 147 r, 156 l, 157 r, 158 o, 166 r, 169 r, 171 r, 361 r, 362 r, 367 l, 370 r, 371 l), **Reinhard/Angermayer** (S. 358 r), **Riedmiller** (S. 120 r, 122/123, 135 r, 154 r, 162 r), **Rodenkirchen** (S. 230 or, 233 l, 254/255, 270 r, 276 r), **Sauer** (S. 219 l, 233 r, 234 r, 237 r, 239 l, 242 r, 245 r, 247 l, 248 l, 250 r, 251 r, 253 l, 258 r, 260 l, 262 l, 278 l, 292 r, 296 l, 299 l, 301 l), **Schacht** (S. 171 l), **Scharbert** (S. 106 l, 268 r, 273 r), **Schrempp** (S. 22, 75 l, 80 l, 81 l, 115 l, 118 r, 120 l, 127 r, 148 r, 153 l, 163 r, 164 r, 167 l, 170 l, 173 l, 214 r, 236 r, 263 r, 302, 303 l, 368 l), **Schütt** (S. 41, 44), **Schulze** (S. 332), **Synatzschke** (S. 149 r, 161 r, 190 r), **Vogt** (S. 242 l), **Wendl** (S. 325 l, 326 l, 336 l, 341 l, 369 l), **Wolfstetter** (S. 128 r), **Wothe** (S. 74 r, 86 l, 87 r, 105 r, 107 l, 115 r, 134 l, 143 l, 148 l, 149 l, 151 r, 155 r, 169 l, 338 l, 366 r), **Zeininger** (S. 312 l, 313, 322 l, 330 l, 331 l, 333, 339 r, 340 l, 341 r, 343 r, 345 l, 346 r, 349 r, 351 l, 363 l, 364 r, **Zepf** (S. 231, 246, r, 247 r, 250 l, 260 r, 266 l, 273 l, 274 l, 275 r, 276 l, 279 r, 281 l, 282 l, 283 r, 284 r, 285 r, 303 r), **Zier** (S. 292 l).

# Register der beschriebenen Arten

## C



## D

## E



## F



## G

## H

## I



## J



## K



## L

## Q



## R



## S

## T

## U



## V



## W

## X



## Y



## Z

# Wichtige botanische Fachausdrücke

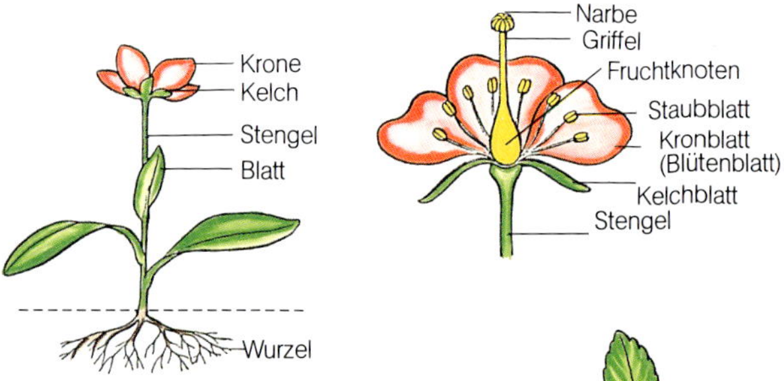


**Sproßaufbau**

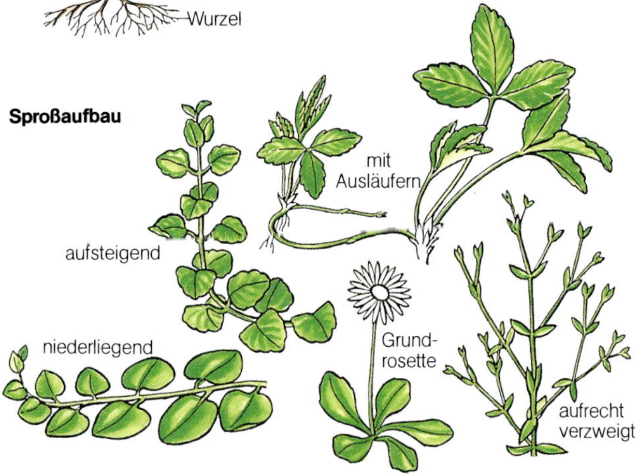


**Blütenkrone**

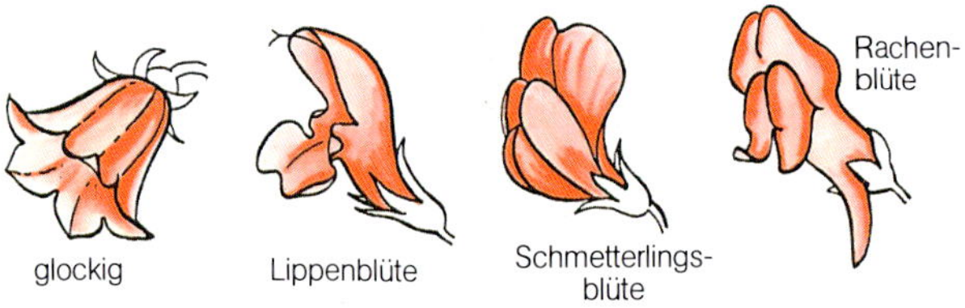


**Blütenstände**

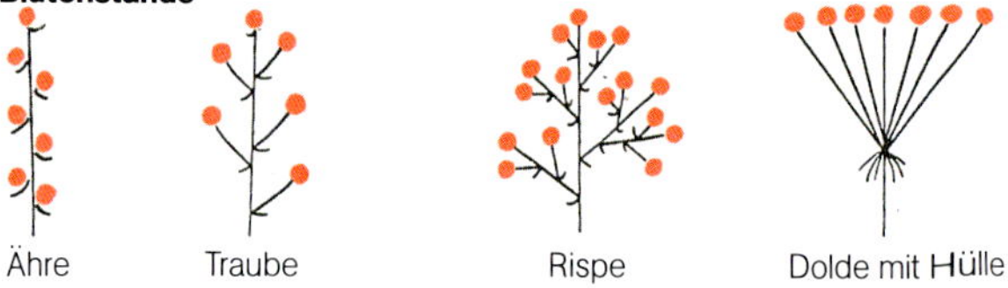